THINKr
新思

新 一 代 人 的 思 想

VITUS B. DRÖSCHER

德浩谢尔动物与人书系

友善的野兽

富于人性的动物社会

〔德〕费陀斯·德浩谢尔 ——

著

赵芊里 ——

译

Die freundliche
Bestie

Forschungen über
das Tier-Verhalten

赵芊里 主编

中信出版集团 | 北京

图书在版编目（CIP）数据

友善的野兽：富于人性的动物社会 /（德）费陀斯
·德浩谢尔著；赵芊里译 . -- 北京：中信出版社，
2022.8

书名原文：Die freundliche Bestie

ISBN 978-7-5217-3675-5

Ⅰ.①友⋯ Ⅱ.①费⋯②赵⋯ Ⅲ.①动物行为－普
及读物 Ⅳ.① Q958.12-49

中国版本图书馆 CIP 数据核字（2021）第 213881 号

友善的野兽：富于人性的动物社会
著者：[德]费陀斯·德浩谢尔
译者：赵芊里
出版发行：中信出版集团股份有限公司
　　　　　（北京市朝阳区惠新东街甲 4 号富盛大厦 2 座　邮编　100029）
承印者：　嘉业印刷（天津）有限公司

开本：880mm×1230mm　1/32　　　印张：11.5
插页：12　　　　　　　　　　　　字数：280 千字
版次：2022 年 8 月第 1 版　　　　印次：2022 年 8 月第 1 次印刷
京权图字：01-2022-2050　　　　　书号：ISBN 978-7-5217-3675-5
　　　　　　　　　　　　　　　　定价：69.00 元

目 录

友善的野兽：富于人性的动物社会

友善的野兽：富于人性的动物社会

推荐序

 我曾经是一个昆虫生态学家，受过系统的生物学训练。转行社会学后，我也经常思考人类行为乃至疾病的生物和社会基础，并且关注着医学、动物行为学、社会生物学以及和人类进化与人类行为有关的各种研究和进展。大多数社会科学家都会努力和艰难地在两种极端观念之间找平衡。

 第一种可以简称为遗传决定论。这类观念在传统社会十分盛行。在任何传统社会，显赫的地位一般都会被论证为来自高贵的血统。在当代社会，虽然各种遗传决定论的观点在社会上广泛存在，但从总体上来说，遗传决定论的观点不会像在传统社会一样占据主宰地位，并且因为种族主义思想的式微，它们常常被视为政治不正确。与遗传决定论观念相对的是文化决定论，或者说白板理论。白板理论的核心思想是人生来相似，因此也生来平等，不同个体和群体在行为上的差别都来自社会结构或文化上的差别。白板理论有其宗教基础，但是作为一个世俗理论它起源于 17 世纪。白板理论是自由主义思想，同时也是马克思主义和其他左派社会主义思想的基础。白板理论对于追求解放的社会下层具有很大的吸引力，因此具有一定的革命意义。但是，至少从个体层面来看，人与人之间在遗传上的差别还是非常明显的。当然，除了一些严重的遗传疾病外，绝大多数遗传差异体现的只是不同个体在有限程度上的各自特色而已，但这差别却构成了人类基因和基因表达的多样性的基础，大大增进了人类作为一个物种在地球上的总体生存能力。可是，如果我们在教育、医疗乃至体育训练方式等方面完全忽视不同个体或群体在遗传特性上的差别，这仍然会带来一些误区。更明确地说，白板理论本是一个追求平等的革命理论，但因为它漠视了个体之间与群体之间在遗传上的各种差别，反而会将某些个体和群体，尤其是一些在社会上处于边缘地位的个体和群体置于不利的位置。

我们很难通过动物行为学知识来准确地确定大多数人类个体行为的生物学基础。个体行为的生物学基础很复杂。从个体行为或疾病和基因关系的角度来讲，很少有某一种行为或疾病是由单一基因决定的。此外，虽然某些基因与人类的某些行为或疾病有着很强的对应关系，但是这些基因在人体内不见得会表达，并且有些基因的表达与否与个体的社会行为有着不同程度的关联。但是，动物行为学知识仍然可以为我们提供一些统计意义上的规律。比如，吸烟肯定是社会行为，但是具有某些遗传因子的人更容易对尼古丁形成依赖；战争也肯定是社会行为，但是男性更容易接受甚至崇拜战争暴力。动物行为学知识还能反过来加深我们对文化的力量的理解。比如，人类的饮食行为和性行为明显来源于动物的取食和交配行为，但是任何动物都不会像人类一样发展出复杂的甚至可以说是千奇百怪的饮食文化和性文化。总之，动物行为学知识有助于我们深入了解人类行为的生物学基础，以及文化行为和本能行为之间的复杂关系。

与其他动物相似，在面对生存、繁殖等基本问题时，人类发展出了一套应对策略，其中大量的应对策略与其他动物的应对"策略"有着不同程度的相似。正因此，动物行为学知识可以为我们提供类

　　　　　　　　　　　　　　友善的野兽：富于人性的动物社会

比的素材，能为我们考察人类社会的各种规律提供启发。比如，在环境压力下，动物有两种生存策略：R 策略和 K 策略*。R 策略动物对环境的改变十分敏感，它的基本生存策略是：大量繁殖子代，但是对子代的投入却很少。因此，R 策略动物产出的子代往往体积微小，它们不会保护产出的子代。R 策略动物在环境适宜时会大量增多，但是在环境不适宜时，它的种群规模和密度就会大幅缩减。K 策略动物则能更好地适应环境变化。它们产出的子代不多，但是个体都比较大，它们会保护甚至抚育子代。K 策略动物的另一个特点是它的种群密度比较稳定，或者说会稳定在某一环境对该种群的承载量上下。简单来说，R 策略动物都是机会主义动物——见好就长、有缝就钻、不好就收；K 策略动物则是一类追求稳定、有能力控制环境，并且对将来有所"预期"的动物。

我想通过一个具体例子来简要介绍一下 R 策略和 K 策略行为在人类社会中的体现：假冒伪劣产品和各种行骗行为在改革开放初期很长一段时间内充斥着中国市场。对于这一现象，学者们一般会认为这是中国的传统美德在"文革"中遭受了严重破坏所致。其实，改革开放初期"下海"的人本钱都很小，但他们所面对的却是十分不健全的法律体系、天真的消费者、无处不在的商机以及多变且难以预期的政治和商业环境。在这些条件下，各种追求短期赢利效果

---

* 这里的 R（Rate 的首字母）实际含义是谋求尽可能大的出生率，因此，生物学意义上的"R 策略"可以简要意译为"多生不养护策略"。K 是德语词 Kapazitätsgrenze（相当于英语中的 Capacity limit）的首字母，其实际含义是"（考虑环境对种群的承受力，）将出生率和种群规模及密度控制在环境可承受（即资源可支持）的范围内"；因此，生物学意义上的"K 策略"可以简要意译为"少生多养护策略"。为了适应讨论类似的社会现象的需要，社会学者们在使用表示这两种策略的术语时，可能会在其生物学意义的基础上对其含义有所拓展或改变，这是读者应该注意并仔细辨析的。——主编注

的机会主义行为（R策略）就成了优势行为。但是，一旦法律发展得比较健全，政治和商业环境的可预期性提高，消费者变得精明，公司和企业的规模增大和控制环境能力增强，这些公司和企业的管理层就会产生长远预期。在这种时候，追求稳定环境的K策略就成了具有优势的市场行为。这就是为什么通过假冒伪劣产品和各种行骗手段致富的行为在改革开放初期十分普遍，但是在今天，各类公司和企业越来越倾向于通过新的技术、高质量的产品、优良的服务、各种提高商业影响的手段甚至各种垄断行为来稳固和扩大利润。能从改革开放初期一直延续至今并且还能不断发展的中国公司有一个共同点，那就是它们都经过了一个从早期的不讲质量只图发展的R策略公司到讲质量图长期回报的K策略公司的转变。中国公司或企业的R—K转型的成功与否及其成功背后的原因，是一个特别值得研究的课题，却很少有人对此做系统研究。

以上的例子还告诉我们，一个动物物种的性质（即它是R策略动物还是K策略动物）是由遗传所决定的，基本上不会改变。但是公司或企业采取的R策略和K策略却是人为的策略，因此能有较快的转变。更广义地说，动物行为的形成和改变主要是由具有较大随机性的基因突变和环境选择共同决定的，因此动物行为具有很强的稳定性。与之对比，人类行为的形成和改变则主要由"用进废退、获得性状遗传"这一正反馈性质的拉马克机制决定。*

通过以上的例子，我还想说明，虽然动物行为学能为我们理解人类社会中各种复杂现象提供大量的启发，但是类似现象背后的机制却

---

* 近几十年生物学的研究发现，基因突变与环境会有有限的互动，或者说基因突变也有着一定程度的拉马克特性。

可能是完全不同的：决定生物行为的绝大多数机制都是具有稳定性的负反馈机制，而决定人类行为的大多数机制却具有极不稳定的正反馈性。通过对动物行为机制和人类行为机制的相似和区别的考察，我们不但能更深刻地理解生物演化*和人类文化发展之间的复杂关系，还能更深刻地了解人类文化的不稳定性。具体说就是，任何文化都必须要有制度、资源和权力才能维持和发展。这一常识不但对文化决定论来说是一个有力的批判，也可以使我们多一份谨慎和谦卑。

最后，通过对动物行为学的了解，以及对动物行为和人类行为之异同的比较，我们还能加深对社会科学的特点和难点的理解。比如，功能解释在动物行为学中往往是可行的（例如，动物需要取食就必须有"嘴巴"），但是功能解释在社会科学中往往行不通。大量的社会"存在"，其背后既可能是统治者的意愿，也可能是社会功能上的需要，更可能是两者皆有。再比如，我们对于某一动物行为机制的了解并不会在任何意义上改变该机制本身的作用和作用方式。但是，一旦我们了解了某一人类行为背后的规律，该规律的作用和作用方式很可能会发生重大变化。关于诸如此类的区别，笔者在几年前发表的《社会科学研究的困境：从与自然科学的区别谈起》一文中有过系统讨论。此处不再赘述。

我常常对自己的学生说，要做一个优秀的社会学家，除了具备文

---

* 这里的"演化"在赵老师写的《推荐序》原文中用的是"进化"，经赵老师同意后改为"演化"。之所以将"进化"改为"演化"，原因之一是本书系已统一将 Evolution 译为"演化"，但更重要的原因是为了避免"进化"一词所具有的误导作用。Evolution 的完整含义不仅包括正向的演化即进化，也包括反向的演化即退化，还包括（在环境不变的情况下）长期的停滞（既不进化也不退化）。将 Evolution 译为"进化"，只是表达了其上述三方面含义中的一个方面，更严重的问题是：它会使未深入学习过演化论的人误以为任何生物的演变都只有一个方向，误以为生物（乃至社会）都是从简单到复杂、从低级到高级单向变化的。——主编注

本、田野、量化技术等基本功，具备捕捉和解释差异性社会现象的能力外，还必须学会在动态的叙事中同时玩好"七张牌"，并熟悉与社会学最为相关的三个基础性学科。这"七张牌"分别是：政治权力、军事权力、经济权力、意识形态权力的特性，以及环境、人口、技术对社会的影响。三个基础性学科则是：微观社会学、社会心理学、动物行为学（特别是社会动物的行为学）。从这个意义上来说，一个合格的社会科学家必须具备一定的动物行为学知识，并且对动物行为和人类行为之间的联系和差异有着基本常识和一定程度的思考。

前段时间，我翻看了尤瓦尔·赫拉利所著的《人类简史》。这是一本世界级畅销书，受到了奥巴马和比尔·盖茨这个级别的名人的推荐。但我发觉整本书在生物学、动物行为学、古人类学、考古学、历史学、社会学、现代科技的知识方面有一些似是而非、不够严谨之处。如果读者对以上学科有着广泛的认识，便可以看出书中的问题。从这个意义上来说，我非常希望我的同事赵芊里主持翻译的这套动物行为学丛书能在社会上产生影响，甚至能成为大学生的通识读物。我希望我们的读者能把这套书中的一些观点和分析方法转变成自己的常识，同时又能够以审视的态度来把握其中有待进一步发展和修正的观点，来品悟价值观如何影响了学者们在研究动物行为时的问题意识和结论，来体察当代动物行为学的亮点和可能的误区。

是为序。

赵鼎新

美国芝加哥大学社会学系、中国浙江大学社会学系

2019-9-26

猿类名称新译说明

按目前通用的动物分类法，在地球生物圈中，猿类是动物界、脊索动物门、脊椎动物亚门、哺乳动物纲、灵长目（Primates）、类人灵长亚目（Anthropoid）、狭鼻灵长下目、人科（Hominidae）的动物。

猿类（Apes）包括大猿（Great Apes）和小猿（Lesser Apes）。

小猿即 Gibbon（汉语中通译为"长臂猿"）。

大猿包括非洲大猿和亚洲大猿。

亚洲（现存的）大猿即 Orangutan（汉语中通译为"猩猩"）。

非洲大猿包括潘属猿（Apes of Genus Pan）和非潘属猿。

（非洲大猿中现存的）非潘属猿即 Gorilla（汉语中通译为"大猩猩"）。

潘属猿包括：

Chimpanzee（汉语中通译为"黑猩猩"）；

Bonobo（汉语中通译为"倭黑猩猩"）。

另外，按动物行为学权威弗朗斯·德瓦尔（Frans De Waal）和英国著名动物与人类行为学家德斯蒙德·莫里斯（Desmond Morris）等人的看法，人类实际上也是潘属猿中的一种；按莫里斯的表述，人类可称为：

Nude Ape（汉语中通译为"裸猿"）。

　　根据译者在多年的教学和科研等相关活动中所了解的情况，普通大众乃至大多数知识分子都搞不清楚"猩猩""黑猩猩""倭黑猩猩""大猩猩"之间的区别，因而经常将这些猿类名词当作同义词随意混用或随便乱用。基于这些猿类名词过于相似因而易令人混淆并乱用的事实，及其给相关的言语交流和知识传播所带来的不便和危害，经长期考虑，译者提出一套猿类名称新汉译名，并给出采用新译法的理由，以供学界和读者选择。详见下表：

猿的分类层次与新旧译名对照表

	新译名	英文名	旧译名
0	猿	Apes	猿
1	大猿	Great Apes	大猿
1.1	潘属猿	（Apes of Genus）Pan	潘
1.1.1	**青潘猿**	Chimpanzee	黑猩猩
1.1.2	**祖潘猿**	Bonobo	倭黑猩猩
1.1.3	稀毛猿（人）	Nude Ape（Human）	裸猿
1.2	非潘属猿		
1.2.1	**高壮猿**	Gorilla	大猩猩
1.2.2	**红毛猿**	Orangutan	猩猩
2	小猿	Lesser Apes	小猿
2.1	长臂猿	Gibbon	长臂猿

　　　　　　　　　　　　　　　　　　　　　友善的野兽：富于人性的动物社会

猿类名称新译法说明：

1.1 **潘属猿**：这是当今世界顶尖的灵长目动物行为学家弗朗斯·德瓦尔提出来的一种分类名，他认为，在人科动物中，拉丁文学名分别为"*Pan troglodytes*"（字面意义为"穴居潘"）和"*Pan paniscus*"（字面意义为"小潘"）的"Chimpanzee"和"Bonobo"是人类的兄弟姐妹动物，在约八百万年前，这三种动物是共祖的（在分化前是同一种动物），其他猿与人类的血缘关系稍远。因而，德瓦尔认为，在人科中，应设立"潘"这一属（"潘"是对"Pan"的音译），以便表明人类与两种潘（属猿）的血缘关系。

1.2 **非潘属猿**：狭义的非潘属猿指现存非洲大猿中除潘属猿外的猿，即高壮猿；广义的非潘属猿指现存猿类中除潘属猿外的其他猿，包括非洲大猿中的高壮猿和亚洲大猿即红毛猿。

1.1.1 **青潘猿**："猿"是人科动物通用名；"青潘"是对"Chimpanzee"一词前两个音节的音译，也兼有意译性，因为"潘"恰好是这种猿在人科中的属名，"青"在指称"黑"［如"青丝（黑发）""青眼（黑眼珠）"中的"青"］的意义上也有对这种猿的皮毛之黑色特征的意译效果。

1.1.2 **祖潘猿**："猿"是人科动物通用名；"潘"是这种猿在人科中的**属名**；"祖"是对这种猿在其原产地刚果本地语中的名称"Bonobo"［意为（人类）"祖先"］的意译。这种猿曾因被误解而一度被称为"Pigmy Chimpanzee"（倭黑猩猩），但自 20 世纪末以来，动物学界已根据其刚果语名称确定其正式名称为"Bonobo"。根据德瓦尔等人的看法，现存的 Bonobo 是潘属三猿中与八百万年前的三猿共祖最接近的，是这一共祖的最佳活样板。因而，"祖潘猿"这一译名中的"祖"字明确提示了这种猿是**人类祖先的现代活样本**。按汉人取名传统，兄弟姐妹的名字中常有一个字相同，因而，在"Bonobo"的汉语名中加入作为其属名的"潘"字也具有对其与"青潘猿"是潘属中的兄弟姐妹动物的提示作用。

在潘属三猿中，青潘猿（Chimpanzee）与祖潘猿（Bonobo）在身高上并无差别（因而，将 Bonobo 称为"Pigmy Chimpanzee"或"倭黑猩猩"毫无事实根据），两者在形态特征上的较显著差别是：前者下巴近乎方形、发型为背头、体形相对粗壮，后者下巴近乎三角形、发型为中分、体形相对纤细。因而，在有必要强调这两种潘属猿的形态差异的情况下，青潘猿也可称为"方颏潘（猿）"或"背头潘（猿）"或"粗壮潘（猿）"，祖潘猿也可称为"尖颏潘（猿）"或"中分潘（猿）"或"纤细潘（猿）"。

1.2.1　**高壮猿**："猿"是人科动物通用名；"高壮"是对这种猿的高大粗壮的体形特征的意译。这种猿是现存猿类中身材最高大粗壮的，其身高相当于或略超过现代欧美人的身高。另外，"高"与"Gorilla"一词的第一个音节发音近似，因而也是对其发音的一种近似音译。

1.2.2　**红毛猿**："猿"是人科动物通用名；"红毛"是对"Orangutan（马来语词，字面义为'森林中的人'）"的体毛特征——棕红色或暗红色的意译。在猿类中，这种猿是唯一体毛为红色的猿，因而很适合作为这种猿与其他猿的区别特征。

　　译者知道，由于语言的习得性和惯例性，译者提出的猿类尤其是四种大猿的新汉译名不可能很快就被汉语世界中的人们普遍接受，但鉴于相关旧译名给使用汉语的人们带来的记忆、理解、使用、传播上的不便乃至危害，译者还是想鼓起勇气，在给四种大猿以一个人们易记忆、易理解、易区分的汉语名称上，做一次抛砖引玉之举。欢迎读者和专家学者批评指正！

赵芊里

浙江大学社会学系人类学研究所

第一章

青潘猿：尚未充分演化的人

第一节　用大棒作战的青潘猿们

1965 年 3 月，中非。在一棵大树的主干中部，一大堆树叶杂乱地向外膨出。从那丛树叶中，两株绿色藤蔓植物不显眼地垂挂下来。实际上，那两根藤形成了一架绳梯。在离地 12 米高的那一丛树叶的遮盖之下，有一间经过伪装的钢柱胶合板墙壁的棚屋。在刚过去的七个星期的时间中，有两个男人每天都蹲伏在那棚屋里面。他们就是来自阿姆斯特丹的艾德里安·科特兰德博士（Adriaan Kortlandt）以及他的合作者、摄影师欧内斯特·布雷瑟（Ernest G. Bresser）。

在他们所在的棚屋的下方，在丛林的边缘位置，有一条青潘猿们走的小路蜿蜒向前延伸着。四周一片静寂。清凉的晨雾慢慢地从林中的空地上飘过。突然，那两个男人行动起来，其中的那个科学家开始默数：8……11……15……20，总共 20 个青潘猿走了过来！那些青潘猿一个接一个地悄无声息地走过那条小路，一边走一边谨慎地朝四面八方张望着，因为每一丛树的后面都可能潜伏着一个危险的致命敌手，比如一个人或一只豹子。那群青潘猿中，大多数是雌性。在这些雌青潘猿中，有的背上背着自己的孩子，有的腹部有婴儿吊挂着。年纪大一点的未成年青潘猿则以蹦蹦跳跳的步态自由奔跑着。

在经过七个星期的耐心等待后，那两个人的辛苦付出终于得到了回报：他们终于目睹了一支规模相当大的青潘猿队伍。决定性的时刻到来了。科特兰德博士把一根绳子拉动了一下，一扇靠近那些猿的经过伪装的活板门就打开了，一只毛绒玩具豹从丛林里跳了出来，它的两爪抓着一个作为其"猎物"的青潘猿玩偶。就像被雷电击中了一样，那些猿盯着那个"肉食动物"。整整30秒钟！

而后，现场一片哗然。一些青潘猿高声尖叫着跳上了周围的番木瓜树。它们[*]在树枝之间跳来跳去，身体在空中猛烈地晃荡着。那些青潘猿的尖叫所造成的回声在直径数千米的丛林区域内回荡着。

那个来自阿姆斯特丹的动物学家屏息观察着这一切。那些青潘猿狂野的喧嚣未产生任何效果。自然，喧嚣是不可能对一只毛绒玩具豹起到威吓作用的。于是，那些青潘猿开始了它们的防御战的第二阶段。它们中胆子最大的冒险朝那只豹子靠近了一点点。难道

---

[*] 在西方语言中，指称动物的"物"称代词与人称代词并无差异。例如：德语中的 er, sie, sie, es 和英语中的 he, she, they, it 都既可用于人类也可用于非人动物，其中，es 或 it 一般用于指称婴幼儿和儿童等未成年者。这一语用方式使得（除"人类独特论"者外的）西方人大多并不强调人与非人动物之间的区别，从而容易接受"人与动物连续论"及"人与动物平等论"。但在现代汉语中，由于人称代词与"物"称代词的区分和这一规则的广泛传播，人们在潜移默化中不断接受并强化着人与动物截然不同的"人类独特论"观念，而这对关于人与动物关系的新思想的传播构成了严重障碍。自动物行为学诞生后，近几十年来，大量的动物与人类行为考察与比较研究已经表明：以往曾流行并被一些人信奉的人与动物的界线论——认为工具制造与使用、理性、政治、道德、文化、语言、艺术等为人类独有，是人类区别于动物之处——都是不能成立的。现在，在科学界，至少在西方，主张人与动物的差异只是程度上的而非某些性质有无上的"人与动物连续论"观点已占据主导地位。为了便于传播这种有利于人与动物和谐共生的新思想，现代汉语应该与时俱进地做出相应变革。现在，到了该弱化乃至取消现代汉语中人称代词与"物"称代词之分的时候了！译者希望：国内出版社能顺应这种变革趋势，引领时代潮流，允许作者与译者们使用与西方语言接轨的人称与"物"称通用的代词，从而推进科学界关于人与动物关系的"连续论""平等论""共生论"等新思想在汉语世界中的传播。——译者注

它们意识到了那个敌兽是假的吗？这时，那位科学家拉动了另一个控制器。顿时，那只豹子挥动起尾巴来，同时，一个灵巧的控制装置——汽车雨刮器上用的一台电动机——使那只豹子做出了头部左右摆动的动作。但那些猿并没有退却。相反，接着发生了一件令人惊异的事情。那些成年青潘猿瞪大了眼睛紧盯着那只"大猫"，同时用手势示意自己的孩子留在后面。它们所用的手势与人类在类似情形下所用的手势完全相同。接着，那些成年雌青潘猿纷纷拿起那些被有意散放在周围地上的约一米半长的、一头大一头小的大棒，并以威胁的姿态挥舞着那些大棒。它们一个接一个地冲上前去，嘴里发出刺耳的尖叫。但在离那只豹子只有几米远的地方，那些雌青潘猿停了下来，用尽全力将棍棒朝那个敌兽投去，而后，又好像被追赶似的赶紧跑回到自己孩子所在的地方。它们将孩子抱在胸前，而后又将它们放下来，并带着用新鲜树枝做成的大棒再次朝敌兽冲过去。

其他的猿也对那个假想的敌兽发起了攻击：朝那只豹子扔枝条和水果，把树干拍得砰砰作响，手里挥舞着树枝或那种被连根拔起的类似于鞭子的幼树，以示威胁。

青潘猿的攻击行为与挥舞着棍棒的南非祖鲁族战士的行为有着惊人的相似性。这种猿会像人一样捡起一根棍棒并握在一只手中，而后做出伸直身子、略微前倾、撒腿奔跑这一系列动作。显然，直立姿势有利于搏斗，一些早期的生物学家甚至将这种姿势看作人类区别于其他动物的显著特征。

看来，那只豹子的静止姿态逐渐引起了那群愤怒的猿的怀疑。两次冲锋之间的停顿时间变得越来越长。最后，在看不到那个动物做出适当反应的情况下，那群青潘猿在那个假想敌近旁围成了一个半圆形坐了下来。它们好奇地盯着它，不时地搔挠前额和胳膊，显出一副困惑的样子，并不时地吞下一只香蕉。后来，它们又进行了一次攻击，不过，力度已经大大减弱了。过了大约35分钟后，它们离开了战场，并渐行渐远，最后消失在了丛林中。现场留下的那12根被连根拔起的幼苗或折断了的树枝成了曾经出现过那场战斗的证据。

这个实验的意义在于：它证明了除了人外，非人动物也会在战斗中使用武器，而且，非人动物也会以直立姿势走或跑。这是否在提示着我们，将青潘猿看作非人动物是一个错误呢？

以直立姿势使用武器——在这个事例里，我们看得真真切切的正是这两者的结合。就其本身而言，用两条腿走路对生存来说只会带来缺点。科特兰德博士已得出这样的结论：在逃离肉食动物或任何一种其他的危险的动物（大猿、大象、野牛等）时，两足动物要比四足动物更容易受阻于植被，而且，也容易让自己整个儿暴露在敌害的视野中。在停下来不动时，两足直立姿势会使得容易受攻击的部位完全暴露出来，而喉咙正是肉食动物求之不得的最佳攻击位置。

在战斗或防卫时，几乎所有的四足动物都会低下它们的头和肩。不过，也有一些例外，如熊、公马和公鹿（在没有角的季节中）会以后腿直立的姿势来战斗，用它们的前腿来击打对手，但在这种情况下，它们的爪和蹄是威力巨大的武器。没有防卫器官的人就没有任何这样的优势了。这似乎令人难以置信：在没有足够有效的天然武器的情况下，两足行走的人科动物（包括人类及其兄弟姐妹物种即各种猿）竟然也在野外生存下来了！[1]

换个角度想，想象一只狮子拿起一根棍棒来——这个场景是完全不可能的。只有用两足行走的动物才能够用一只手握住一件武器。此外，在面对敌手时，只有在有某种武器可用的情况下，直立姿势才会显示出它的优势。即便如此，以两腿直立的姿势作战的动物也处在一种危险境地，即自身易受攻击的部位被大面积暴露在危险中。从那只玩具豹在青潘猿中引起的恐惧与激发的胆量来看，这一点是明显的；在东非平原上用长矛围猎单只狮子的一群马赛勇士的行为中，这一点同样是明显的。

然而，在遥远的原始时代，只有这种战斗才能使类人猿这样的动物得以演化成肌肉欠发达、跑步速度慢、不善攀爬、没有天然的防卫器官而又长着一张难以进行攻击的小嘴的动物，这种动物就是我们称为"智人"的动物。

对青潘猿来说，投掷武器这种行为是本能的，但操控好武器就需要学习了。通过在鹿特丹动物园做的一个实验，科特兰德博士 [2,3,4] 能令人印象深刻地证明这一点。在一个圈养区中，有一只 * 就在那个

---

* 在本书原译稿中，译者将用于猿的量词或词中的量词含义全都译为了汉语量词"个"，但这些"个"又全都被编辑改成了在汉语中专门用于非人动物的量词"只"。也许有人认为译者这样做是因为不懂得汉语量词的用法。但实际上，译者将用于人的量词用于猿，是因为，在刚开始从事动物行为学著作翻译的十几年前，译者就接受了当代动物行为学权威德瓦尔等人关于人猿关系的观点："不是他们（猿）属于我们（人），就是我们（人）属于他们（猿）"（详见：Frans De Waal. *Bonobo: The Forgotten Ape*. University of California Press, 1997, P5），换而言之，要么猿也是一种人，要么人也是一种猿。由此可见，当今世界最顶尖的科学家是（几乎）等同看待猿与人的。在确立了应等同看待人与猿的信念后，在从事涉及猿的动物行为学著作翻译时，译者自然会尽可能地体现出这种观点；其具体做法主要有二：一是将汉语人称代词用于猿（乃至所有动物），二是将在汉语中专用于人的量词也用于猿。译者认为，任何规则都是为人所用的。当一种规则对人的生活起的作用弊大于利时，人们应该选择的是破旧立新，而非墨守成规。照此道理，当现存汉语语法对新知识、新思想的传播起阻碍作用时，人们也就不难做出该怎么办的选择了。这就是译者会将用于人的量词及人称代词用于猿的真正原因。——译者注

动物园中出生的青潘猿，在它的生命历程中，它从未见过大型肉食动物，更不用说对这种动物投掷过东西。那个动物学家给了它一打木块。正如所预期的那样，它几乎不关心那些东西。后来，一只相当爱玩的青春期老虎被放进了一只和它相邻的笼子里。接下来出现的令人眼睛一亮的景象是：那只青潘猿大发雷霆，它立即就从各个方位对着虎笼栏杆投掷起那些木块来，而且，一边投掷一边发出令那只老虎害怕的吼叫声。

因此，投掷行为本身是一种抵御食肉性天敌的先天反应。但就像用大棒来搏斗一样，瞄准被投的物体则是一种需要习得的技能。

如果人类和青潘猿这一与人类血缘关系最近的亲属动物在危急时刻都能使用武器，那么，这一假设就很可能是成立的：这么做的倾向至少在那种作为人类与青潘猿的共同祖先的动物中就肯定已经存在了。由此，科特兰德博士认为：现今，投掷行为已发展到洲际核能火箭阶段，但在 1000 万—1500 万年前，它的演化就肯定已经开始了。[5] 在这本书中，我们将基于科学研究的新成果来探讨人类演化的根源。

第二节　如果猿发明了矛……

在青潘猿用大棒来对抗豹子的那次战斗中，有一个因素并不太让我们满意。虽然动静很大，但没有一只青潘猿真正击中过那只毛绒玩具豹；甚至，没有一件被投出去的武器擦其身而过，也没有用大棒实施的直接击打。在 1963—1964 年，在刚果的丛林中，科特兰德博士以不同青潘猿群体为对象又做了 5 次进一步的实验，在这些实验中，都出现了上述同样的现象。因此，看来，青潘猿使用大棒的行为是否真正称得上是"使用武器的行为"，这一点是很可疑的。

不过，在所有情况都得到深入细致的分析的情况下，从这种失望中，我们有时也可获得一些极为重要的见解。事实是：无论是出生在动物园中还是出生在丛林中的青潘猿，都用长棍来示意、击打和投掷。不过，在茂密丛林的灌木丛中，这并不是一种很有用的防卫方式。在这种地方，棍子会不断地被树枝、藤蔓和灌木钩住。事实上，前述实验是在非典型条件下，即在一小块空地上进行的，选择这样的场地是为了便于观察并拍摄那场"战斗"。

由于这些反对的理由，前述的使用武器的技术在茂密的丛林中就已出现的观点是难以令人信服的。但是，如果在更早的岁月中，青潘猿并非生活在丛林里而是生活在平原和稀树大草原上的话，那么，情况又会如何呢？

1500 年前后，美洲刚被欧洲人发现时，非洲南部大部分地区还无人居住或居住的人还很少。当时，在这块黑色大陆上，一场大规模的人类迁徙开始了。好战的班图族人[6]的大量人口由北向南推进。班图族人占据了当地原住民俾格米人的地盘，将他们赶进了刚果丛林中。在由此而来的压力下，同样身材矮小的布须曼人在南部非洲的卡拉哈里沙漠地区寻求避难之地。也许那时，成群的青潘猿也同样是被人类从开阔的原野赶进森林之中的。

在丛林中，青潘猿使用武器的才能肯定会因为很少用得上而衰退。以动物心理学家训练有素的眼光，科特兰德一眼就能看出来，那些青潘猿操作棍棒的动作是笨拙的，就像它们以往几乎从未使用过棍棒似的。此外，1917 年，德裔美国动物心理学家沃尔夫冈·科勒（Wolfgang Kohler）教授 [7] 也已经描述过：刚从丛林中捕获的青潘猿一开始也不能精准地将棍棒投向目标或用棍棒做精准的敲打，但在开阔的圈养区中，它们就会逐渐习得这两种技能。科特兰德博士猜测：生活在稀树大草原上而非丛林中的青潘猿也会表现出同样的情况。

在很大程度上，人类演化的很多问题都取决于对这个问题的回答。它可以成为人类祖先的起源的一个重要线索。如果稀树大草原上的青潘猿与丛林中的青潘猿在行为上并没有什么区别，那么，这个问题就只能继续维持在无答案的状态。但与生活在丛林中的青潘猿相比，假如稀树大草原上的青潘猿能以更像人的方式更熟练地使用武器，那么，我们就可以说，有明确的迹象表明，青潘猿与人类的共同祖先并不像埃里希·卡斯特纳（Erich Kastner，德国作家）所说的那样，是"蹲伏在树上的、表情凶猛的、多毛的"丛林动物，而至少在一定程度上是开阔原野上的居民。

幸运的是，现在，仍然有一些青潘猿在稀树大草原上生活。值得注意的是，青潘猿只生活在那些不会被人猎取的地方。在几内亚，人们禁止杀害猿类，也禁止食用猿类的肉。因此，1966—1967年，科特兰德与其三个同事——博士生乔·范·奥孝文（Jo van Orshoven）、汉斯·范·宗（Hans van Zon）、赖因·普菲佛斯（Rein Pfeyffers）——组织的研究团队在那个西非国家进行了第 6 次青潘猿考察。

稀树大草原上的青潘猿开辟了一些穿越其领地的固定通道。它们所走的小路与人类的小路只有在穿过低垂树枝的地方有时会有所不同，在那些地方，人类的小路是会绕过去的。但那些猿会踩踏它们走的小路上的土壤，[8] 以抑制杂草的生长，因为可能会有蛇潜伏于杂草中。如果无法避免穿越那些长得很高的草丛，那么，青潘猿就会以腿部僵直的姿态跑步而过，就像城里人在乡野之地在被大声警告"当心有响尾蛇"后所做的那样。

在一条青潘猿走的小道沿线，科特兰德博士的同伴们[9, 10] 建立了一个伪装得很好的摄像观察点，并将那只毛绒玩具豹隐藏在摄像机前不远处的杂草和树枝下。在等了几个星期后，一支由 15~18 个个体组成的青潘猿队伍走了过来。科学家们从"埋伏点"上将那只毛绒玩具豹放了出来。接下来发生的事被拍成了一部独特的纪录片——

青潘猿们尖叫着往后跳了几步。它们猛地将小树拔离地面，或捡起那些散落在身边的棍状树枝。在如此这般地装备好了武器后，它们以直立姿势用两腿跑步向前，并很快形成了一个以那只豹子为圆心的半圆。接下来，由 2~5 个成年雄性或雌性个体组成的小队伍轮番朝那只豹子发起冲锋，其中，有些雌性青潘猿背上或腹部还背着或揣着婴儿。经精准瞄准而投出的棍棒雨点般地落在那只充当诱饵的豹子身上。根据影片可计算出：有些落在那只毛绒玩具动物身上的棍棒是以 90 多千米的时速砸过去的。一只真正的豹子很可能在几分钟内就被赶跑，否则，它很快就会"死翘翘"了。

接着，青潘猿们包围了那只"肉食动物"。一些最勇敢的青潘猿抓住了豹子的尾巴，并将它往灌木丛中拖行了大约 20 米。在拖行的过程中，那只豹子的头被扯了下来，头和躯干被分成了两截。

这确实解决了问题。不过，尽管那个"豹头"躺在离身躯很远的草地上，它对那些青潘猿还是有着一种神秘的象征性力量。它们与它继续保持一定的安全距离，对它敬而远之，就像那个头仍旧是一个完整而危险的活着的肉食动物似的。在那些青潘猿中，不时会有一个战士跑过去，用棍棒猛击一下那个豹头。青潘猿们对那个头的这种奇怪反应是缘何出现的呢？是不是因为那只豹子的玻璃眼睛仍然在一眨不眨地盯着它们呢？总之，那支青潘猿队伍直到黄昏时才平静下来，而后消失在了茫茫夜色中。

经常有非洲动物保护区的管理人员报告说，在白天，豹子遇到青潘猿队伍时会急忙闪开，以避免冲突。现在大家知道为什么了。豹子只有在夜晚时才有获胜的机会，即在猿们睡觉时搞突袭。

不过，最重要的是，那些用大棒进行的激烈战斗表明：当与青潘猿相似的人类祖先第一次遭遇自己最强的食物竞争对手时，什么事情是肯定早就发生过的。这里所说的人类祖先是一种在演化的阶梯中介于类人猿与类猿人之间的动物。[11]

手持大棒的猿人很可能不会比今天的人有更多的机会去对抗手持大棒的青潘猿祖先。动物学家建议，人类一定不要去逗一只已完全发育成熟的青潘猿或与之发生冲突。我们在马戏表演中所看到的好玩、有趣的青潘猿其实只是甚至尚未进入青春期的"小孩子"。一个已然发育成熟的青潘猿拥有的肌力大约是成年人平均肌力的两倍。成年青潘猿牙齿的锋利性和有力程度也不比豹的逊色，青潘猿的攻击性跳跃的凶猛程度以及闪电般快速的反应都要远远超出人类。

面对这样的敌人，猿人无疑曾经有过一段非常困难的时期。直到今天，俾格米人还宁愿将与青潘猿的打斗看作"战争"而非"狩猎"。那个荷兰科学家推测，对于这个问题，武器与战斗技术上的重大改进极有可能是必需的，这样，猿人及早期人类与青潘猿之间的那些原始的战争才会给猿人，而后同样给人类带来有利的结局。

他认为，关键的发展步骤肯定是从大棒到矛的转变，即从手持着使用的近距离武器到可在一定安全距离之外、在开阔原野上使用（投刺等）的远距离武器的转变。

一旦人类或猿人拥有了这种武器，在许多地方，青潘猿的祖先就会被赶出家园，到丛林中去过逃难者的生活。这种事情对青潘猿的演化肯定起到了阻碍作用。在南非和东非的奥杜威峡谷，考古人类学家达特（R. A. Dart）教授[12]与路易斯·利基（L. S. B. Leakey）博士[13]发现了许多猿人的骨骼化石碎片，他们生活在约 200 万年前到约 40 万年前。根据头骨的大小，我们可得出这样的结论：这些猿人的脑几乎不比现在的青潘猿的大。尽管如此，他们已经有能力创造出一种具有人类特性的文化类型。[14]相关的研究已经证实，他们将羚羊的骨头加工成了他们可用于杀死动物的武器。

然而，我们人类在动物界血缘最近的亲属（指青潘猿）迄今仍然是一种动物。因为在人类出现后，对青潘猿来说，有些像人的特点便不再具有有利于其生存的价值。丛林生活阻碍了青潘猿在工具发明、制作和使用上的智力发展，由此，青潘猿是一种向着人类方向演化的倾向受到了抑制的动物。因此，我们可以说：青潘猿是一种尚未充分演化的人。

更糟糕的是，按人类的标准来判断，在智力方面，青潘猿显然在退化。也许，人类与青潘猿的共同祖先要比现今任何一种类人猿都更像人类得多。这就是科特兰德博士关于青潘猿的反向演化假说之要义，而这一假说是得到上述实验的有力支持的。

现在，我们可开玩笑式地问一个问题：在久远的过去，如果是现在的青潘猿的祖先而不是现在的人类的祖先（即猿人）发明了矛，

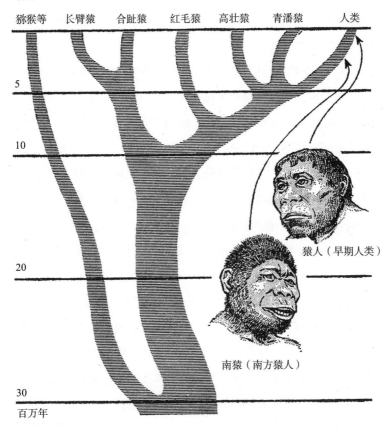

狒狒

狝猴等　长臂猿　合趾猿　红毛猿　高壮猿　青潘猿　人类

5

10

20

30

百万年

猿人（早期人类）

南猿（南方猿人）

图1　人类与猿的共同祖先〔根据萨里奇（V. M. Sarich）和威尔逊（A. C. Wilson）的原画改作〕[*]

——————

[*]　根据美国科学院院士、人类学家康拉德·科塔克（Conrad Phillip Kottak）的观点，这张图中称为"南猿"的动物实际上是约 400 万—100 万年前生活在南非的猿人，而该图中称为"猿人"的生活在约 200 万—100 万年前的动物实际上已是人属动物，即已是正式的人。该图所反映的是 20 世纪 60 年代科学界关于人类演化的比较初步的认识成果，而非 21 世纪的研究成果，这是本书读者必须注意而不能盲目相信的！参见：Conrad Phillip Kottak, *Chapter 8 Early Hominins, Anthropology: The Exploration of Human Diversity and Cultural Anthropology*（2008），McGraw-Hill Education Companies, Inc。——译者注

友善的野兽：富于人性的动物社会

那么，这个世界看起来会是什么样子呢？这当然是科幻小说作者们一个有趣的写作主题。但这种智慧的闪电在人类祖先的脑海中闪过肯定不是一种纯粹偶然的事件。因为，毕竟，青潘猿的祖先没有能力制作出一个矛。在本书的最后一章，我们将再次讨论这个问题。现在，且让我们来追溯一下那些会被看作"典型的人类的"特性的其他根源。

第三节　动物中的哀悼行为

有一天，在刚果的丛林中，发生了另一场青潘猿以大棒为武器进行的战斗。在战斗结束后，科特兰德博士发现了更多的相关证据，这些证据表明，在动物身上隐藏着许多迄今人们未曾料想到的"像人"的特性。他目睹了动物们哀悼死亡伙伴的情景。

在围绕着一只毛绒玩具豹（它的爪子抓着一个毛绒玩具青潘猿）闹腾了半个小时后，那些猿撤退到了它们夜间睡觉的地方。那天晚上，那个动物学家从现场拿走了那只毛绒玩具豹，但留下了那个毛绒玩具青潘猿，让它躺在了"犯罪现场"中。他这样描述了第二天早上所发生的事情：

> 当天空中出现黎明的第一道曙光时，那个青潘猿群又返回了昨日的战场。在葬礼般庄严肃穆的气氛中，它们以那个毛绒玩偶为中心围成了一个大圆圈。有几只青潘猿慢慢地朝那个玩具"青潘猿"靠近。后来，终于有一个怀揣着孩子的母亲离开了那个肃穆的圆圈并走上前去。它小心翼翼地靠近那个"受害

者"，并用鼻子嗅了嗅。而后，它转过身来，面对着排成圆圈的队伍摇了摇头。接着，那些猿就一个接一个地默默地离开了。只有一个因脊髓灰质炎而瘸腿的青潘猿（奇怪的是，青潘猿这种猿也会患严重的小儿麻痹症）在那个"尸体"旁边坐着待了一会儿，目不转睛地盯着它。看来，它似乎不忍心向那个"死者"告别。后来，它终于也起身走了。此后，现场一片静穆。

整个上午，我们没有听到一个青潘猿哭；在那天后来的时间中，我们也没有听到有青潘猿哭泣。

我整个考察的高潮其实是那个雌青潘猿在凝视过那具"尸体"后所做的摇头动作。当然，我们无法确切地知道那个青潘猿想要给那些沉默的围观者传达些什么。也许，那个动作的意思是："唉，可惜啊，它已经没有生命的迹象了。"但可能性更大的是，那意味着："不，它不是我们中的一员。"我们同样不知道为什么那支青潘猿队伍的所有成员都会被忧伤的情绪所笼罩。但在这些青潘猿的面孔背后，总是隐藏着一个我们未曾料想到的世界。[15]

这一令人难忘的事件使那个科学家产生了一个想法。他决定搞清楚青潘猿在野外会如何对一张青潘猿图片做出反应。因此，他在丛林小路上放了一张动物园的海报，那海报的画面是一个青潘猿头部的特写。

第一个看见那张照片的青潘猿一看到它就惊恐地呆立在那儿。其他所有的青潘猿也对那张自己同类之一的照片表现出了恐惧反应，而那种恐惧显然要比它们对豹子和毒蛇的恐惧大得多。最后，它们

友善的野兽：富于人性的动物社会

居然从旁边的另一条小路逃跑了。只有一只因小儿麻痹症而左臂瘫痪的青潘猿被吸引到了这张"死亡之脸"的面前。它久久地、默默地看着那张照片，不时地用手挠着自己的头。

看到一个很小的布偶青潘猿，或从科特兰德的越野车后视镜里看到自己的影像，那些青潘猿的反应就是逃跑。

一个奇怪的事实或许有助于搞清楚这一行为。在三四万年前，人类就开始在自己所居住的洞穴岩壁上绘制写实性的动物图像了。但只有在最近的几千年中，人类才开始冒险绘制他们自己的写实性图像。难道这一禁忌发源于某种类似的对自己图像的原始恐惧吗？

青潘猿的这种反应在整个动物界是独一无二的。动物们通常不会对已死的东西感到害怕，因而，照理也不会对没有生命的图像感到害怕。鹿会从它自己所在群体中的某个成员的尸体旁漠然走过。狗在面对一具从前是朋友或敌"人"的狗的死尸时，会用鼻子对着它快速地嗅几下，然后无动于衷地任它躺在那里。可以肯定的是，有时，鹦鹉会哀悼其已死的同笼伙伴；在主人去世后，狗会情绪失控并因此而痛哭。但那是为与自己关系亲密的个体的死亡而悲伤，根本就不能与青潘猿所表现出来的（超越个体间关系的）对死亡的恐惧相比。

美国科学家巴特勒（R. A. Butler）博士[16]曾经用猕猴做过一个有点残酷的实验。他砍下一只已死的猕猴的头，将其躯干靠着笼子的栏杆竖立起来，并将那个头放在它的被放在腹部的两只手中。但其他猕猴似乎对这一让人类感到可怕的景象完全无动于衷。

而青潘猿在看到同种成员甚至其他哺乳动物（除了那些它们自己杀死的）的死亡时，则会产生极大的恐惧。一条青潘猿的断臂或断腿就足以使一只青潘猿发疯般地逃跑，避而远之。青潘猿甚至对睡着的动物也感到害怕。

据此，科特兰德博士认为，青潘猿肯定有一定的关于死亡及其意义的意识。

在青潘猿中，存在着一种在动物界不同寻常的现象，即它们会冒着生命危险去救援同一群体的成员。青潘猿"知道死亡的意义"这一能力与它们的"冒死救同伴"这一责任心之间很可能是有关联的。很久以前，沃尔夫冈·科勒教授[17]就在一次游猎式旅行中观察到了一些非常有趣的事情。

一只青潘猿被一个猎人打伤并倒在了地上。当它发出凄厉的求救声时，同群的其他成员都跑过来围着它，将它扶起来，用"令人难以置信的人类的姿势"支撑着它，并发出温和的声音来催促它迈步行走。与此同时，一只身强体壮的青潘猿冲上前来，将自己置身在那帮猎人和那个受伤的青潘猿及其帮护者之间。直到听到意味着已安然进入密林中的同伴们多次呼叫之后，它才撤退到安全之地。

这种自我牺牲性救援行动引起了人们对一个迄今无法解释的现象的关注，即青潘猿是唯一不能用陷阱来捕获的动物。一直有这样的说法：青潘猿太聪明了，以至于不可能跑到陷阱里去。然而，科特兰德博士发现的一些迹象表明：被困在陷阱中的青潘猿总是立刻会被同伴们解救出来。

特别令人惊讶的是，青潘猿的帮助对象并不限于自己的同类。那个荷兰科学家曾经做过这样一个实验：他将一只小鸡绑在丛林中的小路上，结果发现，那些路过的身材粗壮的青潘猿将那只柔弱的、叽叽叫着的小鸡从绑带的捆绑下解救了出来，它们解开绑带的动作

　　　　　　　　　　友善的野兽：富于人性的动物社会

是如此细腻，以至于没有对那只小鸡长着小撮绒毛的、脆弱的双腿造成任何伤害。一种动物对别种动物也会有慈爱之情——这一惊人发现使得科特兰德博士更倾向于相信，那个在非洲原住民之间流传的老妇人的故事可能是真的。难道青潘猿真的会偷人类的婴儿吗？

当然，我们不能为了查明事情的真相而用人类的婴儿做实验。但是，我们不妨把猴子的幼崽作为替代品。于是，那个荷兰科学家在青潘猿们平常所走的小路上绑了一只白眉猴的幼崽。当一支青潘猿队伍路过那个地方时，所有的青潘猿都好奇地聚集在那只尖叫着的、微小的动物周围。后来，一只年少的、尚无孩子的雌青潘猿试图解开并咬破那根绳子，它小心细致的动作完全可以与解救那只小鸡的动作相媲美。显然，它想要解救那个白眉猴宝宝，并且或许还会把它带在身边。可惜，那根绳子太牢固了，而科特兰德博士那根原本打算用来捆绑猴子的、牢固度差一点的藤已经丢失了。

多年来，乌干达动物保护区的管理员注意到，有一个青潘猿群体，总是有一只长尾猴在其中。对这种不同物种相混合的群体，只有一种可能的解释，那就是，那只长尾猴肯定是在它还是一个幼崽时被青潘猿捡来、作为宠物收留并养大的。那只长尾猴就是非洲丛林中的罗慕路斯和雷穆斯（古罗马传说中的幼时由母狼养大的罗马城建造者）！

也许是好奇心和玩乐动机促使青潘猿与非同类的动物生活在一起。一旦它们彼此习惯了对方，就没有一只青潘猿会介意那个弃儿总是要比群体中的其他成员弱小，尽管它们在外貌上差异明显。当然，"宠物"与其养育者之间的养与被养关系取决于，在群体中，至少有一个雌青潘猿有适当的情绪，能在一个替代者（在这一事例中即那个异种的幼崽）身上宣泄它未实现的母爱本能。显然，养宠物这一行为的起源必须在诸如此类的本能倾向中去寻找。

一个人类母亲在忙于种植工作时，也可能会把她的孩子暂放在森林的边缘。那么，为什么青潘猿不会带走一个人类婴儿呢？实际上，对人类的孩子来说，这种来自猿的母爱无疑是致命的，因为人类的婴儿不能像猴宝宝那样攀附在雌猿的皮毛上（尤其是腹部），并会在青潘猿刚一开始爬树时就掉下来。

据报道，1967 年 12 月初，在南非的约翰内斯堡，一个两岁的小女孩被狒狒杀害了。事前，她的父母驾车进入平原游玩。他们停下车来，准备野餐；而在此期间，他们没有一直紧盯着那个孩子。当他们准备离开时，却发现那孩子已经不见了。两天后，一支搜救队伍在距离野餐地点约 5 千米的地方发现了那个孩子的尸体，尸体上有些由狒狒的牙齿造成的伤口！

根据这一距离可以推测出：起初，那个女孩是被并无不良意图的狒狒"收养"的，而且已经被它们携带了一段时间。但在狒狒社会中，即使没有出现致命的误解，一个异种的弃儿也必须表现得像个狒狒。或许，那个孩子曾经跟其他狒狒婴儿发生过争吵，年幼的狒狒们总是习惯于彼此戏弄和争吵。或许，那个人类的孩子曾出手打过它们，因此那些小狒狒的母亲在听到自己孩子的哭声后就急忙跑了过来。

在这种情况下，对那个小女孩来说只有一种行为是有利的：蹲下来，并做出安抚性姿势，以表达"请原谅，我不是故意的！"的意思。在狒狒中，这一意思是这样表达的：转过身去，背对着对手，蹲伏在地上，通过肩膀的一侧回看那个正在做出威胁行为的狒狒，张大嘴做出像是露齿而笑的表情，并咂巴双唇以发出可被听到的声音。在看到这种仪式后，攻击者就会满意地转身离开。到这一步，"道歉"就被接受了。

美国教授沃什伯恩（S. L. Washburn）和德沃尔（Irven DeVore）[18]在东非安博塞利平原上对这一程式做了卓有成效的测试。那是一个风险很高的实验，因为这两个人类学家对狒狒是否会接受人类的"道歉"也没有把握。但实验成功了。

那个来自约翰内斯堡的小女孩自然对动物心理学一无所知，也不懂得如何才能抑制狒狒的攻击。这是致命的。而那只被青潘猿群收容的年幼长尾猴则很可能在与青潘猿的交流方面获得了成功。

第四节　独自生活在青潘猿群中的美女科学家

无论如何，这都是一个危险的壮举——一个人类个体加入野外的青潘猿群。1960 年 7 月，一个 26 岁的英国女人，一个动物学者，做了这件冒险的事。尽管有许多人对她提出警告，她还是在母亲的陪伴下去了非洲，进入了坦桑尼亚的坦噶尼喀湖东岸的贡贝河青潘猿保护区。当然，事先，为了保险起见，她在伦敦动物园详细研究过青潘猿之间的礼仪。否则，她肯定不会在那场冒险之后幸存下来，更不用说在她还只是一个博士生时就已成了国际名人——今天，所有动物学家和许多其他人都知道珍·古道尔（Jane Goodall）的名字。

在她进行第一次对青潘猿的实地考察期间，[19] 尚未结婚的珍·古道尔选择了一种与科特兰德完全不同的观察青潘猿的方式。她当时的工作没有要在规定时间内完成的压力，因此，她可以尝试去赢得青潘猿们的信任；结果，她在青潘猿群中的存在不仅得到了它们的容忍，甚至，她还被青潘猿们当成了朋友。

仅仅这一过程——从被青潘猿们排斥到通过它们对她的考察从而被它们接受——就用了整整 8 个月时间。最终，整个考察则用了 4 年。

每当她靠近一支青潘猿队伍时，青潘猿们就会急忙逃离。起初，那些猿会逃到离她约 450 米的地方。在经过半年天天相遇的经历后，青潘猿们就只是在她离它们不到 90 米时才会逃跑了。7 个月后，那些青潘猿终于决定尝试着接受她了。在考察报告中，珍·古道尔这样写道：

这件事发生在我第一次在密林中跟踪一个青潘猿群的时候。我看到那个青潘猿群在离我约 50 米远的地方。当它们听到我的动静时，它们停止了呼叫，从我的视野中静悄悄地消失了。我停下来听动静，不确定它们到底在哪里。

一根树枝突然折断并正好掉在我身旁的灌木丛中，我抬头一看，一只少年青潘猿静静地坐在几乎位于我头顶正上方的一棵树上，在它的近旁，还坐着另外两只雌青潘猿……后来，我听到我右边的一丛藤本植物中发出了一声轻微的"呼呼"声，但我什么也没看见。

这种令人不安的呼叫大约持续了 10 分钟。有时，我能够辨认出攥着一根藤的一只黑色的手，或是突出的黑色眉骨之下的一双眼睛。

呼叫声越来越响。突然，空气中爆发出一阵巨大的喧嚣，那种充满野性的响亮而凶猛的叫声令我脖子后的毛发都竖了起来。我看到了 6 只身材魁梧的雄青潘猿，它们变得越来越兴奋，摇晃着大树枝，并不时地折断一些小树枝。其中一只爬上了我旁边的一棵小树，它全身的毛发竖立着，不断地前后摇摆着那棵树，直到那棵树似乎要弹到我的头顶。后来，这项表演突然结束了，那只摇晃树的成年雄青潘猿在那些雌青潘猿和未成年的小青潘猿旁静静地吃起东西来。

珍·古道尔通过了青潘猿们的测试，她不再被看作一种威胁，从此以后，她可以待在那些猿的旁边了。准确地说，她可靠近到离那个青潘猿群只有约 27 米远的地方。只有在相熟 4 年之后，她才能在那个群体的所有成员中间自由活动。

此后，当珍·古道尔[20]出现在现场时，那几只跟她要好的青潘猿会向她跑过去，并以微微低头的姿势向她行鞠躬礼，还会伸出一只手来表示问候。就像人类一样，在那种时候，她也得把自己的手放在青潘猿的手中。那个青潘猿群中的其他成员也容忍了她的接近，但它们还是会生气地不理她，有些心情不好的青潘猿还会噘着嘴生闷气。

这种握手形式的问候或许会让那些动物行为学门外汉产生这样一种印象：那只是一种拟人化的说法，不可信。但事实并非如此。在青潘猿的社会生活中，握手起着非常重要的作用。如果我们观察过青潘猿使用这个动作的各种场合，那么关于人类的握手礼节是怎么来的，我们就会心中有数了。那是另一个故事。故事的开头是这样一个发现：稀树大草原上的青潘猿为了吃肉而猎取别的动物。

而在这个发现之前，科学界是将类人猿看作素食者的。根据最新的研究结果，只有丛林中的青潘猿是素食的青潘猿，因为在丛林中，青潘猿总是能找到足够的水果和其他好吃的植物性食物。因此，生活在丛林中的青潘猿有什么必要去冒险狩猎呢？大多数动物都是遵循着"避免不必要的危险"的原则的——在这一点上，动物们要比许多人更聪明。

稀树大草原上的情况和平原上的情况是完全不同的。坦噶尼喀湖东岸的峭壁陡然升起于水面。在一条窄窄的热带雨林带之上，高耸着许多光秃秃的山坡，那些山坡上又有数不清的山谷和峡谷。在这种山地上植物性食物稀少，因此青潘猿就得不时地以动物蛋白作为补充。这种地方以及类似于稀树大草原的过渡地带，就是青潘猿的猎场。羚羊、小羚羊与河猪就是青潘猿的猎物，有时，某些猴子也会成为它们的猎物。偶尔，它们也会猎食不小心掉队的年少的狒狒。

有一天，珍·古道尔看到4只红疣猴坐在一棵树上。它们一直密切关注着附近一棵树上一只正在玩乐的少年青潘猿。但是，由于那小青潘猿没有以威胁的姿态向它们靠近，它们就自以为是安全的，因而麻痹大意地未去监看另一边。突然，另一只少年青潘猿从另一边出现了。它先以惊人的速度跑上了那些猴子所坐的树枝，紧接着，在猛地一跳中用双手抓住了一只猴子，扭断了它的脖子。

紧接着，另外5只青潘猿也现身了。看来，在此之前，它们就躲在附近一个隐蔽处观察着动静。那5只青潘猿很快就爬上了那棵树，并朝先上树的那个成功的猎手靠近，而猎手则粗野地将那个猎物撕成一块一块的，并分给了那些后来者。

这样的公平并不是普遍规则。成年雄青潘猿会根据自己的兴致及自己与其他个体的交情，向其他个体分发自己的猎物的肉，只要它们自己愿意。珍·古道尔曾用望远镜（因当时她还不能过于靠近那些青潘猿）观察到：一只精力充沛的老年青潘猿杀死了一只几乎与它自己一样大的羚羊。它坐在草地上，惬意地享受着自己的美食——它夹在左胳膊下的那块巨大的"烤肉"。每吃一口肉，它就会吃上几片对它来说相当于"沙拉"的树叶——它自己另一只手中的一丛小树枝上的树叶。在心满意足地饱餐一顿后，它又用那些大树叶"餐巾纸"擦了擦自己油腻的手。

它把自己的猎物抓得那么紧是有充分理由的。因为当时坐在它周围的是几个饥饿而渴望分享这场盛宴的同群成员。观察食物分配的原则对我们理解相关问题是很有启发意义的。出人意料的是，任何个体都没有分享他者的猎物的权格*，即使是那个成功猎手平常得对之卑躬屈膝的、地位更高的青潘猿也没有。[22] 这话听起来又像是草率的拟人化的说法了，但是，在此我们不得不说，这就是尊重他者财产的思想和行为准则的第一缕曙光。在自己猎得猎物的猎手面前，那些会在香蕉树上炫耀其高贵身份和权威的、更高级别的青潘猿也会失掉它们的特权。

因此，所有垂涎的青潘猿都会蹲伏在那个正坐着开心地咀嚼肉食的个体周围，并伸出它们掌心向上的手——在人类中，这是典型的表示乞讨的手势，但实际上，青潘猿也用。因此，如果严格按照

---

* 德文中的 Recht(en) 或英语中的 Right(s) 的政治学含义是社会成员或组织可做什么的资格，通译为"权利"。为了突出"权利"的行事资格含义，并在语音上与"权力"相区别从而避免混淆，译者主张将"Recht/Right 译为"权格"。——译者注

这一逻辑，那么从今以后，这一手势就不能再说成是"人所特有的"了。只有背着才几周大的幼崽的青潘猿母亲才会被允许分享肉食，如果当时它自己想要的话。其他所有的青潘猿都不得不在旁边等着，直到猎物的主人将一小块肉放在它们张开的手掌里。

如果是一只4岁左右的少年青潘猿讨要肉食，那么它什么都得不到。而后，它的乞讨会变得越来越"死缠烂打"，最终，它会因为自己的胡搅蛮缠而吃上肉食主人的几个巴掌。如果是一个交情不深的"熟人"来乞讨，那么它只会得到一块沾着血的骨头。如果是一只脾气不好的40~50岁的老年青潘猿来乞讨，那么它也会两手空空地走掉。如果有青潘猿认为自己没有被别的青潘猿注意到，因而试图擅自取用肉食的话，那么它就会被抓起来，抓它的不是肉食主人自己，而是那群讨食者中的一个——讨食者之一会朝那个"小偷"猛扑过去，并给"小偷"一顿痛打。想来，它这样做是为了讨好肉食的主人，以便得到奖励。

上述全部情景显示，在青潘猿中，握手原本是作为一种仪式性问候手势而出现的——要东西的一方伸出其手掌（表示讨要），另一方如果愿意，则会将某个东西放入那个手掌之中。

在讨要和给予实物的基础上，下一个发展阶段就是象征性的讨要和给予。例如，两只青潘猿从不同方向靠近一个木瓜。在这种情况下，级别较高的个体拥有获取果实的优先权。但是，如果级别较低的个体很想要那个果实的话，那么它就会跑到"大佬"面前，并在它们两个的手都还没够到那个果实时，以乞讨的姿势伸出自己的手。如果另一方有心给予，那么，"大佬"就会把自己的空手放在乞讨者的手上。这表示那个果实可以由乞讨者拿走。

图2　两只青潘猿通过手部接触来互相问候。掌心向上伸出自己的手的那只可能是在表达顺从之意，或是想讨要东西 [根据范·拉维克（H. van Lawick）的原画仿作]

这种仪式性的交流方式还有更进一步的发展。在成为被青潘猿们接受的群体成员之后，当珍·古道尔与那些青潘猿待在一起，并想逗弄某个讨人喜欢的青潘猿宝宝时，她就得遵循某种既定的仪式。首先，她会朝着婴儿母亲所在的方向，以乞讨的姿势伸出自己的手。如果母亲脸上现出和悦的表情，那就表示它同意了。

两只青潘猿相遇时，握手也可被理解为一种许可，即地位高的一方允许地位低的一方在距其很近的地方逗留。这是一种表示友好的行为。因此，握手表达的是一种问候，而且是原初意义上的问候。

第五节　雨舞——大雷雨中的青潘猿群舞

顺便说一句，打小偷是人们迄今在野生青潘猿中观察到的最具暴力性的争斗行为。有时，青潘猿会因为琐碎的事而争吵，但是生气的青潘猿通常只是高声吼叫并做出威胁的姿态，而不会做得更过分。科特兰德博士在自己的6次考察中观察过50个青潘猿，其中，没有一个身上有打架所致的伤残或伤痕。同群的类人猿之间的相互关系通常是相当友好的，在这方面，我们人类应该好好向它们学习。

看到两个青潘猿群不期而遇，人们都以为会立即爆发一场"部落间的战争"。双方会立即爆发出地狱般的喧嚣声，就像它们在试图吓跑一只豹子。雄青潘猿会发出刺耳的尖叫，把空心树干当鼓敲出洪亮的声音，在空中挥舞着大树枝，双腿上下蹦跳（就像是在蹦床上蹦似的），并跳起一种战争舞。但表象都是骗人的，这种喧闹很快就会消退。接下来，双方会靠得越来越近，然后出现令人瞠目结舌的结局：两只青潘猿突然伸出它们的手并互相握起手来，另外两只青潘猿居然互相拥抱或亲吻起来。那种情景看起来就像是亲友久别重逢因而欣喜若狂的样子。

实际上，一个相当大区域内的所有青潘猿都彼此个对个地互相认识，尽管其各自属于不同的群体。每一只青潘猿所属的群体实际上是时常变换的。

两个青潘猿群相会后，它们会在一起待上几个小时，有时待上几天。当两个群体再次分开时，总有某些青潘猿会换群。换群的原因或许是，有的青潘猿在原来的群里受欺负太多，因而希望去别的群过相对更愉快的生活。换群的原因也可能是，在两群会合期间，原来分属不同群的两个个体结下了亲密友谊，在两群分开时，它们会选择在同一个群里继续携手同行。有时候，某些青潘猿也会选择脱离任何群体，过一段离群独处的生活。

青潘猿之间存在着按某些规则精确排定的地位等级。但是，在青潘猿社会中，没有一个个体有干涉其他个体私事的权格。科特兰德博士说，青潘猿是一种群居动物，但它们的社会规模要比人类的小得多。它们喜欢待在一起，但每一个体都是按照自己的喜好行事的。在类人猿中居然存在着如此浓烈而鲜明的个体主义色彩，这实在是一件令人惊讶的事情！

　　那么，为什么两个青潘猿群相遇时会出现战争的喧嚣？当然，恐惧因素是存在的，与之相伴的还有本能的攻击性。或许，我们可以将其与两支足球队比赛时足球运动员的感受相比较。但是，从总体上看，所有武力炫示的目的都不过是给对方一个下马威，很可能是为了搞清楚每一群体中各个个体之间的相对地位高低。

　　总的来说，青潘猿之间的地位等级不是靠打斗的输赢结果建立起来的，甚至不是靠或多或少具有游戏和运动性质的摔跤比赛建立起来的，而只是靠力量和技能的炫示建立起来的，通常这种炫示的方式就是将树干拉弯。在青潘猿中，这种炫示行为在生命早期就开始了。青潘猿们在少年时就喜欢做这种力量比试，它们会用比赛谁胸鼓得大、气吐得长的方式来对阵，它们还会掰断一些细枝以发出嘎嘎的声响。这些行为总是使科特兰德博士觉得相当可笑并因此印象深刻。实际上，更强的青潘猿根本就不理会这种幼稚的炫示行为。但是，当群体中的"泰山式角色"在树干上展示其令人印象深刻的力量和武艺时，所有其他的青潘猿都会像身处体育比赛现场一样，围成一个圆圈，站在一个可显出自己敬仰之情的距离之外、带着惊讶的神情观看它的表演。

　　每只青潘猿都会时不时地发发脾气。它必须宣泄每隔一段时间就会积聚起来的攻击性。众所周知，脾气暴躁的人也有类似的冲动。每隔一段时间，他们就会大发一通脾气，这种怒气似乎是理性所难以解释的。实际上，在这种时候，这些人所采取的姿态就像那些试图通过威胁来使其伙伴们印象深刻的青潘猿一样。他们大声呵斥那些地位比自己低的个体，挑衅自己的邻居，殴打自己的孩子，或在自己无辜的妻子身上发泄他们的怒气。

而在这种情况下，青潘猿的表现要比人类理性得多。正如科特兰德博士在刚果丛林中所观察到的那样，特别强壮的雄猿多半是在没有任何明显原因的情况下，在平和的环境中发火的。当某只特别强壮的雄青潘猿无缘无故地开始发火时，帮队中的其他成员马上就会注意到这种情况，并小心翼翼地躲避它。正在发怒的青潘猿仍会保持足够的理智，这样，它便不会去追打一只"替罪羊"。实际上，它会用一棵树来当出气筒，就像它在力量和武艺表演时所做的那样。它会将一棵树前后摇晃，连根拔起，并把它撕成碎片。到那时，它就已平静下来，心平气和地去做自己的事。

通过演戏式的炫示和敲打动物之外的事物而获得声望的过程有时会导致奇妙的管理权 * 转移。在珍·古道尔已与之建立起友谊的那

---

* 政治学语境中的德文词 "Macht" 或与之对应的英文词 "Power" 在汉语中通常被译为 "权力"。政治理论家们通常将 "权力（Macht / Power）" 界定为个体或组织对他者的行为的影响力。从 "权力" 概念产生的心理过程来看，"行为影响力" 意义上的 "权力" 其实是人们基于隐喻思维仿造自然力虚构出来的一种（如魅力、亲和力、性吸引力等的）心理层面的比喻性 "力量"，而非意识之外（如水力、电力、磁力、重力等的）实际存在的自然力量。尽管管理论家们将 "权力" 界定为行为影响力，但无论在东西方，普通大众乃至大部分理论家实际上大多是在 "管理资格（权利）" 的意义上使用 "权力（Macht / Power）" 一词。由于人们通常所说的 "权力" 实指管理权格，而非行为影响力；为了 "权力（Macht / Power）" 概念能切合实际，并避免相关的语用和理解上的混乱，我们有必要对其重新界定：权力即（机构、职位或个体的）管理权格。由此，权力是一种权格，因而统一于权格。基于上述理由，译者主张将 "Macht / Power" 译为 "管理权（格）" 或 "管权"，而不再译为 "权力"。——译者注

友善的野兽：富于人性的动物社会

个青潘猿帮队中，她称之为"迈克"的那只雄青潘猿原是"中下阶层"中的一员。有一天，它偶然在古道尔的宿营地发现一堆空汽油罐。它碰巧有发火冲动并真的突然发起火来，但因当时身边无树可用，便将那些罐子猛摔到地上，并抓着几个罐子在地上拖行，由此造成了一阵巨大的喧嚣声。这一壮观景象给其他青潘猿留下了极为深刻的印象，从那以后，没有再费任何周折，它们就承认了迈克是群里的"一把手"。

当然，在碰上它们不喜欢的东西（比如坏天气）时，青潘猿也会勃然大怒。在雨季，当老天显得永远都不会停止降水时，那些雄青潘猿会在几分钟内由起初的情绪低落状态转而进入一种夹杂着无奈之情的愤怒与炫示群体性力量相加的混合状态，一种仿佛是自然界精灵的魔法仪式。珍·古道尔 4 次目击了这种奇特景象。[19] 她将这种仪式称为"雨舞"。

正如古道尔所描述的，雨下了整整一个上午。帮队中的 16 只青潘猿闷闷不乐地从树上下来，一个挨一个地并排蹲伏在一个陡峭的山坡上。它们垂着头，将弓起的上身前倾到超出膝盖很远的地方。

快到中午时，大雨倾盆而下，隆隆的雷声也越来越狂暴。突然，一只肌肉发达的雄青潘猿尖叫着跳了起来，脚猛烈地拍击着地面，手猛烈地拍打着树枝。不一会儿，它的恼怒之情就感染了另外 6 只雄青潘猿。它们形成了两个小组，以一组在前、一组在后的队形冲上了一块群树环绕的陡峭草坡。

在靠近山脊时，一只雄青潘猿突然转身掉头，以最快的速度沿着一条斜线冲下山坡；在冲锋途中，它高声尖叫，并用一根树枝敲打着沿途之树的树干。而后，第二组的第一个成员也以同样的方式猛冲下来，不过，它的路线与前一冲锋者的路线恰好呈十字交叉形。与此同时，雌青潘猿和未成年青潘猿则爬到了周围的树上，在树上观看着冲锋表演。

下一个表演者已站到山脊上，它用夸张的动作来回摇摆着自己的躯干，并不断挥舞着双臂。而后，它也开始急速下冲。其他青潘猿都已爬上了树，现在，它们从离地8米或更高的地方往地上跳，在落下过程中借着重力和冲力折断一根根树枝。落到地上后，它们将那些树枝拖在身后，尖叫着冲下了斜坡。

到了斜坡底部，每只雄青潘猿都悄悄地爬上了树，在那里喘了一会儿气。稍后，那项竞赛式的运动又从头开始了。这期间，雨越下越大，闪电几乎没有间歇地一个接一个地闪亮着，隆隆的雷声淹没了青潘猿们的尖叫声。

大约15分钟后，就像突如其来的开始一样，整个表演戛然而止。观众从树上爬下来，慢慢地向山顶移动，而后，沿着山背面的斜坡下行，很快就不见了踪影。

将对自然力量的无奈的愤怒之情表达在群体的共同行动中——这就是雨舞仪式的社会心理基础。从这种仪式到原始人祈求精灵帮助的巫术性舞蹈，只有一步之遥。

对血液成分的化学分析已经表明：[23] 在与人类的血缘关系上，青潘猿是比任何其他种类的猴或类人猿都更亲近的动物。* 对青潘猿行为的上述调查研究则从更多方面揭示出人类与青潘猿之间的亲属

---

*   实际上，根据较近的基因比对结果，与人类血缘关系最近的动物是另一种俗称"倭黑猩猩"的潘属猿即祖潘猿。在人科动物中，青潘猿、祖潘猿和人类是潘属猿中的三个兄弟姐妹物种。参见 Frans De Waal, *Bonobo: the Forgotten Ape*, Berkeley & Los Angeles: University of California Press, 1997, pp, 133-143。——译者注

关系。

关于青潘猿这一人类在动物界中最亲的亲属，在珍·古道尔开始在自然栖息地考察它们之前，我们知道些什么呢？无非是它们在动物园中的铁笼子栅栏后做鬼脸。在被囚禁的环境中，青潘猿们对刺激的反应表现得愚蠢或易怒，或表现出了性退化迹象。因此，对达尔文关于人类起源（于猿）的学说，人们会感到震惊。直到 20 世纪 60 年代，才开始有些科学家在未被扭曲的、自然而自由的条件下观察青潘猿的生活方式。在达尔文之后，要等上整整一个世纪，才开始有人做这样的工作——这实在令人感到不可思议！这些科学家基于实地调查得出的科学结论已在某种意义上恢复了我们人类祖先的荣光。毕竟，古道尔在青潘猿社会中受到的对待，比任何一只青潘猿在人类社会中曾受到的对待都要好得多！

但是，无论人类与青潘猿之间的血缘关系到底有多近或多远，无论青潘猿与人类在行为上表现出来的相似性有多强，有一件事是显而易见的，即上述关系或相似性并未为其他现象——语言、智力或其他社会行为模式（如攻击）以及更重要的食肉性（人类的食肉性显然强于青潘猿的）——提供任何线索。行为心理学家必须转而研究与青潘猿全然不同的动物，研究那些与人类关系似乎要比青潘猿与人类关系远得多的动物，以搞清楚其他人类特性在动物界的起源。他们的发现有时是惊人的。

第二章

语言的演化之路

第一节　海洋中的知识分子

在小安的列斯群岛附近，一只少年海豚离开了队伍，游到了远远超出其所属群体成员视线的地方——这时，它突然遭到了三只鲨鱼的攻击。它立刻发出一连串尖锐的口哨声，这是海豚语言中的SOS求救信号。那种同音成双连发的短促口哨声听起来就像是失控的警报汽笛声：上半部分音调急剧上升，下半部分则突然降低。

那只海豚的呼救声产生了非凡的效果。原本正在用滴滴、吱吱、呼呼、咯咯、隆隆、叽叽等声音热烈交谈着的同群20多只海豚立即停止了"交谈"。就像从海上的船只传来遇险信号时的情况一样，海豚群里顿时肃然静默起来。而后，那些海豚以时速60多千米的最高速度像脱弦之箭般"射"向了攻击现场。在并不减速的情况下，雄海豚们猛烈地撞向那些鲨鱼。它们一次又一次地猛撞鲨鱼的侧面，直到鲨鱼们因软骨骨架被撞碎裂而死去，并沉入加勒比海海底。

在战斗过程中，那些雌海豚则去帮助那只受了重伤、无力使自己浮出水面的少年海豚。两只雌海豚分别靠在那个少年海豚的两侧，将自己的鳍支在它腹下，并将它抬起来，这样，它的呼吸孔便高出了水面，从而可以呼吸了。在这一救援行动中，每一个步骤都是通过哨声信号交换而受到精细调控的。那两个"抬担架"的海豚不时地让对方休息一下。有一次,科学家们观察到,这种援助会夜以继日、连续不断地持续两个星期,直到受伤的海豚康复。

根据美国神经学家约翰·利利(John C. Lilly)博士[1, 2]所做的观察,从20世纪60年代初开始,海豚就显得像是现代版的神兽了。有人[3, 4]半开玩笑地说,这种"海洋中的传奇动物在智力和语言能力上可能超过人类"。精神科教授皮勒里(G. Pilleri)[5]则非常严肃认真地写道,海豚的脑的"功能集中化程度远远超出人类的"。在这位科学家看来:"从今天起,人脑在哺乳动物中排名第一已成为一件可疑的事情。"

物理学家和生物学家利奥·西拉德(Leo Szilard)[3]曾预言:如果人学会了怎样与海豚交谈,那么,这些"海洋中的知识分子"就能获得所有的诺贝尔物理学、化学和医学奖以及和平奖。实际上,尽管不排除这种梦幻般的前景,"海豚学家"们迄今所发现的还只是点滴的真理,离真正了解海豚还差得远。

不过,当两只海豚彼此"交谈"时,它们的确是在进行一场真正的谈话。安的列斯群岛中的圣托马斯岛上有一家通信研究所,该所的利利博士能为这一说法提供相当有说服力的证据。他的做法是:用一块金属板将海豚池隔成两个部分,将一对海豚情侣中的雌雄个体分别安置在同一水池的两边。起初,那两只海豚会发出此起彼伏的类似于口哨的尖锐叫声。它们都能辨别出对方的声音,但无法看到对方。它们都试过努力跃到最高处,想看到隔板后的对方,但最后都徒劳无功。

这时,双方陷入了灰心带来的沉默。不久,那只雄海豚又开始鼓励它的伴侣开始交谈。那只雄海豚独自说了很久，雌海豚才再次发出声音。一听到雌海豚发声，雄海豚就沉默无声，直到其伴侣停止发声，它才重新开始"说话"。这种交替发声现象持续了半个小时。

有时也会出现"二重唱"：当一只海豚发出哨音时，另一只也和之以同样的声音。这种声音时高时低，有时会高到对人类来说是超声的音频范围；在另一些时候，则是低沉的咕咕声。

美国夏威夷有个玛卡普吾（Makapuu）海洋研究所，这家研究所的肯尼斯·诺里斯（Kenneth S. Norris）博士利用这种动物喜欢交谈的特点做了个实验：让太平洋海豚通过电话与设在迈阿密的一些海洋实验室中的大西洋海豚交谈。两地海豚之间的交谈是通过水下话筒、公共电话电缆及水下喇叭实现的，该实验取得了比预期效果好得多的结果。在这个案例中，参与交谈的每只海豚也都是先让对方说完想要说的，然后才用咯咯声和类似口哨的声音回应对方。显然，地球上各个海洋中的海豚讲的是同一种语言。

海豚们在交配季节所发出的大声啜泣和哭嚎会让人想起屋顶上的公猫"演奏"的"月光奏鸣曲"。佛罗里达州立大学的温斯洛普·凯洛格（Winthrop N. Kellogg）教授[6]用装在他的机动船侧面的水下监听设备记录下了海豚的声音。最令人惊奇的是，在一个其中每一个体都很健谈的海豚群中，一对伴侣即使在相隔很远的情况下，也能彼此交谈。在一大群海豚中，每一只海豚都能知道当时正在跟自己说话的是哪只。听其他海豚说话的海豚在轮到自己说话时，会直接给对方以有针对性的回复，两只特定的海豚之间的交流不会被在场其他个体之间的交谈所打扰。科学家们将这种交流现象称为"鸡尾酒会效应"。

　　海豚之间的交替发声现象很可能是一种语言。洛克希德飞机公司的约翰·德雷尔（John Dreher）博士、威廉姆·埃文斯（William E. Evans）博士和普雷斯科特（J. H. Prescott）博士[7]在细听了5只宽吻海豚之间的发声录音后，进一步肯定了这一猜测。美国加利福尼亚州圣地亚哥市以南约500千米的地方有一个环礁湖，叫斯卡蒙湖。出于研究需要，上述几位科学家将15个浮标放在了斯卡蒙湖与太平洋的交汇处，以此作为湖与洋之间的间隔物。一天傍晚，5只以那个环礁湖为家的海豚在结束了洋中远行后返程，在靠近湖口时，它们看见了那些浮标，突然停了下来，转身就走，聚集在岸边安全的浅水区。

　　不久，一只担任侦察员的海豚离开了群体，它小心翼翼地从一个浮标游到下一个浮标。当它回到海豚群里时，群里爆发出一阵兴奋的、刺耳的口哨声。"讨论"的结果是，第二只海豚游过去并查看那些障碍物。当它返回时，群里又响起一阵热烈的口哨声。这时，那些海豚才放下心来。它们谨慎而安静地向前游过那些浮标，而后消失在环礁湖中。

　　当然，科学家无从知道那些海豚对彼此到底说了些什么。1965年底，另外两位科学家幸运地获得了更深入的见解。他们是设在加利福尼亚州帕萨迪纳市的美国海军军械试验站的工程师兰（T. G. Lang）和史密斯（H. A. P. Smith）。[8]看来，美国海军一想到这一点就不太舒服：在他们的核潜艇周围，海中游弋着的动物们拥有比美国海军更好的水下导航和通信方法。因此，他们做了相当大的努力来调查研究海豚的相关技能。

夏威夷和佛罗里达两地海豚之间的电话交谈启发了那两个海军工程师，他们试着对电话交谈做出以下变化：他们将最近在太平洋中捕获的两只大宽吻海豚——多丽丝和达什——放在两个分开的隔音大水箱中，并给它们配备了专用水下电话。实验者可按自己的意愿接通或断开电话，两只海豚发出的声音被分别录制在同一磁带的不同音轨上。

雌海豚多丽丝和雄海豚达什立即就意识到电话是否在工作。在它们不断交替的声音交流中，两只海豚做出的表达都非常简洁。任何一方让自己持续讲话的时间都不超过4秒或5秒。如果得不到回复，那么刚刚说话的一方就会陷入沉默。每只海豚都会间隔相当长的时间发出一些声音，或许，那只是为了检验对方是否仍然在接电话。总的来说，在那对海豚中，雌海豚显得要健谈得多。

实验者记下了这几种声音：咳咳、咕咕和吱吱。这些声音也许是情感状态的标志，表达的是气愤、恼怒和安适的情感。显然，这些声音不是用来交换情感以外的信息的，因为海豚用来交流信息的语言是一种由口哨声构成的语言。

海豚的口哨声可分为六大类。关于它们的含义，那两个美国人提出了下述假设：

A类口哨声的声音模式是简单的，它们对任一个体来说都是一样的，并以同样的方式被交谈双方所使用。这些口哨声一直被解释为用来启动通话的询问性呼叫："喂？有谁在吗？"B类和D类口哨声有点像前面已描述过的SOS求救信号的呼叫声，它们的音高先是急剧上升而后又突然下降。同一个基本信号有两个发声版本。多丽丝只发出高音的B类口哨声，而达什只发出低音的D类口哨声。或

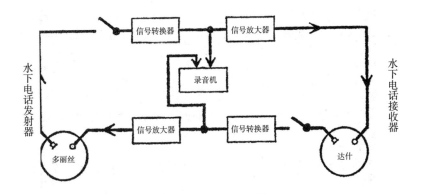

图 3 宽吻海豚多丽丝和达什所在的大水箱之间的电话连接装置

许，这只是个体性差异，是一种发送信号，其作用是识别特定的交谈对象。它们的每一次谈话都会穿插着这种快速而连续发出的"识别标志"。这可以解释为什么一个群中的许多海豚能同时交谈，而且，每一个体都能在众多个体同时发声形成的杂乱的混合声中跟踪自己的交谈伙伴所发出的声音。也就是说，B 类和 D 类口哨声可以解释为"我是多丽丝""我是达什"。

C、E、F 类口哨声看起来是最有趣的。它们在音色和强度上极其丰富多变。在兰-史密斯实验中，只有当电话在工作而且海豚们已通过搜寻与识别呼叫建立起联系的情况下，海豚们才会发出这几类口哨声。其中，F 类口哨声显然特别适合用来交换信息。这类口哨声的发音过程是：音调先升高而后下降，最后以不断变化音调的"尾音"结束。它们通常是一系列已展开的"话语"的结束。

据兰和史密斯所说，海豚间的交谈步骤如下（参见下页图）：在

友善的野兽：富于人性的动物社会

更换电话录音磁带的那几分钟内，电话连接是中断的。在此期间，那种代表"喂，你在吗？"之意的信号响了 2 次。那只雄海豚间隔较长的时间叫了 4 次："我是达什。"那只雌海豚则叫了 5 次："我是多丽丝。"情况就是这样。

电话重新接通后，达什突然听到意为"我是多丽丝。你好，在吗？"的声音。它首先回之以一种表示高兴的吱吱声。在自己的"声

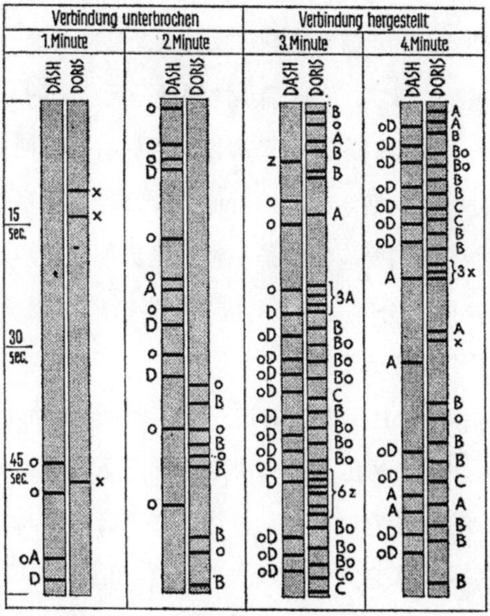

图4　宽吻海豚多丽丝与达什之间的电话交谈的前4分钟。详细解释请见正文

A= 喂，是谁啊？　　F= 含义不明

B= 我是多丽丝　　　O= 回声位置信号

C= 含义不明　　　　X= 咳咳

D= 我是达什　　　　Z= 吱吱与咕咕

波定位仪"启动后，他马上试图确定自己伴侣所在的位置。[9]多丽丝听到信号后急忙连续呼叫了4次："喂，你在吗？"她听到了这样的回复："我是达什。"与此同时，它也启动了自己的"声波定位仪"，并多次发出它自己的个体识别信号。在17秒之内，达什也连续发出了不下9次的个体识别信号。但多丽丝无法确定达什的位置，因为当时达什在另一个大水箱里游着。对此，多丽丝发出了6次愤怒的咕咕声。

达什几次冒险跃起到空中，试图一窥大水箱壁外的情况。但在4分钟内，它就意识到，这种举动是徒劳的。8分钟后，它停止了回声测深，显然，它已确认这样做是无意义的。

让我们来做一个假设：假如有这么两个人，他们从来没有听说过电话、话筒或喇叭。他们要绕着电话亭绕来绕去多长时间才会明白，他们要应付的是一种"幽灵似的传声设备"？然而，海豚们只用了17分零几秒就适应了新事物，而且，马上就用F类口哨声开始了"理性的"对话。

4个月后所做的进一步实验证明，海豚之间的谈话的确是"理性的"。两位工程师决定捉弄一下达什，他们将它与多丽丝的谈话录音放给它听。起初，达什对录音中的每个声音都高兴地给予了回复，就像它第一次所做的那样。但在第17分53秒后，它突然陷入了沉默，并拒绝发出另一个声音。第二天，两位工程师重复了同一个实验，在那段录音的几乎同一个时间点上，达什又开始罢工。

它是怎么发现欺骗的呢？在达什即将中断与磁带录音的对话之前，录音中第一次出现了7个富于变化的F类口哨声。而那两位科学家先前就已认定：这种口哨声是用来交流非情感信息的。正是在

　　　　　　　　　　友善的野兽：富于人性的动物社会

出现这种口哨声的时候，那只海豚才警觉起来。

这一事实意味着某种在动物界真正独一无二的东西。显然，只有在与交谈者刚刚说出的"话语"相联系时，这种声音才有意义。我们忍不住要说：那只海豚结束了对话，是因为它突然意识到那盘会说话的录音带说的是不合情理的蠢话。

虽然这些实验结果令人鼓舞，但是迄今为止，所有企图破译海豚的 C、E 和 F 类口哨声的意义——换言之，即想要搞清楚海豚语言的复杂性——的努力看来都是没有成功的希望的。人类当然能理解动物的信号性叫喊的意义，这种信号性叫喊包括起下述作用的声音：提示同一物种成员逃跑、诱使它们靠近、激怒或安抚它们、诱发某种其他的迅速而清晰可辨的反应等。但是，当一只海豚只是注意到它已经听到的声音且晚些时候才对之做出行为反应时，或者，当它只是在"思考"却没有做任何事情时，一个人又怎么能够理解其意义呢？一种动物的语言越是像人类的语言，那么要破译它也就越困难。

到今天为止，古老的伊特鲁里亚人的语言对我们来说仍然是一本贴着封条的书。要"翻译"海豚的语言不知道要比解读伊特鲁里亚语艰难多少倍呢。1963 年，斯佩里陀螺仪公司的电子工程师里欧·巴兰迪斯（Leo Balandis）和乔治·兰德（George Rand）编制了一种计算机程序，用来帮助破译海豚口哨声的奥秘。但是，截至本书写作时尚无电脑实现这一奇迹。

于是，一些科学家转而尝试用另一种技术与海豚对话。由于看起来人类没有办法学会"海豚语"，所以科学家转而想要教会海豚懂得人类语言。不过，只有在海豚确实比人类聪明的情况下，这一方案才可能成功。

约翰·利利博士[10]已注意到：他研究的海豚有时会模仿他刚说完的整个句子，而且，在一定情境中、在一定程度上有实际意义地使用了这些句子。其发音听起来有点像动画片中的唐老鸭的发音，但它们所掌握的人类语言词汇量远远超过一只聪明的鹦鹉。心情好的时候，海豚会立即模仿利利所说的几乎任何话，尽管它们所说的听起来像是以过高速度播放的磁带所发出的声音。显然，与人的语速相比，海豚的语速是超快的，海豚很难以人类那么慢的语速去发音。

比内尔（R. G. Busnel）博士[11]认为："可以得出的结论是，教海豚以口哨化的人类语言要比教它们以普通人类语言容易。"在地球上，人们用口哨声来进行远程通信甚至交谈的有三个地区。在法国比利牛斯山区的一个村庄中，有一种当地人称为"阿斯（Aas）"的口哨语言，那里的农民用这种口哨语在隔着一个山谷的两个牧场之间进行交谈。在加那利群岛中的戈梅拉岛上，有一种当地人称为"西尔宝·戈梅罗（Silbo Gomero）"的口哨语言，这是岛民们以将四指插入口中的方式发出的一种响亮的口哨语。在墨西哥马德雷山脉西部，也有一种当地人称为"马萨特克（Mazateco）"的口哨语言。这些口哨语之中，肯定有一个可以作为人类与海豚交流的另一种尝试的语言基础。

在此期间，德怀特·巴托（Dwight W. Batteau）博士在夏威夷实践了类似的想法。他开发出一种声音转换电子设备，这种电子设备能把夏威夷语中所有的声音转换成相对应的口哨声。他所研究的两只海豚——普卡（Puka）和毛伊（Maui）——已经搞明白那台电子设备发出的一些作为简单命令的口哨声的含义，例如"毛伊，跳过那个圆圈！"或者"普卡，重复一遍圆圈这个词！"听到这些指令，它们会立即照办。显然，那些海豚对理解与电子口哨发生器发出的声音类似的口哨声没有任何困难。科学家们相信，他们能将海豚所用的某些"词"识别为电子词汇。但是，这得有科学的证明。因此，巴托博士在研制一种能将口哨发生器所发出的声音和海豚模仿这种声音所形成的口哨声重新转换为人类语言的设备。或许，这种设备将有助于搞清人类与海豚的语言天赋到底哪个更高的问题。

现在的问题是，为什么海豚会有一种在复杂性上与人类语言相似的语言呢？而为什么其他动物则在没有复杂语言交流的情况下也能过它们的生活呢？问题的答案可能在于，这种海洋哺乳动物的捕猎战术和海豚的社会行为。海豚群会对鱼群进行精心组织的"围堵"式捕猎。海豚会像牧人赶牲口一样将它们的猎物赶到一块，将猎物包围在海水表面，或将猎物赶进那些类似于口袋的水湾里。这样，它们就能方便地吞食那些猎物了。海豚们能撕开渔民的渔网，并偷走网中之鱼。但它们也会与人类合作，将鱼群赶进渔民的渔网中。要完成这些任务显然需要海豚们配合默契，这样，它们才能互相依靠。由此看来，海豚是通过声波信号来进行协调和管理的。

事实上，狮子和狼也会在富于战术性的围猎行为中互相合作，但除"表明身份"和"已做好攻击准备"之类的少数信号外，它们在围猎时并不使用更多的声媒语言。在彼此隔着相当远距离的联合行动中，陆栖的肉食动物主要是靠眼睛和鼻子来指导自己的行为的。但在湍急的水流中，那就根本不可能了。因此，我们可以得出这样的结论，海豚的集体捕猎活动的确是在个体间对复杂信息的语言交流的基础上开展的。

1967 年 10 月 18 日，一则发自莫斯科的美联社报道说：在黑海中有一群海豚向渔船求救。在邻近克里米亚海岸的一处海面上，几只海豚紧围着一艘小船，并将那只小船向一个浮标所在的方向推。在船到达浮标所在的位置后，船上的俄罗斯渔民发现，原来是一只小海豚被浮标的锚索缠住了。渔民们成功解救了那只海豚宝宝。那群海豚用欢快的口哨声向那个并未受伤的海豚宝宝表示问候与祝贺，并将渔船一直护送到港口。

在瑞典的波罗的海沿岸，这些"海洋中的知识分子"则不会冒险做同样的事情，因为那里的渔民会对海豚发动战争（尽管效果不太好），战争的起因就是海豚会损坏渔民的渔网。一旦有海豚群跨越渔船的航线，渔民们就会用无线电召唤鱼叉船过来。但鱼叉手只能进行一次攻击。被攻击一次后，海豚们就能区分鱼叉船和渔船，尽管这两种船是同一类型的船只。

海豚有很强的从实践中获得经验教训的学习能力。而且，许多迹象表明，海豚之间还能互相传递自己从经验中习得的东西，而这种传递很可能是通过他们的口哨式语言来进行的。否则，我们又该怎么解释分别发生在黑海和波罗的海的这两种截然不同的情况呢？

对海豚来说，语言所释放的力量要比最基本的本能所释放的力量更强大。当世界上最大、最危险的肉食动物之一——约 10 米长的杀手鲸——猛地冲进一个海豚群中时，海豚们会发出尖锐的口哨式报警声。面对此情此景，也许有人会以为，那些海豚会惊惶地四散奔逃，就像人类在同类情况下常常会做的那样。但在海豚群中，实际情况并非如此。在这种情况下，海豚们首先做的是营救受伤的同

　　　　　　　　　　　　　　　　　　友善的野兽：富于人性的动物社会

伴；只有这样做了之后，他们才会逃走。

对人类来说，海豚行为的许多方面都还是谜。例如，迄今，海豚对人都有着传奇式的友情。无数事例表明，海豚会让人骑在它们身上劈波斩浪做水上运动，会抢救溺水的人，等等。迄今，我们尚未为这种代代相传的友谊找到哪怕一星半点有说服力的理由。相反，人类则一直在做着伤害海豚的事——虐待、捕捉、枪击、杀死海豚。然而，海豚对人类采取敌对态度的事情则连一个案例都不曾有记录，即使在被人类屠杀的情况下，也未见有海豚做这种事情。在与人类打交道时，海豚这种动物似乎失去了自我保护、自我防卫和报复等所有本能。但是，它们是具有这些本能的；正如我们已经看到的，海豚完全有能力攻击鲨鱼，直到鲨鱼死亡为止。

在美国和苏联，大笔的钱被投入海豚研究，但研究的目的不是了解这些问题。这些研究的目的是将海豚的另一种"超人"能力用于军事——海豚通过超声波来"听图像"的能力。

虽然电声工程师们付出了巨大努力，但迄今尚无人成功地建造出一种跟海豚天生就拥有的"内置设备"功效差不多的水下声波设备。海豚不仅能检测到离自己很远的某种东西，还能用耳朵分辨出鲱鱼和浮木、鲈鱼和梭鱼，并能准确地确定一头蓝鲸的位置，就像确定一个被扔进水里的球的位置一样。此外，任何人造的干扰设备都不能对海豚的声呐装置构成干扰。

换句话说，海豚是一种理想的核潜艇"辅助设备"。1965 年，肯尼斯·诺里斯博士 [13] 成功地训练出一只能跟踪摩托艇到公海的海豚，这只海豚能根据命令对航线做出精确调整，还能将补给送到 60 米深的水下工作站的工作人员手中。实事求是地讲，在经过诸如此类的训练之后，让海豚作为人类的第一种家养海居动物为人类做某些事是可行的，例如，人类可通过某种鱼雷发射管道将海豚从潜艇中释放出来，让海豚学会确定并报告敌舰的位置，让海豚学会在海底找出隐藏着东西的地方，还可以让海豚做引航员，等等。

第二节　比人类更精通音乐的动物

如果凤头云雀可以以科学的准确性测试人类的音乐才能，那么，它们很可能会给意大利音乐家托斯卡尼尼（Toscanini）高分，但大多数人的音乐才能都会被评估为远在云雀的水平之下。

这句话并不是剧作家萧伯纳说的俏皮话，而是人们对生活在德国埃尔兰根市郊田野上的两只凤头云雀做出声谱研究后得出的严谨结果。凤头云雀能够清脆响亮而又惟妙惟肖地模仿牧人的口哨声。[14]

凤头云雀（并非草地云雀）能像鹦鹉、渡鸦和八哥一样模仿人类的声音，这或许是一件令人吃惊的事情。但动物学家记录了一只凤头云雀[15]能唱7首人类的歌曲，并能说出人类语言中的一些词及数字"1、2、3"，它所发出的人类声音虽然尖细，但相当清晰。

由于缺乏与人类更亲密的接触，那两只埃尔兰根的云雀只能根据牧人用来给他的狗下命令的口哨声来提高它们的发音技巧。这些口哨声已经被仔细编排过。五个音调逐渐上升，但最后一个音的音调突然下降，这样的哨音组合意指"跑开！"；一个、两个或更多个尖锐的口哨声意指不同急切程度的"快点！快点！"；如果一声悠长的口哨声会在颤音中改变音调，那么无论当时在做什么，狗都会停下来，连续重复三次的这种信号意指"过来！"。

云雀已掌握了所有这些信号。被那些云雀及自己的主人用口哨声反复地呼来喝去，肯定是最让那些狗感到困惑的事情。因此后来，那些狗形成了一个习惯，每当有口哨声响起，它们就赶紧朝自己的主人看一眼，只有在他以挥手或点头的方式加以确认后，它们才会执行那个命令。在让那些狗听云雀所发出的口哨声的录音时，它们也会以同样的方式行事。

埃尔兰根的鸟类学家欧文·特雷泽（Erwin Tretzel）博士对牧人的口哨声和云雀的模仿进行了仔细的声谱比较，结果发现了更加令人震惊的事实。那个牧人根本就不懂音乐，他几乎从来发不出两次同样的音调，也肯定没有准确的节奏感。而那些凤头云雀则没有这样的困难。它们总是用从不带降半音的C大调音阶的全音音程、以从不变化的精确性发出它们已学会的曲调。

这些发现进一步引发了一个问题：如果凤头云雀听到的声音中总是有这种音调和节奏上的缺陷，那么，它们怎样为自己的表演建立一个标准呢？这样说似乎令人难以置信，但云雀们的行动显然是主动的。它们对自己听到的声音做了变换，以便使之与自己的发音方式相适应。特雷泽博士这样解释道："这种云雀已抓住'乐句'的'要旨'，即乐音排列形式上理想的'乐旨'，并以自己的口哨声把它传达出来；而那个牧人则可能会认为，云雀是在翻译他的口哨声，只是翻译准确的地方很少……但实际上，那些云雀所发出的牧人的所有口哨声都要比他自己的纯粹得多，也富于音乐性得多。与牧人自己的口哨声相比，云雀所模拟的口哨声在音调上要更优美，在音阶上要更雅致。我们可以说，那些云雀将牧人的口哨声精致化和高雅化了。在此，我们看到，一只鸟表现出了令人吃惊的形式感和韵律感；而对这种鸟，居然迄今都没有人将它们看作优秀的歌唱家。当然，没有人会怀疑，在它们所发出的含混不清的混合声之下是存在着声音排列的有序法则的。

我们可以这样认为，埃尔兰根的这种凤头云雀并非天赋特别高的鸟类。它们绝不是个别案例，绝不是其成就常被引用来证明鸟类在音乐上的优势的天才鸟种。1966年，欧文·特雷泽博士 [16] 在德国加尔米希-帕滕基兴市他自己家的花园里，在最普通的乌鸫身上也观察到了同样的现象。他看到，有些乌鸫会模仿屋主叫自己所养的猫的口哨声。对乌鸫来说，这是一种很危险的嗜好，因为猫会朝正在模仿这种呼叫声的鸟猛扑过去。但人类的音乐声对乌鸫显然具有不可抗拒的吸引力。不过，它们将主旋律转换成了五度音程的，而那显然更适合它们的发音方式。"除了这种变化，乌鸦的歌唱在节奏与频率的稳定性上也大大超出人类的。"

人类的耳朵很少会注意到这种歌唱家的音乐天赋，尤其难以分辨那些发音短而快的鸟的叫声。例如，鹪鹩 [17] 在7秒内发出的音符不少于130个！而人类只有借助电子设备才能搞清楚它们在短时间内发出的如此繁多的音符。

虽然我们人的感官无法应对这些音符，但对鸟来说，那一串串快速音符肯定是有意义的。以下是英国剑桥大学索普（W. H. Thorpe）教授的发现。[18] 在乌干达茂密的热带雨林中，生活着一对对黑头伯劳。为了防止在繁枝密叶中找不到对方，那些雄鸟和雌鸟会不停地唱着一种二重唱歌曲。起初，那位英国鸟类学家以为那首歌只是由一只鸟创作并演唱的。但有一次，他碰巧置身在两位伯劳歌手之间，到那时，他才意识到，那首歌的前半部分歌声来自他的前方，后半部分则来自他的后方。

至少对人类的耳朵来说，那首歌的两个部分彼此连接得天衣无缝。但那些鸟能听得出这两部分中间有个微小的停顿，而奇怪的是，那个停顿才是最重要的。为了避免将自己的配偶与邻居的相混淆，每对伯劳都有它们自己的、作为彼此间的识别标志的间隔长度。对其中的一对伯劳，索普教授测量出来的这一间隔长度是 144 毫秒，而相邻那对伯劳的中间停顿时间则是 425 毫秒。

与这种音乐才能平常的鸟相比，那些被我们普遍看作优秀歌唱家鸟种的旋律和节奏感该是多么卓尔不凡啊！奥地利塞维森湖畔有一家马克斯·普朗克鸟类研究所，该研究所的约翰内斯·克诺根（Johannes Kneutgen）对一种叫鹊鸲的喜鹊——鸟类中最好的歌唱家之一——做了以下实验。当鹊鸲在鸣叫时，克诺根会在它旁边放一个嘀嗒作响的节拍器。就像一个歌剧演员会对导演的指挥动作做出反应一样，那只鹊鸲会对节拍器发出的嘀嗒声做出反应，将它唱歌的速度调到与节拍器打出的节奏正好相符的程度。

当克诺根缓慢而稳步地加快速度时，那只鸟也试图跟上节奏。不过，那只鹊鸲显然得出了"结论"：它当时所唱的那首主题曲不应该再被加快哪怕是一丁点的速度了。于是它突然转而唱起它自己曲目库中的另一段旋律，这段旋律的自然节拍与那台节拍器当时所击出的节拍倒是正好相符的。这一事实表明鸟类是有着对音乐的形式美感的。关于这一点，难道还有比这更好的证据吗？

许多专家已经同意这一观点，鸟儿的歌声并非只有实用目的。鸟儿的歌声不只是用来吓走对手、划定领地的战歌，或是用来引诱雌性的情歌。实际上，鸟儿歌声的功能要比这些功效多得多。

当夜莺唱出远远超出满足单纯沟通需求的、具有技巧和美感的、富于装饰性的高难度花腔高音时，当凤头云雀将牧人粗鄙的口哨声提炼成音乐化的优美口哨声时，当一只乌鸫在没什么好怕的也不想要什么的情况下发出富于艺术性的乐音并以此自我满足时，当一只美洲绿霸鹟唱出一首与贝多芬的小提琴协奏曲中的第一主旋律相似的歌时，这些鸟是不是在创作某种可以被看作初级艺术的东西呢？在经过几十年的调查后，现在许多科学家都认为，有证据表明，这种假设是合理的。

　　关于这一点，康拉德·洛伦茨（Konrad Lorenz）教授[20]评论道：

　　"我们知道，当鸟叫声不是被用来划定领地、引诱雌性、威吓对手时，这种鸟鸣才会达到最高的技艺水平和完美程度。只有在富于创造性地唱给它自己听时，一只蓝喉鸲、一只鹊鸲、一只乌鸫才会以一种纯然温和的心情唱出最富于技巧性的歌曲。而一旦鸟儿基于某种（与自身之外的事物有关的）外在目的而唱歌时，比如当一只鸟对着一个对手唱歌，或一只雄鸟为了雌鸟而用歌声来炫耀自己时，那么，在这些情况下，鸟儿的歌声就会失去所有的高雅与精妙性。

　　"由此可见，性本能的活跃对鸟类创作形式上最完美、音调上最丰富的歌曲是有阻碍与破坏作用的。在为性与社会需求服务的领地宣示类的歌曲中，鸟儿们只使用少数几个响亮的主题音符。只有在摆脱谋生压力并处于心平气和的状态时，一个人才会以只是为了好玩的纯粹游戏心态来进行创作；可以说，就像人一样，一只唱歌的鸟也只有在处于与游戏的人完全一样的生物与心理状态时，才会取得其最高的艺术成就。"

　　说鸟类有"独唱会"这样的现象，听起来像是一个恶意的玩笑。

　　　　　　　　　　　　　　　友善的野兽：富于人性的动物社会

确实有相当多的证据表明，那些雄性鸟类艺术家是有关于自己所创作的曲子美不美的感觉的。而听它们唱歌的雌鸟显然也持同样看法。但对那些作为竞争对手的邻居们来说，鸟歌肯定是含有攻击暗示并作为一种威慑方式存在的。然而，鸟类学家们已经能用确凿的证据证明，在鸟类中的确存在"为自己的听众（而非竞争对手）而唱"的现象。

原产于南亚和澳大利亚的几种梅花雀就会进行这样的表演。这些色彩艳丽的鸟儿会形成很大的群体，有时，会有多达几千只这种鸟熙熙攘攘地聚集在同一棵树上孵蛋。与欧洲的歌鸟相反，它们没有领地需要防守。这种鸟所要面对的主要问题不是领地防卫，而是群体成员能否彼此相处得好。任何具有战争含义的歌曲都会摧毁它们的社群生活。意义重大的是，这种鸟演化出了一种为友谊而歌的仪式。

在夜幕降临前，总是会有一只鸟或另一只鸟表演独唱。那些鸟的邻居们则悄悄地靠近演唱者并静静地聆听它唱歌。梅花雀们就这样彼此相遇并变得友好。这是关于音乐美具有凝聚力的一个很好的例子！

长期以来，人们一直以为，对音乐和节奏的形式美感是人类所独有的。现在，到了人类该将自己从这一武断观念中解放出来的时候了。在这方面，为什么不应该是鸟类的能力比我们人类的更强，做得更好呢？唱歌和音乐才能并非人类生存所必不可少的。我们人类通过使用相当单调的声音来交换信息，鸟类则通过多种音乐成分来交换信息。只要基于这些理由，我们就得心甘情愿并心悦诚服地承认，在音乐才能方面，这些长着羽毛的歌手要比我们人类杰出得多！

不过，鸟类对音乐的记忆力却不如人类的强。一只训练有素的红腹灰雀能记住几首短歌并合理地使用它们。卡尔·哈根贝克（Hagenbeck，无笼动物园的首创与倡导者、德国汉堡哈根贝克动物园创始人）养的著名八哥能说 22 句话。比这更多的声音信息储量根本不适合鸟类的小脑袋，而我们人类中的没有羽毛的歌手却能学会舒伯特的声乐套曲，更不用说一个流行乐歌星的曲目了。但我们已经说过，那是记忆力问题，而不是音乐才能问题。

第三节　鸟儿用名字称呼彼此

鸟类卓越的音乐才能或我们所赞赏的诸如此类的东西，却被许多科学家看作一种缺陷。维也纳语言学家弗里德里希·凯恩兹（Friedrich Kainz）教授 [21] 就是持这种观点的科学家之一。这些科学家认为，鸟类所能创作的所有东西都是一种抒情音乐，一种感叹，仅此而已。

例如，当一只鸡注意到有一只老鹰在空中盘旋时，它会受到惊吓。这时，它自然会不知不觉地发出一种表露自己惊恐之情的尖叫声。这种"音乐"使所有听到它叫声的其他的鸡也受到惊吓，因而在并没有亲自看到那只老鹰的情况下，它们也会急匆匆地跑着寻找避难所。这就是许多动物的惊叫所具有的警报功能。由此看来，动物用惊叫发出的警报与人类用言辞发出的警报在性质上是不同的。

借助"音乐"进行的同一类型的情绪表达，可能会部分出现在借助声音进行的其他情绪表达中。例如，出现在哄幼崽时发出的表示食物的声音中，出现在面对食肉鸟时发出的愤怒的叫喊声中，出现在被遗弃时发出的绝望的哭喊声中，出现在准备攻击时发出的凶猛的威胁声中，出现在试图安抚敌手时发出的柔和的抚慰声中，出现在类似的情绪表达中。但在行为研究中，我们最好对归纳或普遍化保持谨慎。

如果一只雌寒鸦[22]在深夜时分想要将其勤劳的配偶从野地里带回家，那么，它会在雄鸟的上方低空飞行，并从背后发出一种听起来可怜兮兮的"叽呜"声。雌鸟这么做是想要让雄鸟担忧，并诱导它与自己一起飞回家。由此看来，雌鸟的这种呼叫声就是一种"抒情音乐"。但是，在这种情况下，那只寒鸦无疑是针对一个特定个体故意发出这种叫声的。这样，我们就从中发现了语言演化的一个极其重要的步骤！

像凯恩兹教授这样的批评家其实是在提出另一种观点，即，与人类不同的是，鸟类没有词汇，没有句子结构，也没有语法。这在很大程度上是正确的，但又不完全准确。因为动物语言调查研究者们已经碰上了一些非常值得注意的相关事实。

一般来说，一只被抛弃的雄有须山雀通常都会对这个世界宣布它的绝境。它会不知疲倦地叫着："嗪——叽嗑——喊儿唉"。这是我们人类已能破译其"口语"意义的为数不多的鸟歌之一，因为它是由我们已经熟悉的一些单独呼叫复合而成的。

动物行为学家、维也纳大学教授奥托·科尼格（Otto Koenig）[23]已搞清楚：在山雀的语言中，"嗪 [chin]"大致上就是"注意啦，警报！"的意思。"叽嗑 [Jick]"表达的是一种热烈的交配欲望。"喊儿 [chr]"是用来引诱雌性的，"唉 [ay]"是被遗弃时的哭喊和对怜悯的乞求。因此，这段歌曲可以被译为："注意啦，我现在'性趣'很高。雌鸟，快过来这里！我好寂寞啊！"那些已成为配偶并生活在一起的山雀则只是叫"叽嗑——喊儿"，意思就是："我现在'性趣'很高，老伴，你快过来啊！"

蚂蚁很可能也能在各种情况下将单个的"词"组合起来以构成不同的语句。蚂蚁是通过气味来交流信息的。它们大约有6个气味腺体，其中的每一个腺体各自产生一种表示某种"基本概念"的气味，如"警报！敌人进巢了！"或"沿这条路可以找到某种食物"。

美国昆虫学家爱德华·威尔逊（Edward O. Wilson）教授[24]发现：有迹象表明，蚂蚁能够将几种气味混合起来形成混合气味。通过这种方式，蚂蚁的词汇表中就会有比它们身体中的气味腺所能直接产生的更多的"词"。显然，这种虫子也能以不同的速度发射其信号性质的气味，还能调控每次发射，以便产生不同强度的气味。由此，蚂蚁创造出了一种"摩尔斯电码"。在这种情况下，在蚂蚁的气味语言中存在着某种形式的句子结构——这种事至少是可能或可想象的，尽管这种句子结构方式跟我们人类语言的相应表达方式可能差异很大。

在蜜蜂的语言中，一种表达方式也绝不限于用在某种单一情形中。德国法兰克福大学的马丁·林道尔（Martin Lindauer）教授[25]指出：蜜蜂舞所指示的位置不仅对采集花蜜和花粉的蜜蜂，也对搬水的蜜蜂起着指路作用。此外，当蜜蜂成群地集聚时，侦察蜂就会用舞蹈动作构成的同样的动作轨迹图案向它们报告哪些地方有可筑巢之处。换句话说，蜜蜂会在三种完全不同的情况下使用同样的符号。

蜜蜂还用舞蹈持续的时间来改变它们对所交流信息的肯定程度。

如果侦察蜂对其发现的新的筑巢地点很"热情",那么,它们就会在团状的蜂群之上连续不断地跳上几个小时的舞,再三指示它们所发现场所的方向和距离。但若侦察蜂认为,其发现的筑巢场所只是"差强人意",那么,它们就不会有勇气连续跳 10 秒钟以上的舞。对此,马丁·林道尔[26]评论道:"侦察蜂几乎不好意思向蜂群报告一个比较逊色的筑巢场所。"

由此可见,在动物界,有些动物是有能力改变其"言语"的"语气"的!

说起小蜜蜂,我们有必要借此机会来反驳一下一位德国哲学家。弗里德里希·尼采曾经断言:"动物们没有语言,因为它们总是立刻就忘记自己想要说的。"今天,尼采将不得不重新考虑这一观点。1961 年 10 月 27 日,林道尔[27]研究的一个蜂群的工蜂们向所在蜂群的其他成员报告:在蜂巢以南 300 米的地方可以找到新的食物资源。但几乎同时,天气突然变得湿冷,紧接着,冬季就开始了。在次年春天的第一个温暖的日子,即 1962 年 3 月 30 日,在隔了 173 天之后,原来的那群工蜂又出现在同一采食场地上。由此可见,这种昆虫是记得自己半年前到过的地方的。

然而,即使我们惊叹于有须山雀、蚂蚁或蜜蜂的语言,我们也一定要认识到动物语言和人类语言之间的巨大鸿沟。在上述所有例子中,我们都看到了本能所引导的反应变化,这一点在山雀语言中表现得特别明显。句子结构中的组合实际上是这种鸟的情绪状态的组合。每一种情绪都是由特定的呼叫来表达的,歌曲旋律的变化是与正在唱歌的鸟儿当时所体验的一系列情绪以及这些情绪之间的转换同步的。

至此，寻求界定人与动物之间差异的分析者可能会得出以下结论：动物只能发出受本能制约的声域有限的抒情性声音，动物的语言水平大致相当于人类的大笑、哭泣以及那些讲任何语言的人都懂的如"啊！""噢！""哎哟！"之类的感叹；再说了，动物们从未能自行发明出指称其他动物或事物的声音结构。但是，在说这最后一句话的时候，我们再次显得有点轻率，并且或许已经出错了。

一旦我们人类在破译海豚语言方面取得进一步进展，那么，人类与动物之间的明显差异就可能会被海豚证明是错误的；除此之外，1962 年有人发现：鸟类可以按它们自己的意愿互相给对方取名，而且还能用名字来互相称呼。

这是一个极为重要的发现。下面是这一发现的来龙去脉。

德国巴伐利亚州有一家叫马克斯·普朗克行为生理学研究所的机构。这家研究所的埃伯哈德·格温纳（Eberhard Gwinner）[28, 29] 博士养了几只渡鸦。渡鸦可能是所有的鸟中最聪明的。格温纳想要搞清楚渡鸦的语言才能。渡鸦并不只会发出鸦类的聒噪声，它们还会模仿其他东西发出的噪声，例如，渡鸦会模仿鹳的叫声或电动圆锯所发出的尖锐噪声，它们能把人话学得比鹦鹉更好。而且，渡鸦在这件事上还有不同寻常的偏好。例如，一只叫沃坦（Wotan）的雄渡鸦喜欢模仿狗叫，而它的配偶芙蕾雅（Freya）则很喜欢像一只火鸡那样发出咯咯的叫声。

有一天，沃坦独自飞走了，并一去不复返。在绝望中，芙蕾雅做了一件它以前从来没有做过的事：它不断发出自己失踪了的配偶最喜欢的叫声——狗叫声。格温纳博士此前曾认为沃坦不知道如何打造出芙蕾雅所热衷的歌，但现在，沃坦应该知道了。因为沃坦以火鸡的咯咯声回应了芙蕾雅的狗叫声，而这种咯咯声显然是沃坦以前从来没练习过的。

两只鸟的确明白各自叫声的含义。它们是在以具有个体针对性的方式呼唤对方。这种情形看起来就像是，它们在用各自的名字来称呼对方；而且通过不停的呼唤，它们的确互相找到了对方。在回到一起过日子的状态后，它们就又各自重新唱起了自己最喜欢的"旋律"。从那以后，芙蕾雅没有再"汪汪"叫过。

差不多在同一段时间内，格温纳的同所同事约翰内斯·克诺根观察到了完全符合这一结论的鹊鸲行为。在鹊鸲中，当一对配偶中的一方离家长达一个小时以上时，孤独而郁闷的另一方就会用其配偶最喜欢的旋律来呼唤它。由此看来，事情很可能是这样的："互相叫名字"这种现象并不是某一鸟种所特有的，而是几种鸟都有，甚至可能是所有善于模仿的鸟种都有的。

几十年来，科学界一直在问，为什么鹦鹉、长尾小鹦鹉、渡鸦、八哥、凤头云雀等鸟能学说人类的话语，但这一问题一直得不到答案。对那些善于模仿的鸟来说，模仿其他物种的叫声或歌声可能会有什么样的生存价值呢？庭园林莺能全然逼真地像苍头燕雀一样唱歌，红尾鸲能像旋木雀一样唱歌，苇莺则能像柳莺一样唱歌。难道模仿只是为了嘲笑别的鸟，就像中小学男生们常常喜欢干的那样？

现在，我们总算知道了答案。就天性而言，模仿的才能并不是用来开玩笑的。它是有着明确且相当重要的意义的。模仿（具有对方个性特征的声音）是配偶之间互相称呼的一种方法，有了这种基于模仿的专名化的称呼，配偶关系就不会因为其中一方迷路而解体。在鹦鹉、长尾小鹦鹉和鸦科鸟中，雄性和雌性都是维持终身的一夫一妻关系并忠诚于彼此的；这种终身制的单偶婚现象很可能不是偶然的，而是模仿才能的非凡成果之一。但与此同时，我们也可以把这种能力看作人类语言起源的一条线索。

在此，我们获得了另一种东西的最初起点，而这种东西又是哲学家们迄今一直认为是人类所特有的，即传承现象。说起传承，我们所指的是后天习得的能力（及其产物）在同一物种的其他成员（尤其是子孙后代）中传承的现象。

鸟歌的代代相传就可以看作这种传承的一种很好的模型。在鸟类中，大多数鸟中的幼鸟都是要跟着年长的鸟学习唱歌的，至少要学会其所在鸟群中流行的部分歌曲。

在不同鸟种中，幼鸟开始学习唱歌的时间相差很大。对有些鸟来说，唱歌可以说是一种"天赋"，因而没必要学习。白喉林莺与黑顶林莺就是这样的鸟。[31] 这两种林莺天生就有一种遗传倾向及一个内置曲库，能唱关于自己这种鸟的幼鸟、领地、交配、秋天和冬天的全部曲目。这意味着它们能"自动"而正确地歌唱，即使是那些在人类的孵化器里孵化出来的、自出生以来从未听到过自己的同类唱歌的这两种莺也能这么做。不过，这也意味着它们是盲目地按照遗传的内置曲目和先天规定唱出那些音符的，这就是为什么英国的莺与法国或德国的莺唱起歌来完全一样。

夜莺、乌鸫、苍头燕雀、鹊鸲、白冠麻雀[32]、红衣凤头雀[33]以及许多其他歌鸟的情况就大不相同了。这些鸟从父母那里继承下来的只是一个基本主题、一个主旋律、一种体裁偏好和一系列变奏，在这种变奏中，它们有足够的自我发挥余地将遗传所得的音乐材料改编成具有自己个性特色的歌曲。在它们自己会唱歌之前，年幼的苍头燕雀必须跟自己的父母学习发声技巧和颤音的发声方法。如果在年幼时不让它们听到年长鸟儿的歌唱，那么终其一生，它们的歌声都会局限于那些最原始的音调系列。

约翰内斯·克诺根[34]观察到：鹊鸲幼鸟是在真正意义上"上学"的。在清晨时分，5只幼鸟飞出了巢，飞到一棵离巢较近的树上，并停留在它们父亲的两侧，接着，那个鸟爸爸就开始"教"孩子们唱歌。每当鸟爸爸在唱什么时，那些鸟宝宝就前倾着头认真听着。稍过一会儿，那些鸟宝宝就开始与鸟爸爸一起唱起来，不过，鸟宝宝们唱得很轻，因为它们一边练唱一边还要继续听自己的爸爸怎么唱。就像一个训练有素的教师，那个鸟爸爸反复地向孩子们教唱某个旋律，直到所有的孩子都能准时准确地发出每一个音符，保证不再会有不和谐音破坏合唱。

音乐天赋高的鹊鸲也能跟着录音机很快学会其中播放的旋律。不过，很少有鸟有这样的抽象能力。红衣凤头雀[33]和许多其他的歌鸟[30]必须在幼年时由它们的父亲来教才能学会唱歌。加拿大和德国的研究人员曾经试图用录音机来教它们唱歌，结果都失败了。这些"小绒球"必须有一个长着羽毛的教师才能学会唱歌，而且，那个教师还得跟它们有亲密的个体间关系。

既然在鸟类的学习中存在着这个因素，那么，在鸟类世界中发现方言现象也就不足为奇了。幼鸟们学习并再现了自己父母的方言，而鸟父母们则是通过自己在近邻那儿所听到的声音来调控自己的歌唱的，因为如果想要通过唱歌来将对手赶出自己的领地，那么最有效的方式就是唱对手所唱的那些音符。

不过，自然自有其安排。由于这种安排，根据弗赖堡动物学家格哈德·希尔克（Gerhard Thielcke）[35] 的发现，苍头燕雀的词库中最多只能有 6 种方言。这种鸟在唱歌时根本就不能做出多于此数的变化。庭园林莺也同样受此限制。

这一限制引起的结果相当奇怪：在德国的庭园林莺的种群分布中，一个方言群与另一个方言群之间的边界线是以彼此镶嵌的折线形式构成的，那些边界线被确定得非常清晰，两个方言群之间没有任何界线模糊的过渡区域。在弗赖堡城以北，这种鸟唱的是 A 方言；在弗赖堡城以南，这种鸟唱的就是 B 方言了。在绕城一周的区域中，依方位次序，各区的庭园林莺唱的分别是 C、D、E、F 方言。但这种分布方式已经用尽了方言之间彼此区分的可能性（由于这种鸟最多只有 6 种方言，因此，虽然在彼此紧邻的 6 个地区，这种鸟所唱的方言各不相同从而群际界线明确，但此外其他地方的这种鸟就不能以更多方言来区分彼此并作为群际界线了）。因此，在这种鸟生活的所有区域中，那些有着同样方言的区域一再出现。因此，在欧洲北海附近、德国西部的鲁尔地区、德国南部的巴伐利亚州、英国和法国等地都存在着这样的区域，其中的庭园林莺所唱的与它们在德国西南部黑森林地区的同类所唱的是同一种"方言"。

一种鸟变唱其歌的先天能力越大，它们在所有分布地区中的方言区域也就越多，且其独特性也越强。[36] 澳大利亚长笛鸟和墨西哥雀以最极端的形式为这一鸟群分布原理提供了例证。在这两种鸟中，每只雄鸟所唱的旋律都是各不相同的。但一旦选择了一种方言，每只鸟就会始终保持这种方言。正如我们在前面的黑头伯劳的事例中所看到的那样，在丛林中，唱歌是一种个体间的识别手段。

在歌曲的构成上，草原石䳭[37] 对多样性的关注是很少有其他鸟

　　　　　　　　　　　　　　友善的野兽：富于人性的动物社会

能比的。这种鸟用在别处学来的其他鸟的各种零碎音乐材料，来编成它们自己的特定歌曲。如果某只草原石䳎突然觉得自己喜欢乌鸫的曲调，那么，它就会将乌鸫的音乐片段编入它自己的歌曲。此后，这种曲调就会像野火一样，在邻近地区所有的草原石䳎中蔓延开来，直到它们全都唱起具有乌鸫音乐成分的歌来。然而，过了一段时间，它们就会厌倦这种曲子。于是，那些鸟就可能（比如说）采用雀歌的成分，直到这种热情也渐渐消退。

由此，我们看到了鸟类中的音乐时尚现象，而它似乎纯粹是多样化愿望的产物。

红腹灰雀的歌曲则代表了鸟类中的"传统主义"冲动的极致。这种鸟的雏鸟永远只学它们父亲所唱的歌。不过，刚从蛋中孵化出来的红腹灰雀是将它在这个世界上看到的第一个会动的东西看作自己的父亲的。这种心理特性（即"铭印"或"印随"现象）会导致奇怪的错乱现象，例如，在人类用金丝雀来孵化红腹灰雀蛋的情况下，红腹灰雀就会终身都将自己看作金丝雀，从而也只会像金丝雀那样唱歌。

动物学家尤尔根·尼古莱（Jurgen Nicolai）博士[38]曾花几年时间来研究这一特性。在此期间，许多与金丝雀一样唱歌的子辈、孙辈、曾孙辈的红腹灰雀来到了世上，并被卖到了许多遥远的地方。但五年过去，所有这些曾孙辈红腹灰雀都跟当初由雄金丝雀教会唱歌的曾祖父唱得一模一样。

如果一只红腹灰雀在年幼时就由人养大，那它就会将这个人认作自己的父母。它会形成以人为自己的同类或样板的倾向。在一只红腹灰雀年幼时，尼古莱博士曾经对着它用口哨吹过一些曲子，结果，那只红腹灰雀 5 年来一直保持着唱这种曲调，并且从未学会其他曲调。它的所有子辈也都只会唱这种曲子，尽管从幼雀时起，它们一直能听到许多别的红腹灰雀以及其他大约 35 种鸟唱歌。

有时，红腹灰雀的这种怪异的固执可能会给其主人带来政治上的麻烦。第一次世界大战刚开始时，一只红腹灰雀学会了德意志帝国的国歌。四年之后，德国战败了，德皇逃到了荷兰，革命摇撼着整个国家，但那只无知的小鸟却继续快乐地唱着："万岁，头戴桂冠的胜利者，我们祖国的君王！"不仅如此，它还将这首歌教给了自己的后代。那个无奈而惊恐的鸟主人只好在鸟笼上面盖上厚厚的羊毛毯，不让邻居们听到那首已过时的歌。这个例子表明：动物界的传统有时比人类世界中的更持久。

第四节　四条腿的说谎者

有一只加拿大河狸幼崽，被认为是一个老耍无赖的典型的"坏男孩"。[39] 每天早晨，河狸研究者都会给它所在的河狸群定时喂食。因为想要抢夺最好的美食，这个披着一身厚皮的无赖总是第一个出现在喂食现场。

有一天，在喂食时间，它迟到了。当它的肥胖身躯露出水面，所有个头更大的和成年的河狸都已经聚集在食槽周围。于是，那只幼崽重新潜入河中，而后用其宽大的尾巴猛拍了三次水。在河狸的语言中，这是一个意指有极度危险的报警信号。顷刻间，其他所有的河狸如闪电般从水面上消失了，而那只厚脸皮的小河狸则独自出现在了食槽边。

关于那群河狸的考察报告接着写道：后来，那只小河狸再未重复使用过这样的诡计。也许，它被也被它骗了的父母狠狠地打了一顿。

这个真实的故事可不只是有趣，它也是对动物没有能力撒谎、欺骗或误导他者这一成见的反驳。[40]可以肯定的是，只有人类才能编造圆满的谎言。但在动物界，的确已经出现多种撒谎的伎俩。

我们来考虑一下让那只小河狸取得这一"成就"的所有影响因素。首先，它得在没有真正受到捕食者惊吓的情况下发出警报信号。因此，它必须使自己摆脱纯粹的本能行为的束缚，必须将自己的行为与某个意图联系起来，而那只能通过某种形式的思考来完成。它还得事先就知道，若能成功欺骗其他河狸，自己的行为会对它们产生什么影响。绝非所有的动物都能做到这一点。狡诈是智力敏捷的一种标志！

这并非我们将自己的理解强加于其上的孤立或偶然事件，作为证据，我们可以考虑一下一个涉及所谓"笨鸡"的类似案例。农家院子里的公鸡们常玩一种把戏，这种把戏会让人想起那个牧童喊"狼来了"的古老故事。关于这一把戏，德国家禽研究权威级专家埃里希·鲍默（Erich Baeumer）博士[41]曾描述道：当一只公鸡在一个意想不到的地方发现丰富的食物资源时，它会用响亮的"哒咯哒咯哒咯"声将母鸡们哄到它的身边。它这样做肯定不是出于纯粹的慈善，而是出于它作为"鸡王"的义务，此外也带有一定的自我满足的成分。否则，面对这一事实——如果那些"嫔妃"没有立即赶到它的身边，那只公鸡就会大发雷霆——我们又该如何解释呢？因此，在那只公鸡的呼唤背后，其实是有着它想要对那些母鸡发号施令的明确意图的，而那些不服从它的皇帝御旨式的亲切召唤的母鸡们就要遭殃了。

其实，家禽绝非蠢笨之物，每一只智力尚可的公鸡都会相当快地意识到它可用上述叫声来随心所欲地召唤它的母鸡。举个例子说，如果它想要寻欢作乐，那么，那个懒惰的大官人是不会去做向自己最喜欢的母鸡求爱这种麻烦事的。它的做法是：找一个其附近无处可以觅食的地方，往那儿一站，发出那种表示"这里有东西吃哦"的叫声，然后，就坐等所有的母鸡跑过来了。因此，在不同情况下，一只公鸡可出于完全不同的目的来做同一件事情——将母鸡们哄骗到自己身边来。在这个例子里，它的目的就是使自己无须劳心费力就可以挑出最有魅力的"美人"。

在许多动物的社会中，还有一种欺骗很常见。[42] 有时，一只强壮的公鸡会想要找一只体力较弱的公鸡来打上一顿。在靠近那只强大的敌鸡时，如果那只弱小的公鸡像一只母鸡一样发出咯咯声，那么，它就会免于被打。因为这种叫声大致上就等于在说："你知道，我根本就不是一只公鸡，而只是一只可怜的母鸡，所以，请你放我一把吧！"在大多数情况下，这种计策都是有效的。较强的公鸡会满足于对手对自己认输。

为了实施"犯罪"，银鸥会装出一副无助的样子。在波罗的海西南角的德国港口城市基尔，动物学家阿道夫·雷马内（Adolf Remane）教授[43] 就曾经报告过动物的这种形式的欺骗手法，而这种骗法就不像弱小公鸡的欺骗那么无害了。值得注意的是，这种欺骗只在某些鸟类保护区中才会出现，具体一点说，当保护区中银鸥数量的增长达到物口过剩的程度时，物口过剩就会导致物种退化，从而严重破坏这种鸟的社群生活。

在这样的鸟群中，许多银鸥会转变成以同类中的幼雏为食的狡诈凶手。要靠近那些幼鸟并不是很容易，因为鸟父母会用喙猛烈地啄陌生的鸟，从而将它们赶走。因此，杀婴实施过程是这样的：那些图谋不轨的银鸥会装作在其中有幼鸥的邻居鸥的巢附近偶然地游荡，一旦惹得幼鸥的父母要来攻击它，那只同类相食的成年银鸥就会表现得像一只无辜的幼鸥，即采取幼鸥会做的一些典型动作——蹲下、缩头，而后使出最无耻、最狡猾的招数——以乞讨的姿势向上伸出它的喙。

没有一只成年银鸥会对一只以这种无助姿态出现的幼鸥下毒手。由于做出了这一伪装的姿态，那只食肉的银鸥就会被幼鸥的父母允许在附近停留。有时，它会保持这种姿态达数小时之久，直到那对银鸥父母飞离巢穴。这时，它就会闪电一样向前扑去，抓住一只幼鸥，然后狼吞虎咽地把它吃了。

这个例子生动地说明了动物们是如何做到以无言的方式来"撒谎"的。那只银鸥所蓄谋的效果仅仅用身体语言就实现了。

但这种欺骗真的是有意为之的吗？在这个以及类似的案例中，我们真的是在谈论"撒谎"吗？为了更深入搞清楚这一问题，美国动物学家诺顿（Norton）、贝兰（Beran）和米斯莱（Misrahy）用一种通常只用于人类的设备对动物进行了测试。

他们的测试对象是负鼠，一种与猫差不多大的美洲有袋动物。这种动物有这样一种习惯：在被肉食动物攻击时，它们的身体一下子就会变得像死了一样僵直。在被这种行为欺骗后，肉食动物往往会以为那只负鼠已经死了，于是决定就随它去吧。

但表现出僵死的样子不一定都是诡计，因为震荡造成的休克、惊吓造成的昏厥、恐惧造成的麻木也会表现为同样的身体反应。

为了达到实验的目的，实验者们用一只木制狗来作为一个"人造敌害"。就像电影《小飞侠》中的鳄鱼嘴巴一样，这只狗的下颚是可打开与合上的。在狗出场时，那些科学家还会放狗叫的录音。在第一次被"咬"时，那只负鼠试图咬回来。但紧接着，它就瘫倒下来，显出一副毫无生气的样子。它的头垂了下来，嘴巴大张着，眼睛像玻璃球似的呆滞地瞪着。它将这副僵死的样子保持了10分钟。

奇怪的是，测谎仪显示：负鼠的脑电波图表明，它的神经活动只是在刚受到攻击时增强，此后脑活动相当正常，就像一只醒着的未受特别打扰的动物一样平静。即使在出现僵死状态后，它的脑电活动模式仍然没有变化。在从"假死"状态中清醒过来时，同样没有变化。与科学家们所预期的相反的是，在上述整个过程中，负鼠的脑电曲线中并没有出现休克、无知觉或睡着的特征。

根据这些事实，那些科学家得出结论：那只负鼠并没有经历休克。它只是在用"装死"这一花招来使自己幸免于难。

在非洲丛林中生活着一种实行"后宫式"一夫多妻制的雉科鸟，它们是鹧鸪属的鸟。鹧鸪的致命天敌是一种能完美地模仿鹧鸪叫声的有纹猫鼬，[44] 这种猫鼬会用一种攸关生死的欺骗方式来对付鹧鸪，这一才能给猫鼬猎食带来了很大便利。一旦发现有鹧鸪群在附近，有纹猫鼬便会像雄鹧鸪一样叫起来。这时，雄鹧鸪会以为，有一只陌生的鹧鸪想要为夺取它的后宫而与它打仗，于是，它便在盲目的愤怒情绪中冲向声音所在的地方。而这时，那只猫鼬只需撕开那只鹧鸪的喉咙便可张嘴进食了。

猫鼬自己也会成为另一种诡计的牺牲品。猫鼬通常都善于捕蛇。但在热带地区，据艾瑞瑙斯·艾布尔-艾贝斯费尔特（Irenaus Eibl-Eibesfeldt）博士[45]说，有一种尾巴与头部极为相似的蝰蛇。如果有猫鼬对它发起攻击，蝰蛇就会以具有威胁意味的方式举起它的尾巴，似乎在表示那就是它的头。被骗的猫鼬就会去咬那个所谓的蛇头。然而，在一瞬间，它自己就会被那条毒蛇的真头所咬。

是这种蛇聪明到了能蓄意使用这种假动作，还是这只是一种本能行为呢？关于这一点，目前还无法下定论。但动物的这两种欺骗方式的确存在着。

现在，让我们来看看瑞士苏黎世动物园园长海尼·黑迪格尔（Heini Hediger）教授[46]在印度洋中观察到的一种罕见现象中的本能反应。他看见一大群小鱼，每条鱼都不如一根手指大。突然，一头食肉梭鱼向鱼群靠近。鱼群中闪现出一阵抖动，那些小鱼瞬间解散了一个个队列，转而组成了一个大编队，那个大编队看起来就像一头5米多长的巨鲨。这个由成千上万个小单元组成的"海怪"就像单个完整的动物似的连续4次高高跃起到空中，而后，又以海豚式的姿势溅落到海水中。眼见自己的猎物居然如此突然地变成了一头巨鲨，那条梭鱼愣了一会儿，"就像它不得不去擦亮自己的眼睛似的"。然后，它惊恐地逃走了。

每当有人表现出人类的常见弱点，便总会有人准备用一些小骗术来利用这些弱点。令人吃惊的是，在非人动物中，也存在着同样的情况。奥地利动物学家奥托·冯·弗里希（Otto von Frisch）博士[47]讲述过这样一个案例。有一天，他带着一只寒鸦和一只貂去一个湖边散步，那只寒鸦名叫"托比"，那只貂名叫"法齐"。这两只动物都极力向自己的主人献殷勤，并互相妒忌。在湖边，那只貂抓到了一条小鱼，并想要吃它。而那只寒鸦也喜欢吃鱼，它表现出强烈兴奋的样子朝貂和鱼所在的方位飞了过去，停留在它们附近的一棵树上，看上去似乎在考虑如何获得那件美食。

当法齐已将那条鱼的头部吞进嘴里时，托比飞到了法齐的上方，用大声尖叫来占据它的注意力，而后蹦跳着窜进了路边的一堆干树叶里。在那堆树叶里，托比热情地啄起来，就像在那些树叶中能找到世界上最奇妙的东西似的。好奇心强的法齐总是担心错失什么东西，于是赶紧往现场跑去。但当那只貂刚刚跑到离那只寒鸦约2米远的地方时，托比就假装受到了惊吓，并飞到了空中。于是当法齐在那些树叶里嗅来嗅去并翻来找去时，那只寒鸦猛地一口叼住了那条鱼，而后，带着自己的战利品消失在了树林里。

每一个养狗的人无疑也会说，自己的宠物犯下过同类罪行。只是在这些案例中，被骗的不是动物，而是人。在这些案例中，动物们做这种事都需要有相当高的社会性智力。很少的一点交流能力再加上一点私心、一点反省和智力就能迅速导致撒谎现象。只要看清楚这一现象是怎么发生的，我们就会得到很多启发。

毫无疑问，猿与猴能为我们提供这种行为的最佳案例。且让我们来看看美国纽约布朗克斯动物园中一只聪明的猕猴所耍的诡计。

有一天，这个狡猾的家伙从一个岩石围成的大型猴圈养区消失了，几天后，它在布朗克斯公园被发现并再次被捕获。圈养区的栅栏、护河及其他防逃装置都已被仔细检查过了，没有发现可供逃生的路线。但第二天早晨，那只猴子又逃掉了。

管理方不得不再次请一小队警察来捕捉那只猴子。那只猴子回到猴圈养区后，一个服务员躲在近旁，试图搞清楚那只猴子的逃跑方法。天刚刚亮时，他终于看到那只猴子从一个隐蔽的地方取出了一根香蕉。显然，那根香蕉是它为自己的逃跑计划而专门藏起来的。它手拿着那根香蕉，跑向宽阔的护河——那是驼鹿区与猴区之间的界河。到了河边，它就前后摆动地挥舞着那根香蕉，酷似一个用食物做奖赏来劝诱实验动物投入实验的科学家。

果然，一只驼鹿（又称麋鹿、四不像）很快就游到了那只猴子的旁边。那只聪明但怕水的猴子将那根香蕉塞进了驼鹿的嘴里，就像出示了一张船票；接着，它一跃骑到了那驼鹿宽阔的背上，骑着这艘"渡船"到了相邻的圈养区中。到了那里，一只猴子想要逃走就根本无须费劲了。

在狒狒的后宫式妻妾群中，研究者也发现了这种怪异行为。[48] 在一个动物园的露天圈养区中，最强壮的雄狒狒使自己成了一群之主，而后便不让其他任何雄狒狒接触它视作后妃的雌狒狒们了。它甚至不容许其他雄狒狒与雌狒狒有丝毫的调情行为。但这个狒狒圈养区的统治者毕竟分身乏术。如果碰巧它在某块岩石后的阴影下打瞌睡，那么，那些雌狒狒立即会试图欺骗它。一位被它忽视了一段时间的"后宫佳丽"就抓住了这种有利时机，明目张胆地展示自己的全部魅力，以期引起群内一只单身雄狒狒的注意。

正在这时，狒王又出现了，一出精彩的喜剧开场了。就像是在违背自己意愿的情况下被骚扰了一样，那个试图通奸的雌狒狒突然翻了脸，给了它刚刚还在向其求爱的那个雄狒狒一个巴掌，而后，大声啼哭着向那个一脸惊讶的狒王飞奔过去，并投入它的怀里；接着，又如此这般地向狒王"控告"起来：先是转过头去看那个原本可能的情人，而后一边发出沙哑愤怒的声音，一边用手猛烈地拍打着地面。它达到了自己的目的。对通奸行为，那个狒王通常是只惩罚当事的雌狒狒的，但这一次，它却相信了雌狒狒所编造的这个富于艺术性的谎言。首先，它给了那个无辜的雄狒狒一顿痛打，而后又给了它那个被"严重冒犯"的妻子以许多爱抚。

第三章

爱情-忠诚-睦邻

第一节　零下60℃气温中的炙热爱情

对动物园中的游客来说，企鹅看起来就像穿着连体衣裤工作装的漫画角色。我们嘲笑它们摇摇摆摆的鸭子步和大肚佛般的庄重。但在20世纪70年代初的几年中，曾在南极洲对企鹅做过近距离细致研究的科学家却不觉得它们有什么好笑的。他们发现，在零下60℃的气温下，在风速达每小时140千米的暴风雪中，在南极圈以南的无边黑夜中，企鹅是人所能想象到的最具有自我牺牲精神和最忠诚的动物。[1,2,3]

3月中旬，南极洲的夏季已接近尾声，太阳几乎不再出现在地平线上；环绕着这块白色大陆的冰带被风暴之手堆垒成了冰的城墙，海面也逐渐被冰封了。但在海面被冰封之前，浮冰之间的冷水中充满了种类繁多的生物。到处都有成群的帝企鹅，它们看起来就像水中顽皮的海豚，成群结队地毅然走向那些古老的聚集场地。

企鹅是一种按季节迁徙的会游泳的鸟。这些出现在南半球的企鹅来自很远的地方。在从大西洋、太平洋和印度洋来到南极洲的路上，它们已经跋涉了几千千米。没有人知道它们确切的迁徙路线。年复一年，它们都会在指定的时间到达南极大陆冰盖边缘处的一块巨大的浮冰上，而且到达的地点与上一年差不多是同一处。它们是怎样做到的呢？这是一个谜！

在其他候鸟为冬季来临前向地球上较温暖的地方迁徙时，帝企鹅却在一年中最冷的季节里，寻找地球上最寒冷、最黑暗、最恶劣的区域。它们在那里交配、孵蛋，并养育自己的幼崽。

最早到达的那个企鹅群的成员会在繁育基地的中心位置找出一块特别大的浮冰，因为处在中心位置，所以，这块地方受食肉兽，尤其是海豹和南极海豹侵犯的可能性较小，因而相对安全。起初，浮冰仍然比较单薄，当一个有约两百个个体的新的企鹅群到达时，碟子型的浮冰常常会在重压之下破裂。这时，整个群体就得四处寻找一块新的、更坚固的浮冰。

最终，大约 6 000 只吵吵嚷嚷的帝企鹅会聚集在一起。在冰的荒原上突然出现这样一大群企鹅，肯定是一个令人震惊的景象。美国生物学家、俄亥俄大学的普赖尔（E. Pryor）博士在历时约两年的南极研究中发现：在这块冰雪大陆上，总共约有 21 个这样的企鹅聚集基地。

当新来的企鹅接近定居点时，它们会举行一个"问候仪式"。关于这一仪式，法国极地科学家普雷沃斯特（J. Prevost）[1]博士曾描述道："新来的企鹅会将头高高抬起，并伸展脖子，而后将'耳朵'对着鳍状肢做摩擦动作。接着，它们会慢慢地将头低下来直至靠到地上，深吸一口气并开始唱歌。唱完歌后，它们会轻柔地抬起头，并倾听对方的反应。如果它们被获准进入定居点，那么，它们就会迈着悠闲的鸭子步，走入旁边的企鹅群，并继续唱歌。"

在问候仪式过后不久，那些"穿着"庄重的"连体衣裤"的企鹅就开始了求爱活动。雄企鹅们将喙举向天空，开始从容不迫地唱起求爱歌曲来。

对绝大多数雄企鹅来说，这首歌是由其前一年的妻子指导的。几乎所有的企鹅都实行一夫一妻制。就灰企鹅来说，罗奇代尔（L. E. Richdale）博士已经通过观察确定：灰企鹅夫妻可彼此忠诚地在一起达 11 年之久，尽管它们只是在历时 9 个月的育雏期才在一起。[4] 在南极的春季到来之时，为了便于觅食，原本多达 6 000 个个体的繁育大群就会分裂成多个觅食小群。这时，那些企鹅夫妻就会分道扬镳：它们会加入不同的小群，并与同群成员一起奔赴遥远的觅食基地，就像海鸥们所做的那样。

但是，企鹅先生如何在密密麻麻地聚集了好几千个个体的庞大企鹅群中找到自己的妻子呢？每一只企鹅看起来都与另一只相像，而它们在企鹅眼里比在人类观察者眼里显得更相似。因为企鹅都是严重的近视眼（在陆地上，而非在水中），它们近视到几乎无法区分自己脚下的块状物到底是石头还是企鹅蛋；而且，在 3 米之外，它们就分不清一个跪着的人与一只成年企鹅——这两者都是 1.2 米高。的确，在陆地上，企鹅们有必要视力好么？在南极洲，冬季的天色通常都黑得伸手不见五指。

因此，企鹅识别伙伴不靠看外貌，而是靠唱歌。初到繁育基地时，雄企鹅会在嘈杂的企鹅群中来来回回地游荡，一边游荡一边不停唱歌，有时还会拼命尖叫。当它前一年的妻子根据声音认出它来时，妻子就会跟它一起唱歌，并迈着庄重的步子朝它所在的方向走来。

普雷沃斯特博士这样描述企鹅夫妻重逢的喜悦："两只企鹅面

对面地站着，脖子尽可能向前屈伸，头部谦和地向一侧倾斜。突然，它们将头部摆回到正位，身体稍前倾，这样，就胸对胸地靠在一起了。它们俩就这样一动不动地站上一段时间，似乎忘记了周围的一切。"那两只重逢的企鹅夫妻看起来就像是上了极乐天堂。

单身雄企鹅在寻找配偶期间是过得相对轻松愉快的。因为在很多时候，会有两只单身雌企鹅为它而争吵。两只雌企鹅都主动要跟它在一起，每只都会展示自己的育雏袋，以证明自己具有繁育的优势。两个雌企鹅争吵不已。雄企鹅会装出一副厌倦的样子，似乎并不在意那两个高声尖叫的"女士"。这一景象可持续一到两天，直到那两个求爱者中终于有一个自愿退出竞争为止。在南极洲是不存在"重婚"这种事情的。

两只雄企鹅为一只雌企鹅争吵同样是有失尊严的。一般来说，在企鹅中，使用暴力的现象是罕见的。就像大酒吧主管会以克制的态度来对待一位撒野的老主顾一样，一只极其愤怒的企鹅也会以这种姿态来对待自己的对手。在那种时候，雄企鹅会突然挺起肚子冲向对手，使之往后跌倒。纷争通常就会这样结束。在帝企鹅中，几乎从未发生过以喙互相击打的血腥战斗。

不过，企鹅偶尔也会使劲打人。普雷沃斯特博士所在的考察队里有个医生叫里沃利耶（Rivolier）。有一次，当里沃利耶博士想要给一只企鹅测量体温时，他就被它打了一巴掌，而那一巴掌"把他打得从 1 数到了 9 都还没能站起来（就像裁判对被击倒的拳手数数，看他能否在规定时间内起身那样）"。

下蛋这件事是在企鹅登陆后大约两个月时发生的，在这两个月中，企鹅一直在禁食，并表现出了一些与人类相似的性质。在此期

图5　一对帝企鹅在久别重逢时互相问候

间，雌企鹅因孕蛋及产蛋而经受的剧烈疼痛倍增，雄企鹅则一直急促地围着自己的妻子跑着。它拼命想要帮它的妻子，但无能为力，因而会显出一副困窘的样子。雄企鹅温顺地承受着雌企鹅的喙接二连三的打击。等到雌企鹅把蛋下下来时，那只雄企鹅就会发出欢呼胜利的尖叫，而它的妻子也会跟着它一起叫，尽管显得有点有气无力。

　　一开始，雌企鹅是将蛋放在自己的育雏袋里的。但只过了几分钟，那只雄企鹅就会坚决要求由它来照看那个蛋。它会唱出一首特殊的"蛋歌"，并对那个蛋行无数个深鞠躬礼。而后，在绵延的呻吟和不停的颤抖中，那只雄企鹅会做出一系列魔术般的特技动作。随后，雌雄两只企鹅又会开始唱一首新歌。现在，是雌企鹅围绕着丈夫走鸭步了。慢慢地，雌企鹅会从雄企鹅身边离开，在走出一段路之后又返回，唱出令人心碎的离歌，而后又以僵硬而沉重的步态在雄企鹅附近走动着。这一情节会重复上几次，但每重复一次，雌企鹅都会走得比前一次更远一些。最后，雌企鹅终于消失在了极夜的黑暗中，将那只孵蛋的雄企鹅留在冰天雪地之中。在此后整整两个月的时间里，那只雄企鹅就得独自承受极地暴虐气候的严峻考验了。

那些忍饥挨饿了许久的雌企鹅终于踏上了漫漫旅程。一路上，它们或步行，或将腹部靠在冰面上滑行；在穿越厚厚的积雪时，它们则会用类似划桨的动作将自己向前推进；在旅行途中，如果能找到无冰的水域，它们便能捕鱼。在雌企鹅旅行期间，那些被留在繁育基地达两个月之久的雄企鹅就只能羡慕雌企鹅能捕鱼而食。在有时会降到零下85℃的严寒气温中，在狂风暴雪不断的冰天雪地里，在连一点食物残渣都看不到的情况下，雄企鹅得继续忍饥挨饿达两个月。当暴风雪来临时——在南极的冬季，几乎没有一天是没有暴风雪的——那些雄企鹅不断挡开落在它们面前多得难以想象的雪团。这些孵蛋的父亲互相紧挨在一起并慢慢地移动着脚步，整个企鹅队伍看上去像一架缓慢转动着的旋转木马。如果用个术语来说，它们是在排"乌龟阵"。

这个圆周运动显然是因这一原因产生的：那些正对着风的企鹅自然想要避开风的正面袭击，所以就想转到队伍的另一面去，以便使自己受到保护；而在那么巨大而又十分拥挤的队阵中，又不可能

图 6　在南极洲的暴风雪降临之前，500—600 只帝企鹅彼此簇拥，围成了一个互相保护的"乌龟阵"

出现快速运动。此外，那些站在背风位置上的企鹅显然也愿意让自己承受一会儿风暴的袭击，以使自己的伙伴少受一点罪。顺便说一句，这架"旋转木马"并没有一个固定不变的轴心。在一场肆虐了两天的暴风雪过去之后，普雷沃斯特博士测量出这架"旋转木马"向一边的位移是 200 米。一旦风暴减弱，"乌龟阵"就会解散。

　　如果没有这种社群意识，企鹅就无法在南极的冬季活下来。法国动物学家萨潘-雅路斯特（Sapin-Jalustre）博士及其同事令人赞叹地证明了这一点。在寒冷并时有暴风雪的黑暗极地环境中，那些科学家强行进入了"乌龟阵"中心，测量了企鹅们的体温。之后，他们又将几个做了记号的企鹅带出了"乌龟阵"，给它们称了体重。

他们发现：在冰封的荒原上，一只企鹅独自站在暴风雪中所损失的热量相当于它在无风条件下站在零下292℃的室外环境中失去的热量——这是一个听起来就令人觉得可怕的概念！而当一只企鹅待在"乌龟阵"中时，在有暴风雪的天气中，它每天所损失的就是它皮下脂肪垫中的100克脂肪。但若独自暴露在自然的威力下，它所损失的就正好是200克脂肪。在经过长达4个月的饥饿期后，一只起初体重为30千克的雄企鹅就会失去超过一半的体重，只剩下12千克左右。也就是说，如果没有互助，雄企鹅们就几乎没什么能剩下的了！

孵蛋的雄企鹅多么渴望离开这个冰冷的地狱，也能像雌企鹅一样去找食物——这一点从它对待死蛋的行为就可明显地看出来。事实证明，有些蛋是不能孵化的。一旦一只雄企鹅意识到那个蛋没有孵化出小企鹅的希望，它马上就会把它扔出去，并急忙走自己的路——奔向有鱼可捕的地方。但其他雄企鹅仍会忠实地为完成自己的任务而奉献自己的一切。

在雌企鹅回来前夕，雄企鹅会经历一件喜事：在它腹部温暖的育儿袋内，一只烤鸡那么大的赤身裸体的企鹅宝宝从蛋中孵出来了。尽管雄企鹅自己很消瘦，它还是会满怀爱意地给那个饥饿的企鹅宝宝喂食。雄企鹅用什么来喂孩子呢？用它从嗉囊中吐出来的奶状分泌物。千真万确，这种雄鸟能为自己的后代自产"奶水"！当物种的生存受威胁时，奇迹自然就会被创造出来！

到了6月初，雌企鹅终于回来了。已吃得肚子滚圆的它还在自己的食管中装了3千克多的鱼，用来作为送给自己丈夫的礼物。企鹅夫妻团圆时仍然少不了情感的表达——鞠躬仪式，它们还放声高

84　　　　　　　　　　　　　　友善的野兽：富于人性的动物社会

歌，彼此依偎，并用翅膀互相"拥抱"对方。不过，重逢之际，它们所做的最重要的事情是，带着共同的自豪凝视着其时那个父亲已孵化出来的孩子。

抚养幼企鹅需要一段长得令人惊讶的时间——从 6 月初到 12 月初。在此期间，照料孩子的事，那对父母每隔 3—4 个星期会轮替一次。只有一件事情才能阻止它们回来尽自己的职责，那就是死亡。9 月初，春天的温暖阳光的照射会使环绕南极洲的冰带裂成巨大的浮冰。这时，成年帝企鹅及其幼企鹅就会以小群为单位，离开南极洲的繁殖基地，到辽阔的海洋中去寻找它们作为猎手的运气，并在度过耗费体力的结婚与幼仔抚育期后，逐步恢复并增强自己的体力。

企鹅夫妻间的忠诚类似于甚至超出了人类夫妻间的忠诚。难怪那些法国科学家会对它们着迷并为之倾倒！

企鹅的婚姻远远超出了性伴侣关系。这种令人震惊的结对现象必须在另一种鸟的生活中才能找得到其演化的踪迹，这种鸟就是渡鸦。

第二节　喜欢订婚的渡鸦

这种无望的爱情故事很容易在俗气的小说中看到。一个男人依照所有的规则向一个女人求爱，但那个女人却看不起他并羞辱他，因为她爱着另一个男人，并以最低三下四的方式讨好着那个男人。哎呀，种种不可逾越的"阶级差别"挡住了他们俩走到一起的路。我们下面将要讲的一个三角恋爱故事也没有什么奇特的，只是在这个故事中，那个被拒绝的求婚者是一只叫歌利亚（Goliath）的雄渡鸦，它所爱慕的"甜心"是一只叫达维达（Davida）的雌渡鸦，而这只雌渡鸦在错乱的感情中为之沉迷不已的配偶则是……哦，天哪，是一个人！他就是动物行为学家埃伯哈德·格温纳博士。

如果一个人从鸟儿生命的第一天起就像一个真正的鸟妈妈一样照料和养育它们，那么，在许多鸟类中，这种荒诞的情感错乱现象都会出现。这种鸟实际上把养育它们的人当成了自己的母亲。长大后，它们往往也会试图求得这个人为自己的配偶。

因此，就渡鸦这种高智商的鸟的社会生活，马克斯·普朗克行为生理学研究所的格温纳博士[5,6]获得了一些非同寻常的发现。毫无疑问，这种鸟因其高智商而表现出了令人惊讶的人类特征。

被拒绝的歌利亚并未轻易接受失败。遵从最古老的求爱准则之

图 7　雄渡鸦给自己的新娘（右）带来了作为礼物的食物。在较年长的配偶之间，交配季节中的这种喂食仪式可在没有实际食物的情况下象征性地进行（根据格温纳的原画绘制）

　　　　　　　　　　　　　　友善的野兽：富于人性的动物社会

一，它向自己的"心上人"献上了一些小礼物。它悄悄地准备了美味的肉食，并将肉食藏在树皮底下。[7]一看到自己的"甜心"，它就取出这些佳肴之一，并以拘谨的步态向"甜心"走去；它一边走一边抖动自己的翅膀，并发出具有劝食意味的意指食物的叫声。

在通常情况下，如果雌渡鸦响应雄渡鸦的追求，那么，雌渡鸦就会蹲下来，扇动起自己的翅膀，发出类似低泣的呜呜声，并接过雄渡鸦递上的礼物。它将礼物理解为一种象征性的声明：那只雄渡鸦愿意"养家"。

但达维达始终拒绝接受歌利亚的礼物。渐渐地，那个不顾一切的追求者变得越来越胡搅蛮缠。最后，歌利亚大声尖叫起来，并试图强制性地给达维达喂食。达维达急忙飞走了，歌利亚尾追而去。当它追上达维达时，它尖叫着并疯狂地啄起达维达来。当然，这种行为不可能改善达维达对它的态度。在强烈的挫败感和郁闷之情中，可怜的歌利亚为自己的情感寄托找了一个临时替身：它朝一架路过的飞机发出了请求交配的叫声。

这种情况持续了半年，直到次年春天才算结束。达维达常常充满爱意地用自己的大喙抚弄那个动物学家的头发，而格温纳博士也会以手指抚摸它的羽毛来做出回应。每当这种情形出现时，那只雄渡鸦就会对自己的人类情敌发起攻击。但达维达总是精力十足并成功地护卫着那个科学家，使其免遭那只嫉妒的雄渡鸦危险的啄击。

有一天，那只雌渡鸦居然飞进了歌利亚带着奔涌不息的希望为它而建的鸦巢。达维达将自己的人类朋友诱导到那个地方，并用渡鸦的语言发出正确的叫声来劝说格温纳，想让格温纳帮自己改进一下那个鸦巢。[8]它孜孜不倦地带来了越来越多的细嫩的小枝条，格温纳博士则小心翼翼地将这些材料编织进那个巢体。

尽管这个故事的开头给人以不祥之感，但它最终有了一个圆满的结局。那个动物学家有事不得不外出旅行了几个星期。当他回来时，他看到达维达与歌利亚正在举行他所见过的最漂亮的交配仪式。那只雄渡鸦如一支脱弦之箭，以极速射向空中，而后在空中表演起富于艺术性的杂技般的飞行技艺来，达维达则坐在巢里观看着。接着，两只鸟儿一起起飞，并编队飞行。歌利亚在达维达的斜后方飞行，达维达所做的每一次回旋式和曲折式飞行，它都精确且步调一致地照着做了，仿佛它是被达维达用线绑住并带着飞的似的。难怪，从此以后，那个科学家就再也无法与歌利亚竞争了。

达维达与歌利亚之间富于戏剧性的故事表明，"婚约"在渡鸦的生活中具有极为突出的重要性。在行为层面上，渡鸦的婚约与人类的婚约在很大程度上是一回事。尽管如此，我们仍然不能全然以人类婚约的意义去理解渡鸦的婚约，因为在原因层面上，这两种在行为层面上看起来几乎没什么不同的订婚是有差异的：人类的婚约是一种基于文化传统的自我选择，而鸟类的婚约则是被其本性所驱使乃至逼迫而不得不这样做的。它们不可能凭意愿自我选择不这样做。

从生物学角度看，只有在 2 岁后，在春季的短短几天中，渡鸦之间才会有交配行为。但在初次交配的整整一年前，雄渡鸦和雌渡鸦就会有结对冲动，并进入共同生活但尚无性行为的订婚期。顺便说一句，渡鸦两性间的结对现象与性无关。迄今，人们普遍认为，所有的社会行为都可归约为性、逃生和攻击等本能。但这种旧理论实际上是完全错误的。就灰雁来说，马克斯·普朗克行为生理学研究所的海尔格·费希尔（Helga Fischer）[9]曾强调指出："灰雁个体间

友善的野兽：富于人性的动物社会

的共同生活基于一种特殊的自我驱动的本能——结对驱力或结对本能。"在猴和猿及与猿同属人科的人类中，这种本能也极有可能是起作用的。

性的吸引力只能使动物们相处几分钟，有时甚至只有几秒钟。如果两个个体之间存在着比性行为存续时间更长的共同生活期的话，那么，从它相对于单身生活的益处来看，在那些过两性长期共同生活的动物身上，肯定存在着一种控制这种行为的、与性本能全然不同的、完全独立的冲动。对渡鸦来说，这种结对冲动在 1 岁时就出现了，而其性本能则要再过 1 年后才会苏醒。因此，不管愿不愿意，这种鸟都得先经过大约 1 年的"柏拉图式的精神恋爱"性质的订婚期之后，才能结成与性有关的、真正的婚姻关系。

渡鸦订婚的目的与人类是大致相同的。一种动物智商越高，其结偶行为的功能中与纯粹性本能的满足不相干的其他功能就越多，配偶双方彼此喜欢的情感和同属一对的一体感在交配中所起的作用也就越大。

渡鸦实行严格的一夫一妻制。一旦结成配偶，它们就会终身对彼此保持忠诚。由于渡鸦的寿命几乎与人类的一样长，但渡鸦们在 2 岁左右就"结婚"了，因此，它们彼此相伴的时间要比任何一对人类夫妻都更长。

在订婚期间，渡鸦们仍可换情侣。只要有必要，它们就会这样做，直到找到真正合适的配偶。有时，雌渡鸦会在相当长时间内让自己的追求者处于悬而未定的状态，就像达维达对歌利亚所做的那样。不过，订了婚的情侣通常都会互相帮助，共渡各种难关。它们会一起抵抗入侵者，因此在受单身渡鸦攻击时，仍能保障彼此的安全。它们还会一起飞出去觅食，或结伴玩耍，还会用喙温柔地梳理彼此脖子上的羽毛。

一对已订婚的情侣中的任何一方都可偶尔与陌生的鸟儿调调情。根据渡鸦中的礼节规则，别的追求者也可为那个准新娘的颈羽做点梳理活儿。但是，从首次性交之日起，这样的爱抚动作就被严格禁止了。古斯塔夫·克拉梅尔（Gustav Kramer）博士[10]曾经观察过这样一个案例：一只新近与其丈夫交配过的雌渡鸦待在鸦巢里时，被一个陌生的求爱者略微抚弄了一下颈羽，正在那一刻，丈夫回家了。丈夫火冒三丈地扑向那个入侵者，奋力驱逐着那个情敌。那一天，那个丈夫直到深夜才回到家。从此以后，那个"卡萨诺瓦"（Casanova，欧洲人熟知的意大利风流浪子）就再也没有在附近出现过。显然，那只外来雄鸦已被本地雄鸦永远地驱逐到了远离本地的地方。

尽管存在着这种典范性的忠诚现象，渡鸦的婚姻并不是只有和谐而没有纷争的。例如，在体力上，达维达要比歌利亚强得多，但它并没有利用自己的这一优势来恃强凌弱。比如说，在鸦巢应该筑在哪里、它们俩应该往哪里飞这样的小争执中，达维达总是扮演顺从者的角色。但是，在面临食物取舍或最佳睡觉场所的选择之类的问题，也只有面临这些重大问题时，达维达才会以坚持主见的做法表明，到底谁才是一家之主！

让我们再来看一个例子吧。有一只雌渡鸦，我们叫它伊娃吧，它与自己的亚当新婚不久。在处理自己与配偶的关系上，它的表现就与达维达大为不同了。自从结婚的第一天起，它遇事就会利用雌性的特点或特权来占便宜。亚当终日辛劳，搬来许多细枝，用来编织鸦巢。按照渡鸦的习俗，对这些工作，伊娃本来是该出手相助的。但是，整整一个星期，它都只是懒洋洋地坐在一根离筑巢地点较远的树枝上袖手旁观。当亚当已将鸦巢的基础框架搭好时，它却突然从容镇定地用一连串具有撒娇性质的叫声明确表态：它想要把鸦巢筑在它近日所停留的那个地方，而非现在这个地方。因此，亚当不得不重新开始筑巢。

筑巢工程进展顺利，但好景不长。只过了一个星期，伊娃又突然决定还是要在原先的巢址上筑巢，亚当又不得不去完成那个巢的筑巢任务。刚筑完第一个巢，妻子却又心血来潮地要去第二个巢。最终，亚当养成了这样的习惯——口衔着枝条直接跟在伊娃背后飞。它在两个鸦巢之间来来回回地飞，直到妻子终于表明到底喜欢哪个巢。但后来亚当终于厌倦了被羞辱，厌倦了被牵着鼻子走。于是它不再管伊娃会怎么反应，而只管专心地构筑第一个巢。最终，那只别无选择的雌渡鸦只好搬到了第一个巢里住。

在这种情况下，人类将会处在离婚的边缘，或已越过了这个边缘。但对亚当来说，那是根本就不可能的。奇怪的是，在渡鸦中，几乎从未出现过"离婚"这种事。

雌雄渡鸦都忠于它们的婚姻生活，即使配偶双方是那种动辄争吵甚至彼此折磨的冤家对头。

但必须承认的是，关于渡鸦的婚姻，迄今并无足够的研究使我们能有把握地声称，渡鸦们的婚姻总是如此。也许，就像在灰雁中一样，渡鸦中同样存在着同性恋、通奸、性交易、家内纷争和离婚之类的事情。

作为渡鸦研究专家，格温纳能根据鸦巢状态来判断一对渡鸦夫

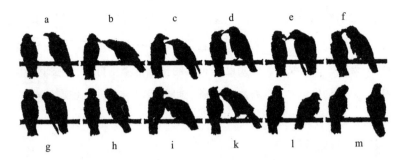

图 8　雄渡鸦试图接近雌渡鸦（左）的徒劳之举：a. 我可以再靠近你一点吗？ b. 我可以帮你梳理一下羽毛吗？ c. 我是你谦卑的仆人。d. 先生，你怎么竟敢这样？e. 我只是想帮你梳理一下羽毛。f. 可你越来越放肆了。g. 好吧，我会端正自己的举止。h. 你不想帮我梳理一会儿羽毛吗？ i. 梳理这里，我的颈羽。k. 我明白了，这里！ l. 那可不行，我想。m. 再见。对于渡鸦而言，梳理羽毛是一种善意姿态，并无性暗示（根据格温纳原作绘制）

妻是否在过和谐的婚姻生活。具体来说，其判断根据是，渡鸦夫妻双方是否共同富于技巧地编织了那个巢，鸦巢是否具有粗糙、蓬乱等雄性筑造的特征，或者鸦巢是否是由雌鸦用较轻的材料独力筑成，等等。在渡鸦所筑的巢中，所有具有上述风格的巢都已被专家发现了。

在订婚那一年，少年渡鸦们常常会每天花好几个小时来练习筑巢。对它们来说，筑巢练习是一种游戏形式。它们最辉煌的成就就是以空运方式将筑巢材料运到筑巢工地。智商不如渡鸦的鸟一次只能搬运一根枝条；否则，它们就会遇到那些少年渡鸦同样会遇到的

　　　　　　　　　　　　　友善的野兽：富于人性的动物社会

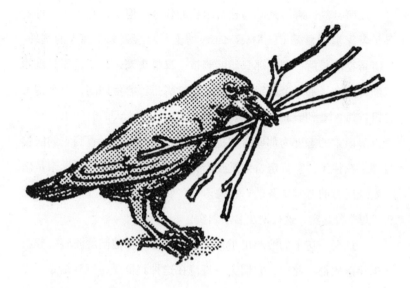

图9 在测试出每根枝条的重心后，一只渡鸦就可以同时空运几根枝条了

困难：它们好大喜功地在嘴里衔了太多的枝条，但在飞行途中则会一条接一条地掉落到地上。

但有经验的渡鸦则会在搬运枝条上表现出富于智力性的惊人壮举。首先，它会不断尝试寻找一根枝条在它嘴里的平衡点，直到找到那根枝条的重心所在。然后，它会看清楚这个重心点的具体位置，而后放下那根枝条；接着，再对第二、第三、第四根枝条进行同样的测试。而后，它会将这些重心彼此对准的枝条并排叠在一起，在重心点上抓住那束枝条。最后，它就怡然自得地带着那束枝条飞行了。

按照常规，孵蛋是雌鸟独自承担的任务。但是，有一次，丹麦鸟类学家莫斯嘉德（L. Moesgaard）博士[11]观察到一个惊人的例外。在孵蛋期的最后一周，那只雌渡鸦被一只猫头鹰杀死了。那只雄渡鸦随即坐在了那5个蓝绿色的蛋上继续孵蛋。孵蛋期间，那个鳏夫忍饥挨饿，直到雏鸦孵出来。然后，在大约100天的时间里，它一直以最温柔的态度为那些雏鸦提供食物并喂养它们，直到它们能够自理。在往年，它肯定看到过整个育雏过程，并知道一个母亲是怎样处理所有的育雏事务的。在德语中，残酷无情的父母被称为"渡鸦父母"，其实，这种说法名不副实！

一旦羽毛初丰的渡鸦出了巢，它们就会与其他同龄渡鸦一起组成少年渡鸦群。此后，它们会一直待在这种鸦群里，直到结婚。在此期间，它们的主要活动就是玩耍。[12]在创造性的游戏中，那些少年渡鸦发展出一定程度的想象力，并获得超过我们迄今已知的任何动物的精湛技艺。

除筑巢游戏外，追逐游戏也很受欢迎。当一只少年渡鸦似乎不愿加入这一游戏时，其他想要玩这一游戏的伙伴就会去刺激它。想要玩的渡鸦会在嘴里衔一条蚯蚓，高视阔步地走到那个无精打采的同伴面前，有礼貌地对它鞠上一躬，而后，将那一小口美食放在它的脚下。在那个同伴能抓住这个所谓的礼物的前一瞬间，挑战者会闪电般地用嘴抓起那条蚯蚓，而后就带着它飞走了。接下来所发生的，自然是那个被戏弄者对戏弄者的疯狂追逐。

渡鸦喜欢做杂技般的运动技能训练。当一只渡鸦停留在一根细枝上，并向前或向后倒时，这种训练就开始了。它会让自己从枝头上掉下来，然后展翅高飞。更高级的练习者则会以单腿立在细枝上的方式，改变一下这种运动游戏的花样。少年渡鸦群的首领会表演"大摆荡"——一种真正的体操家才有的绝技：每当它将头往下垂时，它就会以只拍动一次翅膀的方式，使自己回升到原来所停留的位置。每当有其他渡鸦试图模仿这一绝技时，它就会以提高了难度的动作重新表演这一绝技。在那种时候，它会在一根柔软而易弯曲的、在约半米的幅度内上下飘荡的细枝上表演这一绝技。

在渡鸦中，平衡术是一种大众体育项目。从一根树枝最结实的部分开始，渡鸦一个接一个地往后排，直到树枝越来越细。之后，渡鸦们一个接一个地从树枝上落下来。优胜者就是下落时跳离树枝最远的渡鸦。

不久，群主就会对这个游戏感到厌倦。为了避免这种厌倦，它会发明一种新的运动项目。它捡起一根鸡骨，飞到一根粗如人臂的树枝上，将那根鸡骨放在树枝上，并试图站在骨头上且保持站姿平衡。整个少年鸦群会心无旁骛地练习这一特技达数天之久。它们是在为能成功表演自己所发明的"马戏"节目而训练的！

有一天，群主在一块林间空地上发现了一块大而光滑的塑料板，这个渡鸦群中居然因此形成了一种新风尚。起初，那只好奇的渡鸦在塑料板上降落时因板子滑溜而狠狠地摔了一跤，于是它立即将这一耻辱转变成一种令同伴称羡的特长：它朝那块板飞过去，而后在板上做了一个滑行式降落的动作，就像那块板是一条机场跑道似的。它反复地练习着这一特技，直到每次都能稳稳地降落在板上而不会再摔倒。它还练习了每个飞行员训练计划中都会有的一种技术：准备降落，而后"踩油门"并急速上升，以启动新的降落程序。不久，整个鸦群的所有渡鸦都加入了这一娱乐性的体育活动。就像战斗机群中的一架架战斗机一样，那些渡鸦一个接一个地俯冲下来，并做滑行式降落。刚开始时，会有渡鸦跌倒，跌倒的渡鸦会杂乱地堆叠成一团。但在经过几天的训练之后，整个"机群"就能完美地降落了。

少年渡鸦们对游戏如此狂热，其原因之一是：渡鸦个体可由此提高自己在群体内的地位。因此，这种孩子们玩的游戏的真正意义是，渡鸦可由此获得地位，并消除由须定期宣泄攻击本能而来的彼此打斗的需要。此外，这种游戏还可提高参与者的谋生技能。

我们来举个例子。一个夏日的早晨，一块粮田的边缘上响起了一阵情绪激动的呼叫。这种听起来像是"啵哈哈哈唉"的声音是渡鸦面对最大威胁时发出的叫声。原来，鸦群的首领发现了一只黄鼠狼，而黄鼠狼是渡鸦最大的天敌之一。它必须被驱逐。但面对一种反应速度众所周知的动物，渡鸦要怎么做才能达到这一目的呢？

作为对这种警报声的响应，整个鸦群中的少年渡鸦都飞了过来，并在一个离那只黄鼠狼较远因而相对安全的地方停了下来。接着，好玩的事情发生了。一只渡鸦飞到那只黄鼠狼面前降落下来，从双方距离之近来看，那只渡鸦似乎是去送死的。而当那只黄鼠狼扑过来时，渡鸦闪电般地飞了起来。与此同时，第二只渡鸦将自己的喙刺进了黄鼠狼的臀部。被激怒的黄鼠狼在原地打着转。就在同一瞬间，第三只渡鸦又在它的背上狠狠地击了一掌。

那只黄鼠狼跳到了约1米高的空中，但它的爪子所能抓到的总是只有空气；而当它落到地上时，背后立即会受到攻击。最后，那个鸦群首领展翅飞到离黄鼠狼鼻子不到40厘米的地方，引诱它发起追逐。那只渡鸦紧贴着地面飞，以直径越来越小的螺旋形盘旋方式靠近那只黄鼠狼，直到那只食肉动物兜圈圈兜得上气不接下气，并头晕眼花。从此之后，那只黄鼠狼就消失在了粮田中间，再也没在粮田边缘及附近出现过。

第三节　怎样成为首领

现在是时候来解释我们所说的少年渡鸦群的"首领"的意思了。这里的"首领"是个精准而恰当的术语。就像一个公司没有老板一样，对渡鸦来说，一个没有首领的鸦群也是无法在这个世界上存在下去的。

关于这一点，我们也必须驳斥一种传播广泛但并不正确的看法：动物群体中"最强的"成员通常是一个暴君。具体地说，"最强者"全靠武力压制其他成员，而其目的仅仅是获得最好的食物、最好的睡觉场地以及最好的雌性（除非它强占了所有雌性）。有些人认为，动物群体的首领必须用这一其实只是假设性的"自然法则"来证明自己作为统治者的正当性，但实际上，这样做反倒只是证明了他们对什么是真正的自然状态一无所知。因为，在非人动物社会中，除管理权格外，首领对其所在的群体还肩负着许多难以履行却又不得不履行的责任。而如果它不履行这些责任，那么它立即就会被废黜。

首先，首领是其所在群体安心稳定的核心力量。关于这一事实，我们将用一个相关事例来加以说明。我们相信，这一具有启发性的事例会有助于人们理解人群中的恐慌现象。

一个渡鸦群的首领被偷猎者杀害了，接下来出现的情景是，其余渡鸦都带着焦虑、不安、无奈的神情不知所措地站在一块新翻耕过的田里。突然，一条犁沟中有一块石头侧翻了。站得离那块石头最近的那只渡鸦因受了点惊吓而略微升腾了一下身子。它旁边的那些渡鸦则更强烈地受到其警报性动作的惊吓，它们的惊恐又感染了其他渡鸦。仅仅在几秒钟内，这一反应就已发酵成一场雪崩式的灾难。整个鸦群，包括那只原本只是略微受惊的第一只渡鸦在内，都狂乱无序地飞起来并向四面八方分散开来。当然，那些渡鸦没有想到，一块并不值得惊恐的滚石成了这一连锁反应的根源。

如果当时渡鸦群里有一个有经验的首领，那么这种恐慌就可以避免。如果那只受惊吓的下属的第一个举动是朝首领看，而后者并没有表现出不安的迹象，那么群里的渡鸦就不会再担心，而是回过头去继续做原来在做的事情。首领是整个群体安心的源泉。

此外，首领还是主意设想者、冒险发起者、新事物发现者，更是群体中的最勇敢者。无论是对新着陆点可靠性的评估，还是对陌生物体或未知动物所可能有的滋味或危险的探究，首领都是第一个行动者。在摸清自己所处环境中的每一样未知事物之前，它的好奇心不会安宁下来。

有一次，当莫斯嘉德想要用各种美食来将渡鸦们诱进笼子时，他却发现，这样做是无济于事的，因为那些聪明的鸟儿已看穿了他的诡计。这时，他运用起自己关于渡鸦的心理学知识。他把自己的照相机放进了笼子里。那些渡鸦经常看到他带着这一奇特并显然令它们向往的设备，但以前他从未允许它们近距离地探究它。在相机被放进鸟笼里并被独自留在那里的一刻，整个鸦群都飞进了笼子，那个动物学家终于把它们弄到了他想要让它们待的地方。

渡鸦所表现出来的对新奇事物的渴望甚至比青潘猿的更加强烈

而明显，这一特性对这种鸟的生存是大有裨益的。就像世界上最有好奇心的动物——人——一样，在任何环境中，好奇的渡鸦都会去搞清楚所在环境中什么是可食用的。受益于这一特性，渡鸦几乎比任何一种动物都更能够适应多种多样的生存环境。在岛屿上，渡鸦的食物与海鸥的类似。在非洲大草原上，渡鸦又会像秃鹫一样在高空飞行，在极高的空中搜寻着地面上垂死的猎物。在北美、欧洲和亚洲的农业地区，渡鸦又能靠鼠类与昆虫来维持生存。所有这些营养源都是由那些聪明的渡鸦首领在这个或那个时候发现的。

一个首领会因为行动失当或才能不称职而很快失去领导地位。格温纳博士[5]曾讲过这样一个故事：一位渡鸦首领的未婚妻生病去世了，这一丧亲之痛是如此强烈而持久，以至于那个首领对任何东西都不再有兴趣。它悲伤地栖息在黑暗的密林中，将自己与所有伙伴隔绝开来。它完全不再做伙伴们期望它做的任何事情。就这样，它冷淡地放弃了自己的领导地位，将首领的职位拱手让给了一个继任者。

在另一种情况下，群里地位居老二的鸟会反复以各种技能竞赛的方式来挑战老大的地位，因此，它得准备好以艰苦的斗争来推翻老大。像斗鸡一样，两只鸟跳起来朝对方扑过去，用喙与脚攻击对方。然后，它们互相抓牢对方的脚，并努力像武士一样，一边猛啄或猛踢对方，一边用翅膀作为盾牌来挡开对方的打击。

在战斗中，一只渡鸦在啄击时会将喙对准对方翅膀的关节处，以削弱其飞行能力。它们从不去啄眼睛。有一句谚语说得对：渡鸦不会啄同类的眼睛。

就像人类体育比赛一样，渡鸦之间的战斗会以恰当合理的方式结束。那个意识到自己不可能再有机会赢的渡鸦会主动选择投降。正如德国鸟类学家约翰内斯·歌德（Johannes Gothe）博士[13]所观察到的那样，渡鸦的投降遵循下述规则：认输者会装出一副要母亲喂食的雏鸦的样子：用大张的嘴表示乞讨，并发出孩子气的哀求声。一旦这样做了，认输者就可免受进一步的惩罚。但这样做时，它就已丧失了领导地位。通常，卫位失败会使得原先的首领在鸦群中的威望受到重创：认输后，原首领在鸦群中的地位并不是退居第二，而是退到了末位。这说明心理因素对动物们社会生活的影响是多么强烈——心理因素的影响往往比纯粹的体力因素的影响要大得多。

在科学家们观察到的一个案例中，领导地位的变化带来了一个痛苦的结局。当雄渡鸦尼禄（Nero）还是少年鸦群首领时，雌渡鸦克里奥帕特拉（Cleopatra）的眼里是只有尼禄一只雄鸦的。但在它被打败后，它对那只败鸟的爱就很快消退了。这只野心勃勃的雌渡鸦立刻转而对那个新首领摇尾乞怜起来。而它的"女士主动选择"又一次获得了成功，从而保留了"第一夫人"的地位。在渡鸦中，妻子是具有与丈夫相同的地位的。

将鸟类中的这种行为与人类同样的行为模式做一番比较，我们就不由得会去关注它们。在非人动物中看到与人类如此相像乃至一致的现象，是因为我们将非人动物拟人化了（赋予了非人动物以人类的特性），还是恰恰相反，即将人拟物化了（赋予了人类以非人动物的特性）呢？

在打败老首领后，新首领会立即声称自己拥有各种权格（尤其是管理权），但对自己的"责任"一无所知。人们在渡鸦中看到这一幕时，无论如何都会忍俊不禁的。因此，当新首领以这样的方式出场时，整个渡鸦群实际上是无所行动的，所有渡鸦都在漫无目的地四处闲逛着。在这一过程中，渡鸦们逐渐变得紧张起来。鸦群里出现了第一次争吵。这些证据表明，渡鸦们急切地想要从新首领那里得到某些指导或指令，它们对新首领的不满情绪正在增加。

新首领通常都是在争吵仲裁中发现自己最早的行动线索的。从今以后，维护群内的，至少是雄性之间的和平就是它的任务之一了。一旦它在两只正在争吵的渡鸦之间飞来飞去，那就表明它在进行干涉。此外，更重要的是，首领几乎总是偏向那只较为弱势的鸟。那不一定是在表达一种道德准则，也许，它这样做纯粹是出于功利的考虑：对首领来说，那两个斗殴者中较强势的一方比另一方更危险，因此必须制服它。

不过，首领永远不会对喜好争吵的雌性采取行动。因此，那些雌鸟总是在不断地争来吵去。

正如格温纳博士[5]所指出的那样，渡鸦群的新首领是逐渐被它的"人民"的需要训练得能胜任自己的领导职责的。它会慢慢变得熟悉自己的各项职责。

当然，在动物界，并非只有渡鸦首领才会为了群体利益而承担各种任务。在许多其他动物的社会中，也存在着对领导者的同样要求。在本书第一章第三节中，我已描述过青潘猿首领是怎样凭自我牺牲的勇气来掩护帮队撤退和救出伤员的。稍后，我还要讲一匹雄斑马是怎样英勇无畏地保卫母马们和马驹们，使之免受捕食者的伤害。

但在任何情况下，毫无疑问，处于险境中的领头动物都会期待有其他个体能为之而战——在此，我们会看到一个不同于人类群体中的许多首领的显著特点。那些承认其领导地位的群体成员的祸福完全取决于领导者的体力、技巧、机智和经验。

美国人类学家与演化生物学家、哈佛大学的欧文·德沃尔教授[14]曾经报告过关于这种行为的一个特别生动的例子。

在东非平原上，一个约有30个个体的狒狒帮队到达了一个小湖的岸边，正在从容地喝着清凉提神的湖水。忽然，狒狒首领注意到，一条由5只强壮的母狮组成的"散兵线"已包围了狒狒群。那群躲藏在高高的草丛中因而不会被看见的狮子在悄悄地向前行进着。看来，许多狒狒的命运已成定局。

一只狒狒要担负首领的责任需要相当多的智慧，这种智慧若是在一个人身上表现出来，是会给一位从军多年的陆军中尉带来荣誉的。在那个危急关头，它发出了刺耳的尖叫，将受了惊吓并聚成一团的整个帮队的成员从湖岸赶进高高的草丛中。在草丛中，那些不会被狒狒们看到的狮子也就不再能看到它们的猎物了。但这时，如果逃跑的话，狒狒们所冒的风险仍然太大了，因为它们很有可能会与一头母狮迎头相撞。因此，那个首领让帮队成员都等着，而它自己则独自蹑手蹑脚地在草丛中穿行着，机警地侦察着敌情。从距离那群狒狒有一段距离的一棵树上，那个人类学家看到了全景。

就像一个印第安侦察兵环绕敌营侦察一样，在自身未被对方发现的情况下，那个狒狒首领仔细地侦察出两只邻近狮子所在的位置。而后，它又悄悄回到了自己的帮队中，并默默引领着排成一列纵队的帮队成员前行，它们从正好位于那两只狮子中间的地面上爬了过去，而没有引起两只危险野兽中任何一只的注意。一到达安全地带，那些狒狒就急急忙忙地爬上了3棵高大的树，并立刻爆发出庆祝胜利的尖叫声。那些吃惊的母狮从草丛中探出头来，仰头盯着树上的狒狒，显出一副难以置信的样子。

在这件事情中，一个特别值得注意的方面是，那天的英雄根本就不是那个帮队中最强壮的狒狒。但很有可能，英雄是帮队中最年长、最富于经验也最聪明的个体。由此可见，对狒狒来说，年龄就是个体之于群体、他者和自身之生存价值的一种量度。有一种观点认为，在动物界，一旦动物个体已经繁殖出足够多的后代，那么从生物学角度看，它们生命的继续存在就不再是有用的。但狒狒中所发生的上述及诸如此类的其他事例表明，这种观点是错误的。经验是一种在多年的生活实践中逐渐获得的（感性）知识；运用这种资源来增进物种的保存，是朝着通向智人的漫漫演化之路迈出的关键性一步。而这一步最初并不是由人类迈出的。在许多组织化程度高的动物社会中，都独立存在着运用经验来解决问题的现象，只是，在从中直接演化出了人类的那个世系（即灵长目动物）中，这种现象特别突出且明显而已。

第四节　比人类更民主的动物

日本南部有个叫鹿岛的小岛，那里山峦起伏，林木茂盛。[15] 鹿岛的山林里生活着一群红脸猕猴（有时也被称作日本猴），那里总共有约300只猴子。红脸猕猴与恒河猴血缘关系很近。这群红脸猕猴也有一个首领，那是一位相当高龄的长者。有一天，它遭到一只孤身流浪的年轻雄猴的攻击。经过一场长时间的血腥战斗，那个老年首领受了伤，最终被击败了。

后来发生的一些事情或许并不会使某些读者感到惊讶，如果他们已经思考过渡鸦与狒狒群中的"首领支配"现象的自然属性的话。日本动物学家水原[16]博士曾观察到这样一种引人注目的现象：在首领被打败后，猴子帮队中的雌猴们仍然忠于它们已被打败并被打到流血和瘸腿的老首领，而对那个自封的新统治者，它们则干脆拒绝承认。几乎可以这样说：那些雌猴举行了一次"总罢工"。在整个帮队冷淡与不合作形式的抵抗下，那个年轻的独裁者试图将雌猴们打到顺服的努力都归于失败了。最后，那个独裁者别无选择，只好把自己从那个帮队中开除。由此，那个老首领不战而胜地重新回到了它的领导岗位上。

在此，我们所看到的其实是发生在动物社会中一场真正的"全民公决"！

然而，如果我们更加严密地考虑这些事情，那么我们会发现，它们不像初看上去那么"像人"了。动物们的所有行为都指向生存，都是为生存而做出的努力。但对一个动物社群来说，如果盲目地让那些只是肌肉发达的白痴走过来发布会导致社群灭亡的命令，那有什么用呢？因此，为了能生存下去，许多群居动物的社会要比许多人类的社会更民主。

例如，北美草原土拨鼠会进行某种形式的竞选。这种哺乳动物生活在大平原上，它们聚集成可能有着数百或数千个个体的"城镇"。在历时一年的野外观察的过程中，约翰·金（John A. King）博士[17]发现，这种动物生活在由20~30个个体组成的一个个"家族"中，每个"家族"都严格防守着"城镇"中属于自己"家族"的那个部分，以免受到邻居的侵犯。若是出现不速之客，那么，整个"家族"就会立即攻击那个访客，并将它扔出自己的领地。

这种现象的背后是有原因的。只要某一代草原土拨鼠已经长大，就会有几个大胆年轻的雄鼠出去征服"城镇"的某个部分及其中的居民。光靠肌肉的力量——咬和攻击那块区域的老居民——并不能使征服获得成功。因为在那些被征服的土地上，这种动物的整个族群会继续忠于它们的老首领，并与它一起离开自己的老定居点。它们宁愿过多灾多难的难民生活，宁愿在尚无鼠居住的外围地区挖新的地洞，也不愿服从它们不喜欢的暴君。

因此，在决定性的斗争发生的几周前，那个首领候选者必须在敌鼠的领土上进行一次竞选活动，这是一项对它的外交手腕、拟他同心* 能力和胆量等都提出了最高要求的艰巨任务。在影响竞选胜负的各种因素中，最重要的是坚持。那些获得成功的土拨鼠的策略实际上是简单的，那就是，在敌鼠的领土上尽可能长久地待下去。它会在不做任何抵抗的情况下任由自己被那个族群所驱逐，但又会在另一个地点马上再次进入那个地区。在所有这些行动中，它都特别强调并坚持这一点：行动尽可能缓慢，不表现出过度的恐惧，行事尽可能低调、不引起注意，并装出一副它已经是这个族群中一员的样子。

过了一会儿，候选者会谨慎地靠近那些碰巧独处的雌鼠，并尝试着与它们一起玩，且彼此交互着做些爱抚举动。正如以往的同类

---

* 德文中的"Einfuehlung"或英文中与此对应的"Empathy"的要义为，在设身处地基础上的感同身受，即换位思维：生命体将自己拟想成他者，而后就他者的当前境况发生他者立场上的包括感性、理性与情感在内的一切思维活动。由此，该词的准确的中文翻译应为：（侧重于原因的）"拟他"、（侧重于结果的）"同心（取产生与他者同样的心理活动之义）"，（兼顾原因和结果的）"拟他同心"。基于上述理由，对该词，译者未采用较常见的"移情""共情""同理"等译法。——译者注

图 10　草原土拨鼠首领候选者的竞选拉票活动的另一方面：与未来会成为它妻子之一的雌鼠交换友好的亲吻

现象所表明的那样，这种爱抚举动其实就是选举时的支持承诺。在与那个对手首领所在群体中的大多数个体成为朋友并获得较普遍的支持前，那只年轻的土拨鼠必须耐心等待。只有到那个时候，它才能与那个首领冒险一战。

　　在每个飞行的鸟群中都会发生接连不断的"公民"投票现象。例如，乌鸦总是通过呱呱的叫声就鸦群应该继续飞行还是在某处降落不断做出新的决定。在冬天，任何一个在乡野中散步的人都可观察到这个过程。在每个开始飞行的鸦群中，乌鸦在飞行和着陆时发出的声音显然是两种不同的音色。其中一种是高频、有力的咔嗒声，这种声音即使对人类也有着令人激奋的效果；另一种则是低沉的鸦叫声。第一种声音所表达的是飞行的愿望，第二种所表达的则是疲劳、饥饿及对着陆的渴望。

然而，在这种鸟类的情绪和意见公告不断更替的过程中，赞成者只有 51% 的简单多数是不足以达成一次全群公决的。令人惊讶的是，观察表明，即使大量乌鸦渴望休息，它们也可以在群中少数活跃成员的反复鼓动下，坚持再飞上一会儿。这种在空中进行的、连续不断的投票有时会持续几个小时，直到情绪的传染和实际的疲劳使整个群中赞成着陆者达到形成公决所必需的 3/4 多数。

美国宾夕法尼亚州立大学的休伯特·富林格（Hubert Fringe）教授[18]和他的妻子马贝尔（Mabel）证实，用播放鸟叫声的扬声器来影响投票的办法有时也会对鸟类按多数决定原则进行的公决起一点作用。这两位动物学家在磁带录音机上大声播放"（表达）休息（愿望的）呼叫"声，试图用这种办法来诱使正在飞过一大片开阔田野的一群乌鸦着陆。但这一诡计几乎从来没成功过。只有一次，当那个鸦群中赞成着陆者已非常接近 3/4 必要多数，且那些赞成者当时正在请求着陆时，他们才有能力晃动那个平衡。扬声器发出的鸦叫声给那个鸦群增添了最后一张额外的赞成票，最后，鸦群在那部录音机及那两个科学家藏身的帐篷附近着陆了。

有人可能会设想，在动物界，这种民主决策现象只存在于少数高智商动物中。事实恰恰相反：民主决策现象绝不仅限于高智商动物中。其原因是，只有在能够体面地生活的情况下，个体才能生存下来。这一点无论对原始动物还是较高等动物都同样正确。

在动物界，昆虫社会时常被人们描述成典型的彻头彻尾的极权专制社会。但这种观点其实是在相关信息不足的情况下得出来的。到目前为止，没有科学家能在任何一个昆虫社群中发现独裁者。在昆虫社群中，所谓"女王"还不如说是一个产卵"机器"，尽管它可能通过发出各种气味来调节其所在社群中的一些过程。昆虫中的"女王"当然不是什么独裁者。相反，当今的相关研究已经揭示出蜜蜂、蚂蚁和白蚁中存在的各种民主决策程序。有迹象表明，在这些昆虫社会中，普遍存在着一种理想型的社会共识。

例如，蜂群中会发生实质性的"议会"辩论。对蜂群的所有成员来说，对新住所的选择都是一种攸关生死的决定。如果蜂群将这种决定留给蜂群中某个被盲目服从的单个成员来做，那么，蜜蜂这种动物早就从这个世界上消失了。事实上，蜂群中发生的相关过程是这样的：一旦蜂群离开老巢，并在一棵树的一根树枝上聚集成大家都熟悉的团簇，在总数约2万只的蜂群中，就会有约40只蜜蜂飞出去寻找新巢址。这些蜜蜂会逐个考察沿途的每一个空穴、盒子、垃圾桶、纸板箱以及每一棵空心树和墙上的每一个缝隙。

当一只侦察蜂找到一个它认为合适的地方时，它就会回到在等待着消息的蜂团，并通过在蜂团表面上跳舞，向其他返回的侦察蜂告知新住所的方向和距离。正如德国美因河畔法兰克福动物学研究所的马丁·林道尔[19]教授所指出的那样，在刚开始的一段时间里，约40只侦察蜂的意见并不一致。几乎每只侦察蜂都提出了不同建议。不过，那些对自己的发现不是特别热情的侦察蜂会飞出去核实其他侦察蜂提供的情报。而后，那些小动物才会做出自己的决定：是接受其他蜜蜂的建议，还是继续寻找可能更好的安家场所。

意见的不同就这样导致了作为政见相同者组织的党派的形成。蜜蜂用舞蹈语言来指示方向和距离，赞成不同巢址的蜜蜂其指示巢址的舞蹈语言各不相同，因而，蜜蜂中的党派可以根据舞蹈语言的不同来加以识别。起初，蜂群中会有很多小派系。随着派系数量的逐渐减少，每个留下来的派系的成员会逐渐增加。在事实的基础上，它们激烈地辩论着到底应该以何处作为整个蜂群新的安家之所。

有时，这种辩论会持续数天。这期间，蜜蜂们会对各个备选巢址进行反复的核查。在这种议事会中，可能会发生这样的事情：最大的党派关于新巢址选择的主张最终并未被接受，因为一个较小的派系已通过阐明自己建议的优点说服了蜂群中的大多数个体。蜜蜂社会中并不存在强制性的党派纪律。经过长时间的辩论，直到那约40只侦察蜂达成完全一致的意见，整个蜂群才会开始奔向既定巢址去建设新家的伟大事业。

蚂蚁间会达成关于工作节奏的"协议"。陈（S. G. Chen）博士[20]选择了同一巢中遵循相反劳动伦理准则的两只蚂蚁。当两只蚂蚁都被隔离开各自独处时，其中的一只在搬运筑巢用的泥土时行动极为缓慢，另一只则非常迅速。但将它们放到一起时，那只快节奏的工蚁立即减慢了速度，而那只懒惰的工蚁则不得不加快了一些速度。

对有的蚂蚁来说，"女王"这个词显得很名不副实，因为它们的统治者是从一群普通的工蚁中选出来的。这种蚂蚁就是可怕的艾希顿属（Genus Eciton）的南美军蚁。单单一个这种蚂蚁群就有多达2 200万只蚂蚁。在它们的掠食探险途中，它们会吞噬沿途所有来不及逃掉的生物。

这样一支蚂蚁游猎军队有时会分成大小相等的两路行军纵队。

在队伍分裂前几天，几个尚未成熟的"女王"（应该叫"公主"）会在露营地中被孵化出来。但只有其中之一可以成为女王。与蜜蜂中的同类情况一样，那几个女王候选者会彼此叮刺，直到只剩下一个。不过，在军蚁中，女王候选者是在行军途中展开争斗的。美国纽约自然史博物馆的西奈拉（T.C.Schneirla）博士[21]对此做过深入的研究，他观察了每个"军蚁公主"在其一生中是如何设法使不断变化的追随者队伍对自己感兴趣的。那些女王候选者之间会逐渐建立起一种等级秩序。在这一过程中，到底是公主们的哪些品质起了决定作用——这一点目前还不太清楚。显然，远征期间，在某些危急情况下，那些公主所表现出来的某些行为类型、某种吸引力以及它们所发出的某些信号性气味在这方面起到了关键作用。

一旦做出了决定，那么，在总数为 2 200 万只的军蚁群中，就会有约一半的军蚁离开那个老女王，转而形成一个新的独立的蚁族，并与它们新选择的年轻女王一起朝反方向行进。在这个新蚁族中，兵蚁们会将那些多余的公主强行赶到大军尾部，任由它们被众蚁抛弃。就像那些被认为不吉利的某些王族后代一样，被置于孤立无援境地的它们很快会在孤独中死去。

在这里，我们必须再次强调，我们不能在人类的意义上理解蚂蚁社会中的民主。蚂蚁的民主不是出于道德考量，也非基于个体喜好（如猿和土拨鼠中的情况）。这种民主是一种或多或少"自动"运作的天生的本能机制。可以说，对于蚂蚁这种类似于机器人的动物来说，它们的民主行为是按照先天编制好的程序进行的。但这种本能的民主所产生的最终结果与自觉追求的民主是一样的，即由民主机制造成能在多种选项中做出最佳选择的机会，而这对整个社群

友善的野兽：富于人性的动物社会

来说是有很大好处的。这就是我们想要强调的。

同样的原理也适用于昆虫社会中另一种非同寻常的现象，即个个均等的摄食行为。这种行为的均等性远远超出了人类行为中最理想的情况。

在这种蚁口稠密的"国家"内部，通过乞求而又马上放弃食物的、连续不断的链条式传送过程，食物被分配到蚁群中的最后一只蚂蚁那里；这种食物供应方式的公正程度对我们人类来说是不可思议的。蚂蚁研究专家、德国维尔茨堡大学的卡尔·高斯瓦尔德（Karl Gößwald）教授[22] 写道："如果一只饥饿的蚂蚁遇到一个嗉囊饱满的同伴，那么，它就会通过一系列动作拦住那个同伴：触角活泼地摆动，用触须对着对方头部发出快速振动，用前肢抚弄对方脸颊，舔对方的嘴的四周。在蚂蚁语言中，这种行为就意味着'给我点吃的东西'。一只面对这种乞求的蚂蚁就会将自己的触须收拢，而后张开自己的颚，伸出自己的舌头，并分泌出一滴液体，而那只饥饿的蚂蚁则贪婪地舔食着那一滴液体。每一只被这样喂食的蚂蚁都会依次将大部分食物传递到其他蚂蚁嘴里。"

一只蚂蚁越是饥饿，它自愿地从其具有公共性质的胃中向巢中其他成员提供分享的食物的次数就越少，而它向所有从其身边经过的蚂蚁乞讨食物的频率就越高。但是，如果一只正在乞食的很饿的蚂蚁遇到一只比自己乞食乞得更急切的伙伴，那么它会立即放弃自己储藏的一部分食物，无论那部分的量有多大。由此，蚁巢之内所有蚂蚁的营养状况总是一样的。最懒惰的蚂蚁与最勤奋的蚂蚁所得到食物的毫克数完全相等。对于向"蚁国"所提供的特殊服务，如跟踪猎物或防御敌人，蚂蚁个体并不会得到丝毫的额外奖赏。这里实行的是对官员和党派领袖们没有丝毫特殊待遇的所有成员一律平等的平均主义！

德国布赖斯高地区弗赖堡大学的罗尔夫·兰（Rolf Lang）博士[23]发现：个体均等的摄食原则尽管有着看起来似乎不切实际的绝对公平的性质，但在蚂蚁社会中，它并非盲目实行的，也并非不考虑个体间差异因素。依照兰博士的这一发现，蚂蚁们均等摄食的整个过程还具有更多的重要意义。

红蚂蚁采集两种类型的食物：昆虫形式的动物蛋白和从蚜虫中挤出的蜜汁。在分配方式上，它们对这两种食物做了区分，这两种食物都不是平均分配给蚁巢中所有成员的。待在巢内的工蚁们所得到的几乎只有蛋白质，因为它们需要给放在育婴室内保育的后代提供身体生长所需的营养物质。在巢外采食的外勤蚂蚁所需要的主要是肌肉运动所需的能量，因此它们所得到的食物绝大部分是来自蚜虫的蜜汁。不过，在每组蚂蚁中，每一只蚂蚁所得到的"社会产品"在数量上是完全相等的。

迄今，研究者只发现了一个与这一平均分配规律不相符的令人遗憾的例外。[24]有些寄生虫已潜入蚂蚁社会。这些寄生虫是一些小甲虫，它们的身体形态并不像蚂蚁，却已演化出了一套将自己混同为蚂蚁的、完美的伪装手法——发出与蚂蚁一样的气味，做出与蚂蚁同样的乞讨动作。这些甲虫潜伏在蚁巢黑暗的走廊里，不从事任何生产，只是一味地乞讨、乞讨、乞讨。由于它们显得像所有蚂蚁中最饥饿的，所以，它们很容易从每一只经过其身旁的蚂蚁那里得到喂食，由此，它们得到的食物要比蚁巢中真正的合法成员所应得的多出许多倍。它们无所事事却长得滚胖溜圆，即使在所有蚂蚁都在

图 11　一只隐翅虫（右）通过发出香味和使用触角敲击语言来使得一只蚂蚁相信，它也是一只蚂蚁，并想要被喂食

忍饥挨饿的饥荒时期也是这样。我们是不是可以这样说，这些寄生的甲虫为我们提供了一个滥用民主制度的典型案例呢？

第五节　救助者、助产者和朋友

人们为了采煤或采矿而挖掘地下井道时，常常会发生灾难，隧道崩塌会将工人埋葬在地下或将其与外界隔断。类似的灾难很容易降临到昆虫世界中的"矿工"——蚂蚁们——身上。

在暴雨过后，尤其是在热带地区，在切叶蚁的地下迷宫中，经常会发生隧道崩塌事件。这种麻烦是如此常见，以至于如果在紧急情况下切叶蚁们不互相帮助，那么，这种小动物早就在这个世界上灭绝了。被掩埋的蚂蚁会发出 SOS 求救信号。在听到求救信号后，救援队就会立即赶赴崩塌现场并进行搜索，而后把被掩埋者挖出来。

蚂蚁通常都被人们看作没有灵魂的机器人似的动物，谁会料想得到，在这种动物的社会中居然会出现救"同志"于危难之中这样的事情呢！在这种小小昆虫的本能行为中，大自然创造出某种其最终效果与人类中的人道主义相同的东西，因为，在生存斗争中，乐于助人可以是一种高度实用的特性。这种特性甚至可能是至关重要的，因而是一种在漫长的演化过程中被"孕育"出来的品质。

从这种昆虫的体形大小来考虑，它们所发出的 SOS 求救信号其响亮程度可以说是非同凡响的。在特立尼达的西印度群岛进行的一项研究中，来自德国法兰克福的动物学家休伯特·马克尔（Hubert Markl）博士[25] 对蚂蚁的呼救声进行了测量。在距离被埋蚂蚁 1 厘米的地方，这种危难中的呼救声听起来就像一台普通打字机打字时发出的声音一样响亮。

不过，在没有仪器的情况下，人类无法听到蚂蚁的呼救声，因为蚂蚁是用 20~100 千赫的超声波发出呼救声的。它们用摩擦自己腹部粗糙表面的方式发出一种人类听不到的声音。救援蚁、工蚁和兵蚁并不是通过空气来接收这种求救声的（对在灾难中被埋在地下的蚂蚁来说，借助空气传声毫无意义），而是通过感知地面的振动来接收被埋蚂蚁的求救声。蚂蚁的"耳朵"由其脚上的振动感受细胞组成，这种细胞使它们能定向跟踪声源。因此，搜索队可精确地确定被埋蚂蚁的所在位置。

切叶蚁的防御机制更加复杂。每年 3 月，这种生活在特立尼达岛上的蚂蚁就会面临一种特殊的危险。在下午晚些时候，当那些蚂蚁正在切割叶子或正在长途跋涉将帆状的叶子从一棵树搬运到巢中时，小苍蝇们会像俯冲的轰炸机一样，闪电般地降落到工蚁身上并

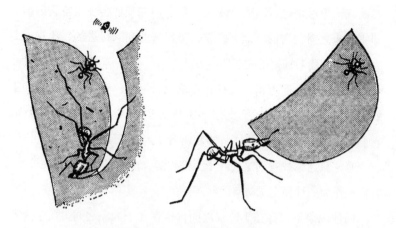

图 12　左：迷你蚁正在保护切叶蚁，使其免受苍蝇的攻击
　　　　右：身为空袭防卫者的迷你蚁骑在叶子上回家

对它们发起攻击。由于那时蚂蚁们正在用它们的下颚衔着树叶，因而，面对苍蝇的攻击，它们完全束手无策。

这种苍蝇有个名副其实的名字——"蚂蚁头刽子手"。它们的闪电式攻击是为了在蚂蚁的脖子上下一个蝇卵。不久后，苍蝇幼虫就会孵化出来，并钻进蚂蚁的头部，逐渐吃空它，最后咬下那个已被吃空了的蚂蚁头。这种寄生虫之所以要咬掉宿主的头，是为了将那个蚁头最后仅剩的"胶囊"状头壳作为化蛹之所。

正如艾瑞瑙斯·艾布尔-艾贝斯费尔特博士和他妻子[27]已经在一系列精美图片中所表现的那样，蚂蚁社会已经演化出一支正式的防空部队来应对这些致命的攻击。防空事务是由一群迷你蚁来承担的，它们的体形只有工蚁的四分之一大。通常，这些迷你蚁是在地下的真菌花园里做培育真菌的"农民"的。但在预计会发生空袭的那天即将到来之时，它们会离开蚁巢，陪伴那些列队行进的、比它们高大的伙伴到葡萄柚树等收获场所去。

一旦苍蝇发起攻击，几只迷你蚁就会组成一道护墙，将切叶工蚁围在其中。它们用后腿支撑身体站立起来，并用颚咬那些敌蝇。它们用这种方法成功击退了许多攻击者。当一只工蚁切下一片叶子，就会有一只迷你蚁爬到这片叶子上部边缘，搭便车回蚁穴；在途中，它们是作为一种便携式防空武器而存在的。

助他现象不仅存在于蚂蚁之间，也存在于大象之间。关于大象这种巨大而厚皮的动物，民间流传着许多奇奇怪怪的故事，我们通常也很难搞清楚那些大猎物的猎人是不是在用荒诞不经的故事来自娱自乐。不过，幸运的是，关于大象的生活，我们有一些最近的、有真凭实据的可靠报告。

在肯尼亚的埃尔贡山的山坡上，有一个由大约30头雄象、雌象和未成年象组成的象群，这个象群的象口数量正在突破那块栖息地所能容纳的最大数量。因此，在临近1964年年底时，这群大象的看护人温特（H. Winter）[28]不得不射杀了其中的3头大象。当致命的枪弹射出去时，在未遭到射击的大象中发生了骚动。它们不停地转着圈圈，惊恐地吼叫与尖叫着。一时间，石头、棍棒和泥块等物体在空中飞舞着。后来，它们试图从地上抬起已经死去的伙伴。

温特写道："那些不知所措的、愤怒的大象将自己的长鼻子与死者的长鼻子缠绕在一起，以显得迟钝的方式艰难地推着或顶着躺在地上的同伴们，想要抬起那些尸体。它们还用前肢的爪抓住死者，拼尽全力地想要搬动它们。在一刻钟稍多一点的时间里，我一直在

友善的野兽：富于人性的动物社会

看着大象们的这些举动；它们一直在试图搬动它们受难的同伴，没有表现出恐惧或任何其他的兴趣。

"现在，一头体形高大的雌象走到一头雄象所躺的地方，并跪在它身旁，把自己的长牙放在它腹下。然后，雌象试图站立起来，由于猛烈使劲，它的身体紧绷着。突然，它的嘴里发出一声响亮的爆裂声，原来是它的右侧象牙从根部折断了，那根折断的象牙在空中划出一条弧线，掉落在离它约 10 米远的地方。"

为了帮助那头雄象——它可能是它丈夫，那只雌象牺牲了一根象牙。

在这次事件发生后不久，那群大象离开了那块地方，一路上，它们愤怒地发出可怕的咆哮声，踩碎了沿途所有的树木。但突然间，那些庞然大物又回来了，它们再次大声叫嚷着并时而发出尖叫，再次试图扶起它们已死的同伴。它们做了三次同样的努力。最后，象群的首领庄重肃穆地站立着，发出几声具有信号意义的叫声，似乎想要唤醒那些已死的大象。当这样做仍然不见效果时，那个首领发出了响亮的叫声，那群大象终于迈着沉重的步子离开了。

1966 年，南非阿多（Addo）国家公园的动物看护员 [29] 报告了一个特别激动人心的案例。

一头被称为奥玛（Oma）的雌性老象身体里长了一个直径达 60 厘米的肿瘤，这已经有一段时间了。它因此变得十分瘦弱，以至于几乎站不起来。它那个叫蓝基（Lanky）的儿子每天给她提供新鲜的绿色草料，并用在它身后推着它，或在它站不稳的那侧支撑着它的方式，把它带到水坑边。后来，当蓝基靠自己已不再能完成这个任务时，整个象群都会过来帮着把那头虚弱的雌性老象带到水坑边。

一个动物看护员决定试着帮患病的雌象动手术。他用一支沾有麻药的箭使那只母象处于昏迷状态。兰基则帮它母亲在灌木丛构成的掩护所里躺下来。

接下来发生的事是当时的目击者描述的：不久，那头领头的雄象出现了，它强行进入了灌木丛。几秒钟后，它又出现了，这时，它的象牙上血淋淋的。它以为那只雌象即将死亡，所以给了雌象"最后的仁慈一击"。而后，它用大声喊叫将整个象群召集起来。所有的大象在那头死了的雌象周围围成了一个圆圈。在那个首领再次发出叫声后，整个象群离开了现场。

根据我们对大象的了解，将拟人化的"最后的仁慈一击"这样的表述用在大象身上并非措辞不当。我们刚刚指出过，切叶蚁之间的助他行为在实际效果上等同于人类的道德行为。而就高智商的大象来说，我们甚至不需要用"等同"这样的说法。在一个象群中，借助个体间的友情和归属感的联结作用，大象这种强大的动物如此紧密地互相联结在一起，以至于我们可以毫不犹豫地说，利他、友善和忠诚这样的品质以及相应行为在大象之中毫无疑问是存在的。

狒狒也会表现出这种特性。赞比亚卡富埃（Kafue）国家公园园长诺曼·卡尔（Norman Carr）[30]讲述了下面的事例：

> 我看到一只豹子驱散了一群狒狒，逼得它们全都匆匆地爬上了树，但一只在撤退途中掉了队的幼年狒狒却没能上树。然后，我看到一只雌狒狒冒着生命危险下了树，一把抓起那个被吓坏了的吱吱直叫的孩子，带着它往回跑，并重新上了树。与此同时，群中的其他狒狒则从高树上安全的地方咒骂着那只被

弄得晕头转向的猎豹，并对它做出粗鲁的手势——它已经错过了对那个幼年狒狒发起攻击的机会。如果这是一个母亲在保护自己的幼崽，那么，我觉得这一举动很好理解。但在攻击发生之前，我观察这群狒狒已有一段时间了，我相信：冒死相救的勇敢雌狒狒不是那个幼年狒狒的母亲。

这种事例我可以连续写上许多页。在本书前面的内容中，我们已经看到，青潘猿们是怎样转移一个受了伤的帮队成员的（第一章第三节），以及它们又是怎样将自己的同伴从陷阱中解救出来的（第一章第三节）。在本书第二章第一节中，我们则谈到了海豚中的救援行动。

关于这一点，美国海豚学家约翰·利利博士曾报告过一个特别出色的例子。一只瓶鼻海豚在一个刚灌满冷水的水池中缩成了一张弓的形状，它只能以扭曲的姿势游泳。起初，那只海豚的行为是遵循常规的：它发出了 SOS 求救信号，很快就有两个朋友过来帮它，用它们通常的方式将它保持在水面上。但这不是普通的伤害。那只海豚能够很好地呼吸，但它无法直着身子游泳。它再次发出了几声呼哨。那两个援助者则给出了回复，而后迅速将它们的身体顶在"病人"身体尾鳍前方的一处。实验表明，按压这个点会产生肌肉的反射性动作，从而使身体伸展开来。因此，在这种情况下，这种方法是行之有效的。这件事证明，海豚的救援行动不是或并不仅仅是一种本能的过程，其中显然存在着有意识的帮助意图，以及某种可被看作医疗技术的成分。

艾玛·莫尔（Ema Mohr）博士[31] 报告了海洋中的另一种哺乳动

物——海象的惊人事例。"海象相互提供的这种毫无保留的帮助，在所有情况下对彼此的不懈支持，是这种高智商动物最显著的特点之一。受了伤的海象不会被遗弃。只要有可能，那些在陆地上遭到射击的海象都会被同伴拖入水中。在受伤的海象被拖到水里后，就会有身体强壮的海象游到那个无法游泳的受伤海象的身体下方，支撑起它的脖子，这样，受伤的海象就可将其头部保持在水面之上了。那些海象母亲会用自己的鳍肢将自己的幼崽裹夹起来，并把它们带到安全的水域。"

在现在已有记录的动物利他行为中，一种特别惊人的利他行为是助产。"富于助产技术的阿姨"在多刺鼠中的作用和地位就像人类社会中的助产士。非洲多刺鼠是家鼠的亲属物种，这种鼠分娩时非常困难，因为初生鼠的个头异常大，而且是通过臀部先露的产式产下来的。如果没有经验丰富的雌鼠帮助，那么，这种鼠的婴儿死亡率就会高到对该物种的存在构成威胁的程度。

布赖斯高地区弗赖堡大学的弗里兹·迪耶泰朗（Fritz Dieterlen）博士[32]记录了以下细节。生产初期的疼痛会持续很长时间。不过，与许多其他动物不同的是，那个即将成为母亲的雌鼠不会将自己与鼠群其他成员隔离开。相反，它是在其他鼠伙伴的环绕之下等待着幼鼠出生时刻的到来的；通常，从开始分娩的那一刻起，那些鼠伙伴们就密切关注着分娩的进展情况。

以下是迪耶泰朗博士于 1961 年 5 月 29 日所做的记录：

……4：17 时，婴儿的臀部及后腿露了出来。母鼠舔了它。

然后，那个臀部与后腿又退了回去。4：18：持续按压。4：19：那个臀部与后腿半露，然后全部露了出来。当臀部与后腿晃动时，胎儿的包膜破裂了，并马上被第一个助产士舔掉了。4：21：婴儿向外面滑得更远了。4：22：经过极为猛烈的按压，婴儿的躯干朝后面滑了出来。助产士迅速地把躯干舔干净了。但婴儿头部还在里面。那个母亲按了又按，但并未获得任何进展。同一胎的其他婴鼠也没法开始它们来到这个世界上的进程。4：29：突然出现一阵颤动，婴儿被弹了出来。这最后一弹将胎衣带了出来。那件胎衣被第一个助产士和另一个也已上前帮忙的雌鼠吃掉了。接着，近旁的鼠伙伴们全都帮着清洁那个新生的多刺鼠。

在许多情况下，多刺鼠助产士也会咬掉婴鼠的脐带。那个动物学家这样评价这种助产行为的价值："即使在难产的情况下，只要那些助产士在按压之间有停顿，那只健康的雌鼠还是能够从刚露出来的口鼻部舔掉那层包膜，从而使婴儿能够呼吸。但它们不能同时按压。如果有助产士在场的话，那么在临产的雌鼠自己按压时，它们就可以摘除包膜。这样就可以节省时间。"

对86次雌鼠产子情况的仔细观察表明：所有的助产士都至少已经生过一窝鼠崽。那些从未生过孩子的雌鼠对整个分娩过程是完全无动于衷的。这表明，那些助产士不是因为饥饿而吃包膜和胎衣，它们的行为是出自经验，是想给产妇以实际的帮助。

顺便说一下，如果雌鼠在产后很快或稍后就死亡的话，那么，那些助产士就会收养那窝鼠崽。由此，那些幼鼠就有了养育者。

雌海豚生孩子时[33]也必须有两个助产士在场，它们会将刚刚出生的小海豚托出水面，以使它能够呼吸。骆马和大象[34]对自己所在群体中的每一个"幸福事件"（即产子）同样有着浓厚的兴趣。据说，在非洲大象中，[35]雌象有时会帮产妇去除羊膜，并帮刚出生的象崽站起来。在南美狨猴中，提供生产帮助的则是雄猴。[36]那些雄"产科医生"会用双臂抓住狨猴婴儿，并亲切地给猴崽清洁身体。

在分娩时，有时整个群体都会提供非常有用的帮助，尽管这种帮助很难称得上是正式的助产术。本书作者的合作者之一——莫里斯·菲耶夫（Maurice Fiever）曾拍摄过一部关于非洲野生动物的电影，期间，他见证了下述场景：

在一群角马中，一只小角马刚刚出生。从出生那一刻的 13 分钟后，小角马就能用它长长的、棍子般的腿站立起来行走了。但那 13 分钟就是角马一生中最危险的时刻。因为每当有角马出生时，各种各样的掠食者——鬣狗、豺狼和狮子——就会在角马群附近徘徊，以便寻找容易捕捉的猎物。

在几分钟之内，鬣狗就会嗅到有利的机会并靠近目标。随后，就会发生引人入胜的反应。群中的一些成年角马已经注意到了正在到来的危险，并立即形成了一条广阔的护卫前线，以保护那只还在地上摆动着的、尚未能站立起来的小角马，使之免受鬣狗的攻击。角马们肩并着肩，向那个敌兽展示成排的锋利的角。当捕食者看到这一阵势，它就只好悻悻地离开了。[37]

紧接着，一只雌狮也试图靠近那只初生的小角马。在这种"大猫"出现时，角马们通常会以杂乱的队形四散狂奔。但现在，因为有一只小角马需要保护，它们立即勇敢地组成了一条环形的防御前

　　　　　　　友善的野兽：富于人性的动物社会

线。尽管雌狮靠得越来越近，角马们并没有退缩。这种英勇的反抗行为给了那"百兽之王"以深刻印象。它不敢跳进那个包围圈，自己知趣地走了。

团结就是力量，这个道理同样适用于动物界。在数量众多时，野鹅们会为了对抗一只狐狸而排成一条彼此摩肩接踵的战线，并步调一致地昂首阔步行进。面对这种众志成城的坚定决心，即使是一只特别喜欢吞食野鹅的动物也只能别无选择地撤退。

到 18 世纪末，南非的跳羚[38] 数量仍然很多。当它们奔跑着穿越平原时，一支跳羚队伍所包含的跳羚数可达 5 万只。根据可靠的报道，当没有经验的年轻狮子试图攻击跳羚时，狮子就会被跳羚们包围起来，并被裹夹在跳羚中而不得不与跳羚一起奔跑，直到狮子因饥饿与精疲力竭而倒下来，并被行进的跳羚队伍踩踏而死。

康拉德·洛伦茨教授[39] 曾在其书中写道："在驯养的牛和猪中，它们对狼的社会性攻击反应依然如此根深蒂固，以至于会出现这样的情况：有时，人带着一只神经紧张的狗穿过牛场（这种狗不仅不敢对着牛吠叫，甚至不敢独自逃走，它只会往主人的两腿下钻，以寻求保护），可能会使自己陷入危险境地。有一次，当我和我养的一只叫斯塔西的母狗一起外出时，为了安全，我不得不跳进了一个湖里，并在湖中游泳，因为，当时一群年轻的牛以一个半圆阵将我们包围起来，并带着威胁的姿态向我们走过来……"

洛伦茨教授还曾经讲起过这样一件事情：有一次，他的兄弟在路上与一群半野生匈牙利猪在路上相遇，当时，他的胳膊下夹着一只苏格兰小猎犬。为了安全，他不得不急忙爬上一棵树，因为那群猪"带着明确的攻击意图露出了獠牙"，并恶狠狠地从四面八方向人和狗围过来。

鉴于这些报道，一个于1967年来自印度新德里的报告听起来也就不像是无稽之谈了。在印度西部苏拉特镇附近，一个15岁的牧羊人受到了一只老虎的袭击。那些羊迅速聚集起来并形成了一个密集编队，而后，朝那只吃惊的猫科动物冲了过去，并将那只老虎踩踏致死。而那个被吓坏了的男孩在这件事结束时居然安然无恙。

根据同一原理，正如鸟类学家盖尔斯多夫（E.Gersdorf）[40]所观察到的那样，众多聚集在一起的八哥对鹰来说也会是一种致命的威胁。他经常看到一只鹰遭受这样的厄运：因误判而去攻击几只八哥，却没想到由成千上万只八哥组成的整个八哥群就在同一块地里。当有几只八哥受攻击时，那些分散的八哥会立即形成一支攻击队伍，这支队伍马上就会"淹没那只正在那块地上方盘旋并以未减的速度飞行的雀鹰。或许在仅仅一秒钟之后，鹰就会失去自己的锐气。于是，那支八哥队伍就会以转轮式的飞行将那只鹰团团包围起来，并再次对它发起攻击，迫使它降落到地上。

一旦那只被强制降落的雀鹰在惊慌失措中一头扎进一个灌木丛里，那么此后，在如何飞出灌木丛的问题上它就会有一些麻烦。另一只被八哥追逐的雀鹰则被赶进了一个湖中。那只雀鹰笨拙地在水里游着，努力想要到达湖中一块芦苇丛生的区域。但在这种地方，雀鹰就不再能以正确的方式起飞并升腾到空中了。在对那片芦苇区做了一番搜索后，那个鸟类学家在其中发现了3只死鹰。

这些以弱胜强的攻击事例或许听起来显得荒谬，但可得到合理的解释。危机会增强群体成员的归属感和认同感。诚然，身为大群体的一个组成部分会使得个体重新鼓起勇气——一种无个性的大群体性勇气，但在这种群情激奋的状态下，每一个体都会准备好与其他个体一起采取对大家都有利的勇敢行动。

这本书前面所引述的那些动物帮助他者的案例更难解释。我们必须问一问：为什么大象、海豚、海象、青潘猿和其他动物会帮助受伤和生病的同类呢？而在此前很长一段时间内，与此恰好相反，在社会达尔文主义面世后，人们一直普遍接受这样一种思想信条——杀掉那些受伤、患病的乃至任何一种反常的同类成员，消灭那些"无价值的生命"，敌视那些不遵守规范的物种成员等，这样做才是符合种群公共利益的，也即对的。事实上，如果一只鸡头上的一根羽毛折弯了，并从错误的方向突出于它的羽衣之外，那么，这只鸡就会引起其他所有的鸡的敌意。

但是，考虑到许多动物都会杀死将死的同类成员，相对而言，一个个体向一个需要帮助的同伴提供帮助就已经是一项巨大的成就，并且是向人类行为的方向迈出的重要一步。

乌鸦的行为再一次为这一主题提供了说明。1964 年秋天，德国纽伦堡市的一些报纸报道说，市内公园里的乌鸦变得像是"患了狂犬病"似的。连日来，乌鸦们一直在以俯冲方式狂暴地冲向那些独自散步的老年妇女，并用喙啄那些不幸的妇女。这种场景不禁让人想起阿尔弗雷德·希区柯克的电影《群鸟》。

这到底是怎么回事呢？现在，行为科学家已经搞清楚：在一个乌鸦群中，如果有一个同伴不见了，那么其他成员会在这群乌鸦的整个活动区域内搜寻好几天。在这个搜寻期里，对那些乌鸦来说，包括人在内的每一个捕食者都是嫌疑犯。如果一个无辜的散步者身上有某种黑色的东西（比如说一个黑色手提包）在晃动，那么，那些乌鸦就会认为它们看到了那个被敌人抓住了的同伴。因此，它们会立即试图去解救它。

穴鸟的行为也与此完全相同。它们也会不由自主地去保护自己所属物种的某个成员，也很容易被一个黑色手提包所误导。

智商更高的渡鸦[41]对这种情况的反应就相差很大了。它们也会花很长时间去寻找失踪的同伴，但是，只有在它们当那只渡鸦是自己的朋友、而它确实处于危险中时，它们才会发起攻击。例如，如果一个养鸟发烧友捉到了一只陌生的渡鸦，并把那只挣扎着的渡鸦拿在手里，那么，他自己养的渡鸦就会过来帮那个人，而那只渡鸦知道，是这个人"杀死"了那只陌生的鸟。只有在一只渡鸦将另一只渡鸦看作自己朋友的时候，它才会站在那只鸟那一边。

可见，与切叶蚁、乌鸦和穴鸟的助他行为不同的是，渡鸦的助他行为已经摆脱了本能的刚性束缚，并已经演化成一种半道德性（即部分基于自觉的道德意识）的智力成就。这种半道德性助他行为的决定因素就是个体间的友谊。

但是，动物之间真的存在个体间的友谊这样的东西吗？让我们来听一听动物学家奥托·冯·弗里希博士[42]的评论：

在我养的小鹿巴贝蒂才3个星期大时，发生了一件令人瞩目的事情。当时，我们正在露台上用餐，巴贝蒂在我们旁边的草坪上吃草。突然，花园里所有的鸟都在警报声中展翅飞起来。我养的黄褐色猫头鹰基维从它的藏身之处垂直掉落了下来，而在此前，我从未见过它在白天离开过它待的那棵树。那只猫头鹰落在了一棵苹果树的一根光秃秃的树枝上，并急切地注视着

　　　　　　　　　　　　友善的野兽：富于人性的动物社会

那只小小的幼鹿。

我的第一念头是：基维有恶意。但是，在过了约 5 分钟后，这只猫头鹰往下跳了一级，而后，它又从那里开始滑翔了一小段距离，在正好位于巴贝蒂面前的高草丛中降落了下来。现在，那只幼鹿终于注意到了那只猫头鹰。幼鹿抬起一条腿，并小心翼翼地把那条腿挪到另一条腿前面；它靠近那只猫头鹰，将自己的头伸向它，并从上到下地舔了一下它的脸。然后，幼鹿转过身去，以优美的姿势连跳了几下，就消失在了屋子的后面。受了惊吓的基维大张着嘴坐在那里，它脸上的那副表情除此之外就没有更贴切的比喻了：那表情就像一个害羞的少男刚刚从他暗自爱慕的女孩那里得到了初吻一样。

正如我很快就意识到的那样：刚才，我见证了不同物种的两个动物之间一份友情的开端，而它们的这份友情并没有人起中介作用。

那是两位当事者独立自主地决定的友情。

没有人能说明为何那只猫头鹰会对那只幼鹿倾心，反之亦然。是什么促成了两种完全不同的动物形成了这种情侣关系——从此以后，无论去哪里、无论做什么都在一起的不可分离的情侣关系？我们不知道。但这正是真正友情的标志，这种友情不是建立在物质利益的基础上的，也不是基于双方因不得不共同生活而变得习惯于对方。这个案例给下述观点提供了证据：就像人类一样，动物也会陷入一种互相的"喜爱"之情，并做出相应的行为。对幼鹿和猫头鹰适用的原理至少在同等程度上也肯定适用于同一物种的不同成员之间。在渡鸦、大象、海豚、狼以及许多其他动物中，我们都能找到这种友谊。

对那些认为通过喂养动物可以买到动物对他的友情的人，我们有必要这样直言不讳地告诉他：那个动物看待你其实不过就像一头牛看待一片草地一样。真正的感情与喂养无关。人是不能靠送礼物、加工资或请吃喝来赢得爱情的，动物就更是如此了。

不过，彼此差异很大的动物间产生真正的友谊时，也存在着很大的彼此误解的危险。1963年，德国汉堡的哈根贝克动物园就发生了这样的事情。

这也是一件关于"一见钟情"的事情。有一天，一只流浪猫坐在一只关猿的笼子前面。那只笼子里关着一雄一雌两只长臂猿，因而，那只雄长臂猿并不孤独。在看到猫后，雄长臂猿迅速地沿着笼子的水平杆摆动着，很快，它的长臂穿过了栏杆，轻轻地触碰了一下那只猫。接着，它又以令人不得不信的充满情感的方式抚摸着猫。从此以后，连续几个星期，那只雌猫每天都去看长臂猿"男友"。但后来，这份友谊出现了一个令人遗憾的结局。靠着自己的力气和柔软性，那只雌猫设法强行在笼子栏杆之间打开一条通向自己所爱对象之路。但是，它一进入笼子，那只猿就满怀爱意地用自己的双臂搂住自己的猫"女友"，并且不让它离开，无论那只猫怎样发出呲呲或喵喵的叫声，或是用爪子抓。在整整两天后，那只饿极了的雌猫才成功地将自己从长臂猿"男友"爱意深切的拥抱中解放出来。在它逃脱的那一刻，这份跨物种的情谊就画上了句号。其中的原因，我们自然不难理解。

狗和猫之间死对头式的行为也可用误解来解释。我们常说在这两种动物之间存在着遗传性的敌意——是完全不正确的。除了那些喜欢故意煽动自己养的狗去追逐猫的极少数人之外，关于这两种动物之间的敌意，我们可从它们不同的行为模式中找到原因。

如果一只狗想要玩耍，那么，它就会抬起前爪并摇动尾巴。但在猫的语言中，这两种姿势所表示的意思恰好相反："打它，不然我就（用爪子）抓你！"因此，猫就会小心地避免跟狗一起玩。而当一只猫用咕噜声来表示它已做好玩的准备时，也会发生同样的误解，因为狗会把那种声音理解为一种想要吓唬它的咆哮。这样，猫和狗之间自然就不可能发生友好的接触了。

会使事情变得更加复杂而困难的是，当一只发怒的猫防御性地抬起自己的爪子时，狗会认为它是想要和自己一起玩，因此就会蹦跳着朝它跑过去，但结果只能是招惹猫用爪来抓它的脸。此后以及在所有诸如此类的未来遭遇中所发生的事情，就是众所周知的了。

幸运的是，这种误解是可以被克服的，而且动物行为学中的这一发现可以应用到人类的社会生活中去。如果狗和猫从婴儿期起就一起长大并具有一定程度的社会性认知能力，那么，它们就能学会理解彼此的姿势语言。在这种情况下，狗与猫中的任何一方都懂得对方的语言及其个性化的变化，并知道如何适应它们。这就是狗和猫、狐狸和鹅、乌鸦和豚鼠、貂鼠和鸡、马戏团的老虎和马等许多动物之间跨物种友谊的全部奥秘。

根据上述原理，基利亚特·海姆（Kiryat Haim）的以色列犬学研究所的门泽尔（R. Menzel）教授[43] 促使三只动物——一只狗、一只猫和一只公鸡，互相建立起了友谊。每天早上，那只公鸡都会热情地问候那只狗，而那只狗则会以舔公鸡的方式来给予回应。而后，那只公鸡又会用爪在地上扒来扒去地找食物，并以打鸣的方式召唤那只猫，就好像它是一只母鸡一样。而那只猫则听从了公鸡的召唤。但由于谷物和蠕虫对身为猫的它来说并不具有特别的诱惑力，所以它只是友好地擦了擦公鸡的羽毛。

只有一种动物未能将这种田园诗般的动物间的关系转换成原初形式的动物间友谊，那就是德国西北部城市不来梅的音乐家——驴子。

第四章

动物社会中的物口控制策略

第一节　婚配限制

在加拿大纽芬兰岛陡峭的海岸线上，有一个圣玛丽海角，在那里，空中有成千上万只拍打着翅膀并尖叫着的海鸟。海浪无休止地拍打着崖壁，被击碎的浪花形成了云状的水雾。在云雾笼罩的岩壁上，体形和鹅一样大的塘鹅的无数巢穴密密麻麻地挤在一起。看上去，它就像是某个鹅口极度爆炸的区域的中心。但表象是具有欺骗性的。

苏格兰阿伯丁大学的动物学教授温-爱德华兹（V. C. Wynne-Edwards）[1, 2, 3]对这些繁殖期的塘鹅所形成的巨大群落进行了研究，并注意到了一些相当奇怪的现象。只有在春天来到那里的塘鹅才能在离水面特别高的悬崖上获得一个筑巢之所，而后才能在那里举办婚礼、产蛋并养育后代。所有其他的塘鹅——那些来得太晚或被更强壮者占了巢址的塘鹅，则会被赶到一座邻近的悬崖上。在那里，也是雄性与雌性在一起，而且看起来没有什么可阻止它们筑巢和繁殖后代，但它们并没有这样做。在那个塘鹅已在其中繁殖了上千年的传统巢址的周围，似乎环绕着一条无形的界线，似乎所有在这条界线之外的塘鹅无一例外地中了一种刚性的（即绝无例外的）性禁忌

图 13　塘鹅们只能在圣玛丽海角的中心峭壁（图上显示为白色）交配和养育后代。在中心峭壁附近的那块峭壁上以白色显示的条状区域中，也有数百只塘鹅栖息其中，但在这块地方，盛行的是严格的性禁忌

魔咒。

　　在此，我们有了一个神奇到令人难以置信的发现。对许多人来说，任何类型的节育都会被看作一种不自然的行为。但现在，科学家们已经证实：几乎所有种类的动物都有防止物口过剩的本能措施。动物们为了控制物口而实施的措施范围广阔：从物口超出限定数量时的单纯禁欲（因而不再繁殖）到使用避孕药，甚至到同类相食。

　　可以这么说，塘鹅是自愿控制鹅口从而使鹅的数量处于正常状

　　　　　　　　　　　　　　　　　友善的野兽：富于人性的动物社会

态的。这样，物种所有成员（包括非自愿的"处女"和"处男"）就都能在周围的海域中找到足够的鱼。更重要的是，繁殖群落中的所有损失都可迅速得到平衡，因为一旦有巢址空出来，来自其他悬崖上的一对原本各自单身的塘鹅就可以作为替补队员搬到那个巢址。在企鹅、剪嘴鸥、海鸠和蛎鹬中，也存在着类似的"社会平衡"现象，甚至，在我们的树林中常见的鸣禽之中也能发现这种现象。不过，具体的物口控制方法则不易被观察到。

在试图使一小块森林保持完全无鸟的状态时，动物学家汉斯雷（M. M. Hensley）和科普（J.B. Cope）[4]第一次搞明白这些过程。每当有一对鸟用唱歌来表示它们已在那块森林中占据了一块繁殖地时，它们就会被击落。但第二天，那块地方又会被其他鸟重新占据。显然，那里一直以来都有着鸟口数量庞大的鸟群，它们被迫沉默不鸣并被剥夺了交配资格，只能待在那些树木繁茂区域浓密的灌木丛中。只要那一繁殖区有地方空出来，在那些原本待在暂住区中候补的鸟夫妻中，就可以有一些鸟夫妻迁移到那个繁殖区中去。

灰海豹所实行的繁殖限制形式有点类似于海鸟的。大约4 000只灰海豹每年都会聚集在英格兰北海沿岸的名望群岛上。在它们按传统占据的岛屿上，那些海豹以难以想象的密度聚集在一起。乍一看，这些岛屿的整个地表似乎已完全被那些海豹的身体所覆盖。许多新生的小海豹被成年海豹粗心地碾压着；还有许多小海豹被饿死，因为在众多海豹身体与身体彼此交叠缠绕的情况下，它们找不到自己的母亲。简而言之，我们在此看到的都是与物口过剩相关的致命的退化症状。然而，在这种无法忍受的物口密度条件下，那些灰海豹其实并不需要聚集在一起。英国达拉姆大学的科尔森（J.C.Culson）

和格雷斯·希克林（Grace Hickling）[5]指出，在离那个岛很近的地方，就有另外5个无灰海豹居住的岛，那几个岛完全可以用作理想的海豹繁殖基地。但那些海豹并不关注这些岛屿。

为了防止周围的渔场被消耗殆尽，那些灰海豹似乎有意造成了这种局面：物口过剩带来与之相伴的伤亡现象。但它们只在养育后代时才这样做。令人惊讶的事实是，在食物供应尚未稀缺到体弱的海豹要面对饥饿之时，这种动物就已开始进行物口控制。成为豹口限制因素的不是已存在的饥荒，而是不久之后将要到来的饥荒的威胁。

如果动物没有这种根植于本能结构中的"远见"，那么，事情又会怎样呢？关于这一点，一种因贪婪而模糊了对自然的和谐感的动物——人类——已经向我们透露了答案。山坡裸露、可耕地退化成沙漠、数以百万计的动物被屠杀、物种被灭绝，这些都是人类所经之地的标记。温-爱德华兹教授的研究结论是：如果所有的动物都过度猎杀、过度食草，都像人类和蝗虫一样掠夺自己的食物资源，那么，动物早就都从地球上消失了。

温-爱德华兹这样说是有意要对查尔斯·达尔文的下述观点提出异议。达尔文认为，只有带来死亡的饥荒、肉食动物的捕杀、暴风雪和疾病这些外部力量才能作为动物无限繁殖力的一种平衡机制。当然，这些自然因素是起作用的。但对温-爱德华兹教授来说，这些因素并非物口密度的最终决定性调控因素。

就现今我们可判断的而言，自我调控假说对物口调控的自然机制提出了与以往完全不同的观点。现在，是时候放弃那些复杂的旧理论了。[6]关于那些旧理论，1880年时，一位智者曾恶搞性地将之戏拟如下：

为了提升英国舰队的实力，许多英国男人去了海上。为了养活他们，英国海军军部需要大量的牛肉，而牛是靠吃三叶草长大的。三叶草产量的扩张对那些在地下巢穴中采蜜的大黄蜂的分布具有有利影响。但以蜜为食的老鼠也随之大量增加，而这正是猫求之不得的。因此，许多老太太能够养猫了。这样，她们就可以用这一事实来安慰自己：幸亏有那么多人加入了海军。

当然，这只是一个笑话。但是，诸如此类的说法迄今仍然有人相信。例如，这种说法就仍然有人相信：只要大黄蜂中增加10只蜂，就会导致其他动物的物口发生变化（当然是最小的变化），而这种变化又会依次影响到其他动物。

1954年，澳大利亚人安德鲁阿瑟（H. G. Andrewartha）和博奇（L.C.Birch）[7] 提出了一种与这一思路完全背道而驰的假说。在他们的国家，他们经常看到，在一个很大的物种范围内，多种动物势不可当的大量繁殖是如何使它们像洪水一样占据成片的广大区域的，最后，在一个特定地区，就会有数以十亿计的动物因干渴而死亡。如果没有来自远方的同种动物流入，那么，在某个特定的地区，整个种群就会灭绝。这两个澳大利亚人认为，自然的平衡是一个神话。即使较小的气候变化，也会导致动物物口的爆炸或灭绝。

这种假说在澳大利亚的极端条件下可能具有一定的可信性。但是，在兔子的经典案例[8]的基础上所做的较近的研究表明：这一假说并不符合事实。的确，在兔子被引进澳大利亚不久，它们就进入了一个可怕的快速繁殖期。托马斯·奥斯汀（Thomas Austin）先生于1859年在澳大利亚释放的24只兔子，在6年内变成了2 200万只！

而这还只是兔口爆炸的开始！现在，这种毛茸茸的动物已遍布整个澳大利亚大陆，即使在最偏远的角落也已有了这种动物。但是，值得注意的是，这种兔子不再"像兔子一样"繁殖。因为这种动物的生殖能力取决于气候。在极端干旱时期，这种兔子中的雄兔就不会接近雌兔。它们这样做只是在实施禁欲，因为在这种情况下，即使孕育，后代也无法生存。如果一只怀孕的雌兔经历过极端炎热干燥的日子，那么，它就会受到一种压力导致流产。但在第一次降雨后，这些兔子的生殖力就完全恢复了。

这似乎证实了温-爱德华兹的理论：动物们自己会根据环境条件调节自己的物口。

在不发达国家中，有数以百万计的终身都濒于饥饿的人，与他们一起挨饿的还有家畜。而在野生动物界，几乎找不到任何同样的现象。野生动物只会在异常寒冷或干旱的困难时期暂时性地挨饿。仅有的例外是那些物口调控机制太弱或已变得反常的动物：某些蝴蝶、蝗虫等害虫和旅鼠。

近几百年以来，一直有人（如英国哲学家霍布斯）传扬这样的观念：生活就是生存斗争，生活就是所有动物对所有其他动物永无休止的战争。但在野生动物界，如前所述，所有的事实都与这种观念相去甚远。有证据表明，大多数动物并不像旅鼠、蝗虫和人类那样无限制地繁殖，因为它们会限制自己的繁殖能力。我们在每只笼子和每个水族槽中都可看到这一事实，无论其中关养着的是果蝇、甲虫、水蚤、孔雀鱼、兔子还是野鼠或家鼠，即使在被提供了吃不完的食物和最适宜的生活条件的情况下，这些动物仍然会限制自己的繁殖能力。起初，它们的物口急剧上升；但很快，物口增长的速度就会放缓；最终，物口密度会维持在某个水平保持不变，或者，甚至会再次"出于自愿"地降低。

是什么原因使得这些动物不会无节制地生育呢？为什么甚至连野鼠都不会"像野鼠一样"（即像某些人所设想的那样无节制地）繁殖呢？

约翰·卡尔霍恩（John E. Calhoun）教授[9]建立了一个占地1 000平方米的野鼠圈养区，对野鼠来说，这个圈养区可谓真正的天堂。他在其中放养了20只雄鼠和20只雌鼠。从空间和食物供应情况看，27个月后，这群啮齿动物（野鼠）应该增加到5 000只左右。但实际上，27个月后，圈养区中只有约150只成年野鼠。而此后，这群野鼠的个体数量就几乎没有变过。

如何解释这种现象呢？一旦鼠口密度超过了一定限度，那么，这种动物原本令人惊讶的良好举止和道德品质就荡然无存了。这时，雄鼠会强奸雌鼠。雌鼠则停止了做窝，转而直接在坚硬的地面上生崽；在那些幼崽第一次受刺激时，雌鼠不管它们，也不再注意那些尖叫的婴鼠。最终，幼崽会被漫游的雄鼠吃掉。由此导致的结果是：鼠群中婴儿死亡率达96%，做了母亲的雌鼠死亡率超过50%，许多雄鼠因压力大、过度疲劳或残酷的战斗而过早死亡。尽管鼠圈养区中有着充足的食物和活动空间，但所有这一切还是会发生！这种同类相食的现象同样以其最丑陋的形式出现在被密集关在厩舍、笼子、水族箱里的动物之中。

在生活资料供给有持续且充分保障的情况下，动物的社会秩序会变得怎样呢？在试图研究这一问题时，奥地利维也纳大学动物行为学家奥托·科尼格教授[10]也见证了同样的暴行。在威尔明奈伯格（Wilhelminenberg）生物观察站中的一个圈养区中，科尼格为一群棕背池鹭建立了一个地上天堂——在那个池鹭圈养区中，总是有持续不断且充足到富余的食物提供。但实际上，它很快就变成了一座地狱。

这种鸟的社会秩序和家庭生活陷入了完全混乱的状态。那时，这群拥挤的棕背池鹭的性活动频繁到了荒唐的程度，但与此同时，后代的数量却迅速减少。那些在野外时生活在严格的一夫一妻制中的池鹭父母在忙着通奸、强奸和乱伦，热衷于搞三角、四角关系，实行一夫多妻或一妻多夫制，与邻居争吵甚至在家庭内部争吵；除此以外，它们似乎什么都不想了。它们在战斗中将自己弄得满身血污，毫不留情地践踏巢中的鹭蛋，任凭小鹭自生自灭。

那些幸存的幼鹭甚至没有学会怎样养活自己。唯一将它们与其三四个父母联系起来的事情是不断地乞求食物。即使它们已经长大，在跟着自己的长辈到那永远堆满食物的饲料槽旁时，它们仍然只会一味地向长辈乞食。也许只是想要求个清净，那些池鹭父母才会给那些仍然孩子气的成年鹭一些东西。而当这种成年后仍然孩子气的池鹭自己有了后代时，它们根本不能照顾自己的后代。在这种情况下，那些身为祖父母的池鹭不得不同时喂养子女和孙子女。

科尼格教授担心：如果自动化大规模地取消了人类的工作，并给人类带来了无限的财富，那么，人类很可能也会出现与池鹭类似的物种退化现象。人类极负盛名的理性会阻止自己朝这一趋势发展下去吗？

对动物们的进一步相关研究打开了新的视野。在这个用避孕药避孕的时代，这是一个惊人的发现！雌家鼠体内会产生并散发出一种名副其实的避孕气味！而它起作用的方式比人类的避孕药更精确、更微妙！[11]

雌鼠所发出的这种气味在足够的浓度下会抑制其性腺的发育。而生活在一起的雌鼠越多，它们中变得不孕的比例也就越高。布鲁斯（H.M.Bruce）博士[12] 发现，雄鼠的气味可以抵消这种避孕效应。不过，能起这种作用的气味必须来自配偶。在一个已有一只已怀孕的雌鼠待着的笼子里，如果放进一只陌生的雄鼠，那么雄鼠的气味就会使胚胎发育中断。根据当时的发育程度，那些胚胎或者被母亲的身体吸收掉，或者被流产掉。

因此，不忠于婚姻对尚未出生的家鼠胎儿是致命的。正如前面关于野鼠和池鹭的案例所表明的那样，对婚姻的不忠也是在物口过剩时总是会出现的一种物种退化症状。

在动物界，作为生育控制药物的气味似乎非常普遍。在粉甲虫[13]中，我们就可以看到这种气味令人印象深刻的效果。这种居住在磨坊和粮仓中的昆虫繁殖很快。但一旦虫口数量超过了两只甲虫对一克面粉的比例，那么，在那些雌甲虫排出卵子时，它们会立即吞掉自己的卵子。触发这种非同寻常行为的是甲虫粪便中所含的一种化学物质。随着其浓度的增加，这种挥发性物质的气味首先降低了雌甲虫的生育力，而后又延长了幼虫发育所需的时间，最终会导致雌甲虫吞食自己的卵。

每一个外行人都可以用蝌蚪的生育控制气味来做实验。[14] 在一个养着一群小蝌蚪的水族槽中，放入一只比槽中原有的蝌蚪更大的蝌蚪，这时，虽然水槽中的食物供应仍然很充足，但那些小蝌蚪却会不可思议地停止吃食，并会很快死去。在 120 升水中，一只大蝌蚪的加入会迫使六只较小的蝌蚪饿死。

为了进一步改进实验，实验者可以只做这样的事情：将其中有几只大蝌蚪在游动的水倒进那个有些小蝌蚪在其中的水盆。单单此举就会让那些小蝌蚪陷入致命的无食欲状态。由此，我们可得出结论：盆中的水里有某种化学液体在起作用。通过这种方式，大自然给了那些较早出生者一种生存的优先权。如今科学家们已经搞清楚整件事，并做了极为仔细的测量。早出生者排出的液体在水中得到了稀释，它的量与无食欲这一致命效应是由此而得到平衡的：在一个池塘中，能够长大的蛙的数量就是后来能在池塘中找到足够食物进而能活下来的蛙的数量。这真是一种奇特现象。试想，如果在人类中也能发现类似的东西，那该多好啊！总之，在一个蛙塘中，根本不可能出现蛙口爆炸这种事情。

这种物口密度的自我调节机制消除了物口过剩的危险，为物种的稳定繁衍奠定了基础。如果没有这种调控机制，那么，自然界的"生态平衡"就不会有多大价值。因为，这种生态平衡将永远是不稳定的，而鹳、鳟鱼和幼年蜻蜓的生存将取决于蛙的命运。

另一个实验对弄清这个问题也起了很大作用。在每一个湖中，淡水鱼都会以与青蛙类似的方式来调节鱼口。1965 年，一个严重质疑这一原理的加拿大科学家试图提供一个明确的证据来反驳它。渔业研究所的约翰逊（W. E. Johnson）博士 [14] 在山中的一个小湖里进行了一次鱼口普查。然后，他将一种非本地种的鳟鱼放进了那个湖中。鳟鱼是一种贪食的鱼，会吃掉大量幼小的鱼。但在三年后，尽管其他品种的鱼经历了重大损失，这些鱼的数量却跟和平时期一样多，因为鳟鱼只是吃掉了那些幼小的鱼，而那些幼鱼即使不被鳟鱼吃掉，本来也会被那种控制鱼口的气味所消灭。

20世纪初，非洲的大型动物猎人会在一个地区射杀大量大象，或沿着一条河流射杀许多鳄鱼，但几年后，他们却惊讶地发现，这些动物的数量并没有明显减少。现在，我们已经知道，在这些非洲动物中发生的现象与在被鳟鱼捕食的那种鱼中所发生的基本上是一样的。

不过，大象的生育控制机制是多种多样的。大象是高智商的动物。当它们意识到它们在某个特定地区将被灭绝时，它们不会让象群成员不断地被射杀，直到一只都不剩。相反，它们会离开那个地区，并持续迁徙，直到到达一个它们可以不再受伤害的地方。如果幸运的话，它们会到达一个作为动物保护区的国家公园。这就是这种保护区会听凭受严重迫害的象群"入侵"的原因。

据报道，在东非塞伦盖蒂国家公园，20世纪40年代前是没有大象的。1958年，德国著名动物学与动物保护学家、法兰克福动物园园长、兽医学博士伯恩哈德·格茨美克（Bernhard Grzimek）教授[15]在他主持的动物大普查中查到那里约有60只大象。1964年，塞伦盖蒂国家公园里的大象估计有800只；到1967年，根据《新科学家》杂志[16]的记录，那里的大象已经有2 000只。在同一年，在乌干达的默奇森瀑布国家公园中，大象泛滥成灾，有1万只。

在象群初次"入侵"时，在某些区域，成片的树木会被击倒、连根拔起、毁坏——这种现象是不足为奇的。更令人惊讶的是，这种动物还会迅速采取措施来限制象群中的象口数量。

虽然在某些地方有象口过剩现象，但迄今为止，没有人发现那些象在社会生活方面有退化症状，这为我们理解象的本性提供了线索。对此，美国华盛顿大学欧文·巴斯（Irven Buss）博士和诺曼·史密斯（Norman Smith）博士[17]评论道：在象群中，幼象会得到特别好的照顾。幼象被放在小"托儿所"中养育，并得到公共"保姆"的护卫。整个群体的事务则由精力充沛的年轻"绅士"伴随左右的老雄象来监管。相比之下，公开的性行为（即求爱与性交）则似乎是一件相对简单的事情，这种行为旨在保持象群的稳定性。雌象们都有多个配偶，在大象中并不存在长期固定的两性关系。作为性竞争对手的雄象之间通常也不会发生打斗，尽管受挫的公象会在地上打滚，并像婴儿一样将腿蹬向空中。

在默奇森瀑布国家公园中，大象们已经通过一种简单的程序适应了新的环境，这种简单程序即延长雌象生产小象后到再次交配的间隔时间。在正常情况下，一头雌象的间隔期是2年零3天。而现在，雌象们则将该间隔期延长到了6年10个月，是原先的3倍多。

现在，我们还不知道是什么使得大象具有如此"智慧的"节育措施。不过，我们或许可以问：将来，人类在这方面的表现会像大象呢，还是像野鼠呢？

不幸的是，动物社会中的物口密度自我调节机制也有其负面效应。现在，在非洲和世界的其他地方，很多动物都毫无防备地暴露在人类的掠夺之下。在这种地方，这种负面效应是显而易见的。如果由于狩猎、耕地扩张和灭绝性屠杀，一个物种的物口密度下降到临界值以下，那么灾难就会突然降临到剩余的物口之上。通常，剩下的少量物口会"自动"灭绝。

在太平洋中的加拉帕戈斯群岛上，科学家们就碰上了这个问题。从前，在这些岛屿上，生活着几十万只体重达半吨的巨龟。但在19

世纪，它们却被捕鲸人无情地捕杀了。现在，那里只剩下极少数可谓活标本的巨龟了，它们大多是靠运气存活下来的，现在正逐步走向灭亡。自 1956 年以来，那里的巨龟得到了当时刚成立不久的达尔文动物观察站的保护。该站主任罗杰·佩里（Roger Perry）博士[18]不得不承认，其实，对这种动物最后遗存者的所有关心都是徒劳的。"那些巨龟看来已不再有繁殖的欲望。"

根据这些事实，舒尔茨-韦斯特罗姆（Schultze-Westrum）博士[19]得出了一个他认为对所有脊椎动物种群都有效的结论："一旦一种动物达到从中等物口密度转到物口稀少的临界值——物口稀少的标志是缺乏由同物种成员所发出的冲动或刺激，那么，这种动物的个体数量就会有突然下降的危险（例如，由繁殖活动减少导致的这一结果），并将走向灭绝。"

但只要物口调控机制没有被完全破坏，许多种动物就会进行实际上相当于物口普查的活动，并根据物口是过少还是过多相应地增加或减少后代的数量。根据温-爱德华兹教授的研究，在家鼠、蝌蚪和粉甲虫中，抑制生育的气味浓度高低可被看作依据这种物口普查结果所做出的相应调控措施。

动物有多种方法来显示其物口数量或使之被听到。例如，青蛙每晚举行的音乐会、鸟儿每天早晨的演唱会、蝉鸣声、南美洲红吼猴的叫喊大会、红鱼没完没了的吐泡声、北美大西洋海岸线上数以百万计正在排鱼卵的褐鱼鱼群。在温·爱德华兹看来，所有这些表现都会对身在其中的动物产生心理影响，在群体发出的噪声水平降到某个临界点后，其中个体的生育能力就会降低，雌性卵巢中发生的变化会导致不育率不断升高。

对另一些动物来说，同样起物口普查作用的则是纯粹视觉上的物口展示：鸭子在黄昏时的展示性飞行，候鸟群的"练习性飞行"，叮人小蚊在浓云中的舞蹈，热带萤火虫创造的、由幽灵般萤火构成的"空中城市"，流苏鹬、蜂鸟、天堂鸟、造亭鸟（即通常所说的"园丁鸟"）的交配仪式。一个群体或其他个体的优势性给特定个体造成的印象越是有力，这个个体受到精神阉割的程度就越大。

不久前，所有类型的节育措施还被许多人看作邪恶和不自然的，是与神的法则相违背的。但现在，科学已表明，自在的自然界呈现出了并非罕见也并非例外的生育调控现象。实际上，在动物界，生育调控现象是普遍存在的。对此，几乎没有任何一种动物能逍遥其外。

那么，在何种程度上，人类也是受制于这种自然法则的呢？

第二节　人类不是塔笼中的动物

如果人类滚雪球式的繁殖在未来继续以同样的加速度进行的话，那么到 2040 年，将有不少于 220 亿的智人在地球表面上匆匆而行。那时，地球上的人口将是 20 世纪 70 年代初的 5 倍！到那时，在生物学意义上仍然处于石器时代、仍然热爱并需要与大自然亲密接触的现代人，将被城市规划师们挤压到摩天大楼中密密麻麻的"营房"里；相比之下，我们现在所住的城市将会显得只是一些具有乡村风味的避风港。德国动物行为学家、猫学专家保罗·莱豪生（Paul Leyhausen）博士[20] 预言道："我们的文明将带着飞扬的旗帜，不可避免地从母鸡的多层产蛋笼到犊牛的育肥箱，再到标准化的人类进食

友善的野兽：富于人性的动物社会

塔笼迈进。"在经历了这样的转变后，我们是否仍然能够活下去呢？

如果人类拥有与社会或群居动物类似的防止人口过剩的生物性调控机制，那么，这种机制无疑是与人类在原始时期的情况相适应的。在原始时期，婴儿和产妇的死亡率非常高。每个人几乎每天都会在狩猎或群体间战争过程中受到死亡的威胁。那时，人类无力抵抗疾病，人的平均年龄肯定远低于30岁。因此，在那个时候，人类并不需要生物性的人口调控机制。因此，事到如今，这种人口调控机制在人类中几乎是不可能存在的。

舒尔茨-韦斯特罗姆博士[19]写道："根据现有的相关知识，人类不能指望靠自然调控系统的干预来减轻人口过剩现象。"因此，20世纪最有益的伟大成就即医学的进步是具有两面性的，因为在整个人类历史中，正是它给人类带来了最大的危险——太多太多的人！有明确的迹象表明：与在物口过剩的动物社会中所观察到的物种退化现象一样，在因人口过剩而不得不稠密聚集的人群中，人类也不可避免地会出现退化症状。但是，这些退化症状几乎不会对人类有任何人口调节作用——这正是其可怕之处。相反，这种退化只会直接给人类这一物种带来灾难。从过度拥挤到彻底灭亡只有一步之遥。

将近五年的战俘经历给了莱豪生博士这样的教育：人口过剩的人类社会会表现出与物口过剩的狼、猫、山羊、家鼠、野鼠和兔子社会同样的症状，甚至每一个细节都是一致的。莱豪生博士总结道："除了每种动物各自具有的典型特征外，所有动物的社会互动与社会关系变化的基本动力是大体相同的。"

在牛津儿童诊所，科尼·赫特（Corinne Hutt）博士和简·维西（Jane Vaisey）博士[21]进行了第一个关于人类稠密聚集的受控实验，这一实验所得出的相似结果看来已确认了上述结论。这两位博士根据性情将儿童分为三组。每一个组都是分开的。起初，在每一个组中，只有几个儿童被放在较小的游戏室中。在三个游戏室中，每天都会有固定数量的新成员稳定地加入其中。游戏室中的男孩和女孩并没有受到监管，但实验者会通过单向透明的窗玻璃持续不断地观察他们。

随着房间里的拥挤程度不断增加，那些心理发展均衡、性情正常的孩子越来越多地向自我封闭方向退缩。他们越来越多地避免与同伴接触。房间里越是拥挤，他们的孤僻性就越强。当房间里的人拥挤到已无法避免彼此的身体接触时，攻击行为随时随地都可能爆发，实验也因此而不得不结束。可以说，性情正常的人类儿童对拥挤的反应及其特点是与大象相似的。

在由因脑损伤而具有争吵倾向的儿童组成的那一组中，一旦房间达到中等程度的拥挤，那些孩子就开始了几乎无间断的争吵。这些儿童对拥挤的反应与野鼠的同类反应是相似的。第三组是由一些患自闭症的儿童组成的，即使在最密集的人群中，这些儿童仍然显出一副自甘孤独的样子。

人类行为的个体间细微差异要比动物间的多得多，这使得人类中的问题要比动物中的更复杂。从众心理是一种完全不合理的现象，但人类的从众心理并不是千篇一律、铁板一块的。每个人在大型人群中对事物的反应都会因其个性而有所不同。

这里有一个非常富于启发性的例子。在野外环境中，狒狒社会[22]是不存在专制现象的。它们的确存在着一种经反复互动、仔细协调而成的等级序列，但这种等级序列会因友谊、联盟、雄性帮伙和雌性派系等因素的影响而变得复杂化，因而不容易被识别出来。尽管如此，狒狒的社会结构是精致而严密的。在一个确定的框架内，狒狒的社会结构允许每一只狒狒都有个体自由的领域。每一只雄狒狒都有着与其地位相称的摄食权、获得睡觉场地的就寝权以及与雌性的交配权。狒狒群中的首领从来都不是一个只顾自己的后宫绝对统治者。

但在动物园狭窄而拥挤的圈养区里，狒狒首领就成了真正的独裁者，而且会专制到群体成员无法容忍的程度。在这里，狒狒社会的精密结构崩溃了。这时，狒狒社会的组织结构是这样的：一个高居顶端的可恶至极的暴君，一至两个处于最底层的"替罪羊"，介于两端之间的成员们则形成了一个无定形的非结构化的群体。保罗·莱豪生曾将许多猫关在拥挤的圈养区中，其间，他也观察到了与狒狒社会同样的现象。他认为他的观察结果也是适用于人类的，他说："对人类来说，人口过剩同样意味着对真正的民主的危害。其结果就是几乎不可避免地出现暴政，无论它是由暴君个人施行的暴政，还是以一个诸如公共利益之类的抽象概念的名义实施的暴政——对大多数民众来说，这种所谓公共利益带来的结果其实是，负担大于收益。"

"这里似乎有一条不可改变的法则在起作用。只要物口密度在可以承受的范围内，那么，为共同事业而做出的牺牲在某种程度上是内含着回报的，从而有助于给个体生活以意义和幸福。但是，如果物口密度的增加超出了可容忍的限度，那么对群体公共利益的需求就会急剧增加，这时，对个体来说，那些来自个体但对巨型群体来说微不足道的东西就会在整个巨型群体中无声无息地消失不见，而个体也无望得到回报了。"

如今，欧洲和北美的繁荣在一定程度上掩盖了一个事实，即：其中的人们实际上都已生活在人口过剩状态中。不幸的是，人口过剩所引起的那些最早的警告性症状被曲解了。生存的焦虑、对会被大规模竞争压倒的恐惧已经使得心脏病成了死亡的主要原因之一。那些被迫进入极度拥挤班级的学生对考试的病理性恐惧也有着同样的心理根源，即"疑病性抑郁症"。这种病也困扰着背井离乡在德国打工的意大利工人[23]。

在城市住宅楼里那些太小的套房中，那些被弄得神经衰弱的父母在家中营造了一种类似于无休止地鞭打家人的气氛。关于这种现象，到我写这本书时，还没有人收集过统计资料。对那些不幸的孩子来说，这样的家庭只是未来的罪犯或悲惨的神经病人的滋生地。每个人都知道，套房之中或之间的薄墙是如何制造出隔墙而居的人们之间的对抗的，之所以出现这种后果，并不是因为他人是粗暴的人，而是因为如果没有隔音效果足够好的隔墙，那么我们就不免陷入像前述幼儿园拥挤实验中的那种情况。

人类古已有之、根深蒂固的天性之一是其只适应过小团体中的社会生活。为了减轻焦虑，一个人需要一个社群的庇护，而这个社群必须是其中的个人能度量它的尺寸并在其中有一个固定位置的。太多的同伴——换句话说，由众多不知姓名的陌生人所组成的巨大人群——会夺走一个人在群体中的受庇护感和安全感。由此，莫名的焦虑又回来了。当一个人总是带着各种（不愉快）情绪、心理障碍、压抑感、攻击性和恐惧感对事物做出反应时，那么，这些负面体验就会很快演变为神经机能症。现在，我们"焦虑的忧惧"包括对原子弹、极端独裁、无节制生育、人口过剩、人类受机器人统治、自动化带来的失业以及不治之症等的忧惧。为寻求摆脱这些无处不在的不确定性，青年人会采取过激的革命行为；而对此，那些"当权派"为什么会感到诧异呢？如果不这么做，那么，剩下来的唯一选择就是逆来顺受和冷淡麻木。

苏格兰爱丁堡精神病学家乔治·卡斯泰斯（George M. Carstairs）教授 [24] 说："我们必须从动物集体的行为中学习对我们有益的教训，物口是有自然限制的，越过这种限制是不能不受惩罚的。"他还说，科学还未能对这一问题做出预测：在人口过剩的不同阶段，轻重程度不同的人口过剩分别会给人类带来什么问题或灾难。但在任何一种人口过剩的情况下，大众完全道德退化的危险都已存在。如果原有的社会结构崩溃，那些强大的非理性力量将在人类集体中占据上风。在当今时代，非理性思潮的爆发很容易导致全面的灾难。

让我们直接从当今社会中选择一个例子：普遍的不安全感在潜意识中引起了人们强烈的求安全行为。这是很容易理解的。但是，由于这个世界上负有责任的领导人不知道这种追求的深层次生物原因，因此，他们给了它一种错误的表达方式。他们认为安全是个军事问题，并采取了相应措施。这样做的结果是，在东方和西方，不安全感都在增长，其外在表现形式就是核武器储备的增长。而那些核武器一旦被动用，就会令地球天翻地覆，它们足以将整个地球表面的地形变成像遍布巨坑的月球表面一样的景观。

在今天，除少数科学家外，有谁认识到了人类必须解决的关乎人类存亡的真正问题呢？又有谁已做好了解决这些问题的准备？要处理人口过剩和自动化所带来的后果，需要比疯狂的核武器竞赛多得多的金钱和想象力。

　　一个愤世嫉俗者可能会说：任何人都不该指望靠那么多钱，尤其是那么多想象力来解决问题。他可能会指出：人口问题最合理的"最终解决方案"就是氢弹。毕竟，在动物界发生的事情就是这样。难道不是吗？旅鼠在其领土上变得鼠口过剩时，它们就会将自己的许多同类挤到海里去淹死……

第三节　动物们会自杀吗？

　　1966 年，在美国阿拉斯加的这个角落里几乎还看不到旅鼠。但在 1967 年温暖的春天，那块地方却已到处都是这种看起来像仓鼠的、擅长挖掘的啮齿动物。数以百万和千万计的旅鼠一下子从地里冒了出来。任何一个在那块地方行走的人，即使已在努力地回避，仍然每走一步都会踩到那些吱吱叫着的旅鼠。就像陷入集体疯狂一样，这种动物排列成一个类似军队的、绵延几千米的队列。现在，这支旅鼠军队沿着一条笔直的路线一路向前，穿越了阿拉斯加冻土带。一路上，它们越过了群山，游过了许多河流与湖泊。

　　在经过超过 200 千米的行军后，这支旅鼠军队的"先头部队"到达了靠近巴罗角的陡峭海岸崖壁上。但它们的行军并未停下来。这支看不到尽头的队伍盲目地从悬崖上跳进北冰洋冰冷的海浪中。起初，它们还游了一会儿。但寒冷很快就冻僵了它们小小的躯体。最终，北冰洋成了数亿旅鼠的坟墓。

　　旅鼠冲进海里自杀迄今被看作动物中神秘死亡本能的几乎唯一例证。对这一现象，在挪威北部，有这样一种解释：那些旅鼠的行军是在遵从一种迁徙本能，它们要迁徙到已沉没了的亚特兰蒂斯，甚至到格陵兰岛；据推测，这些地方在较早的地质时代是与斯堪的纳维亚相连的。而在瑞典北部和芬兰，这个故事又是这样说的：那些旅鼠当时是在朝着一座山进发，而那座山在很久以前原本是坐落在现在的波罗的海地区的。不过，最受欢迎的解释是：那些过剩的旅鼠故意牺牲了它们自己，在经过多年爆炸性的繁殖之后，那些旅鼠以大规模集体投海自杀的方式减少了鼠口。

非洲也曾经出现过一种与此有点类似的现象。在白人用步枪减少了规模巨大的跳羚群的羚口前，在跳羚中也时不时地会发生类似于旅鼠的物口剧烈膨胀现象。[25] 由多达 5 万只跳羚组成的浩浩荡荡的迁移队伍会前往非洲西南部的纳米布沙漠，然后死在那里。水手们还在大西洋中部发现过大量蝗虫，[26] 而那个地方距离蝗虫们的非洲出生地有 3 200 千米之遥。在飞到那里时，这种昆虫的体力已经耗尽，因而，数十亿只蝗虫就会像暴雨似的跌落到海里。

但这种现象真的是我们人类所理解的自杀吗？根本就不是！那些蝗虫其实是想要寻找新大陆——就像哥伦布所做的那样。但是，在这种大规模集体飞行中，它们只能任凭风的摆布，当它们向西飞时，就没有陆地可供它们降落了。那些跳羚也是在耗尽了通常摄食的草地后，拼命想要寻找新的草地。旅鼠的情况也是如此。

那么，是什么导致了一些动物在以 3 到 4 年为一个周期的时段内过度繁殖呢？在斯堪的纳维亚北部，离本书撰写时最近的旅鼠鼠口爆炸的年份是 1960 年、1963 年和 1967 年。在阿拉斯加北部海岸线上的巴罗角，旅鼠以不可思议的速度和规模繁殖的年份则是 1946 年、1949 年、1953 年和 1956 年。研究过这一现象的皮特尔卡（F. A.

图14 数以百万计的旅鼠组成的一支队伍正在小心翼翼地游过一个湖泊

Pitelka）博士 [27] 报告道：在收集了旅鼠尸体后，海岸上堆放鼠尸的地方形成了一条300千米长、25—30千米宽的"带子"，那个情景看起来就像是那块地上的植被被割过了一样。在那个地带，能看到的鼠尸比能看到的青草更多。

当我们在谈论与这种小啮齿动物有关的物口爆炸时，我们当然不是在夸大其词。旅鼠的鼠口密度越大，每只雌鼠一次所生的幼崽就越多，并且，每两次生育之间的间隔也就越短。旅鼠的怀孕期只有20天。小旅鼠在12天大的时候就已经性成熟，并且，雌鼠在分娩后的几小时内就可以再次交配。

我们知道的家鼠、兔子、大象和许多其他动物中的生育控制机制在旅鼠这里被不折不扣地颠倒了。在旅鼠中，大量的鼠口所起的作用不仅不是抑制繁殖，反而加速了繁殖并使繁殖变得无所禁忌。蝗虫的情况也是如此。

友善的野兽：富于人性的动物社会

即使对初始旅鼠鼠口数字做宽松的估计，科学家也无法得出任何合理的推算。每一次旅鼠的鼠口爆炸发生时，只有少数"保持正常的反常旅鼠"因未加入普遍的出走而幸存下来。这些少数幸存者似乎不可能用不到十年时间就繁殖到其栖息地内再次鼠满为患的程度的。然而，一再出现的事实却是，最多隔个三四年时间，这种热衷于制造过剩的新旅鼠群又重新出现了。

旅鼠的实际繁殖速度比计算所预测的快得多，这是怎么回事呢？在古老的自然史书籍中曾经有这样的记载：数以百万计的旅鼠突然从天而降。在我们自己所生活的时代，一些研究者相当严肃地认为：让旅鼠得以生存下去的地衣会时不时地因某种神秘的丰产维生素而繁茂起来。

然而，实际情况根本不是这么回事。芬兰动物学家卡勒拉（O.Kalela）博士[28]发现，旅鼠具有一种在动物界或许独一无二的能力。它们不仅像所有理性的动物一样在夏天繁殖，也在冬天繁殖。迄今，人们一直以为，在冬季，旅鼠是在作为其冬季住所的地洞里安安静静地冬眠的，但实际上，旅鼠后代的雪崩式增长即使在冬天也没有停止。这就是一年中出生的旅鼠那么难以预测的原因。在某年的秋天，还没有鼠口过多的迹象，但在接下来的春天中，无数旅鼠就突然从地洞里奔涌出来，那景象看起来就像是泥土突然就直接变成了旅鼠似的。

在一年中，只有在两个星期即春秋两季的迁徙时段中，旅鼠的繁殖活动才会暂时中断一下。在夏季和冬季住所之间的迁徙活动与鼠口密度无关。换句话说，这种迁徙活动在"正常"的年份也会出现。但直到1960年，这种迁徙活动才被人发现，因为旅鼠的迁徙是个体在夜间独自进行的活动。1960 年，卡勒拉博士发现，住地的转换才是旅鼠显得神秘的关键原因。

在夏天，芬兰的旅鼠占据的是高山之上树林线附近的沼泽地。但到冬天，这些地方就会严重冻结，因此，旅鼠们必须在刺骨的严寒降临前转移到它们的冬季住所。它们要么在树林线之上有矮树丛提供保护的地带，要么在树林线之下的松林中寻找避难所。

旅鼠个体或最小帮队的迁徙，通常在相隔两三年后会经历重要变化，在那两三年中，它们在地下的冬季住所中大量繁殖，到了春天则会从地下群涌而出。然后，它们会迅速占领通常作为夏天栖息地的土地，并吃掉地表的植物性食物。起初，密集的鼠口会沿着下坡扩散到不太适合的地区。旅鼠对待彼此的态度是极富攻击性的。战斗会不断发生，但它们很少会遭到严重伤害，因为在柔软的毛皮之下，旅鼠长有一层厚厚的革质盔甲，这种盔甲保护着它们的头部和躯干部分易受伤害的区域。[29]

向较贫瘠地区的扩散很快就会在某条小溪的旁边结束。在此，大群旅鼠受到了阻隔。争吵和战斗疯狂地增加。欧根·斯卡扎–魏斯（Eugen Skasa-Weiss）评论道："对旅鼠个体来说，整个遍布旅鼠的世界肯定看起来已拥挤到了无法忍受的程度。"群体性的精神错乱突然降临。数以百万计的"难鼠"们狂乱地跑来跑去。突然，一小队旅鼠越过了溪流，其他旅鼠也尾随其后。接着，一支长达 1 千米的旅鼠队伍形成了，并在稳步前进着。牛津大学的查尔斯·埃尔顿（Charles Elton）教授[27]曾经观察到长达 200 千米的旅鼠纵队。

这种旅鼠纵队行军时所选择的方向纯粹是随意的，它完全取决于领头小组在越过溪流后所选择的偶然路线。但一旦确定了，旅鼠

　　　　　　　　　　　　友善的野兽：富于人性的动物社会

纵队就会一直沿着这个方向走。我们不知道那些领头鼠是用什么方法来定位的。自然似乎赋予了旅鼠一种内在的指南针，使它们保持着前进的方向不变，但它们当然不是"在某种神秘的自杀冲动的驱使下"奔向海岸的。

旅鼠是游泳好手。它们可穿越数千米宽的河流和湖泊。但是，当它们来到一个水域时，它们并不像某些报告中所说的那样，是盲目跳进水里去的。相反，它们改变了原本是直线的路线，沿着有一定坡度的水岸跑上跑下，以便找到一块平坦的滩地。找到后，它们会小心翼翼地从平滩进入水中。但是，如果旅鼠们发现自己处在岸边陡峭的崖壁上，而这种地方无法使它们安全进入水中的离陆点，那么，饥饿与迁徙所导致的疯狂将令它们别无选择。在这种时候——也仅仅在这种时候，它们才会从崖上往水里跳。从表面上看，那的确像是一种极度的绝望之举。

旅鼠上述狂乱的行军很像拿破仑军队的俄罗斯撤退之行。精疲力竭的旅鼠流浪者一动不动地躺在路边。它们已经越过的溪流与河流冲走了成千上万的被淹死旅鼠的尸体。只有在极少数情况下，这些不得休息和安宁的迁徙者才会幸运地来到一块符合其需要的、可供其安居的新栖息地。更有可能发生的是，在这样的地区，它们会再次遇到大量旅鼠，并会带上这些新鼠群同行，从而使这支走向死亡的队伍更加庞大。即使它们没有到达海岸，等待着它们的命运也往往是——数以百万计的旅鼠逐渐死于压力、饥饿和体力衰竭。

在明显更为罕见的情况下，这些走火入魔的旅行者来到海岸边。显然，这种近视的动物分不清无边的海洋与宽阔的河流或湖泊。旅鼠们强大的迁徙冲动在驱使着它们不断向前。这些排成稠密队伍的旅鼠在海中游得越来越远，在连续做了几小时蹬腿和划水动作后，它们终于淹死了。

由此，旅鼠的悲惨命运是对生活空间的一种本能而无望的寻找的结果，而不是由一种"神秘的自杀冲动"导致的。它们以死亡告终的迁徙其实并不涉及死亡本能，也不涉及任何如某些人宣称的"对通向远方的正确道路的内在知识"。但是，关于物口爆炸是怎样驱使盲目而恼怒的大众陷入灾难性疯狂的，旅鼠倒是为我们提供了一个完美的例子。这倒的确称得上是非常奇特的！

不过，或许我们可以找到那些的确表明动物中存在死亡本能的例子，即自杀的例子，或者，至少表明动物在绝望情况下宁愿死亡也不要一种可怕未来的例子。

高山上的猎人们常常会讲述将野山羊赶到深渊边缘的故事。他们说，这种动物总是会选择跳入深渊这种致命的一跃。当然，这肯定与宁死不愿做奴隶的道德操守无关。只是，野山羊对追赶它的猎人的恐惧比对尚存不确定性的落入峡谷的恐惧要大而已。

人类的许多自杀所遵循的也是这样的思路：逃离极端的焦虑并一去不复返，这种极端的焦虑有，对某种普遍命运的恐惧，对破产、失去爱人、父亲的严厉、工作中的困难的忧惧等。

在跳崖前一只野山羊是否会先做判断，这种问题是非常可疑的。由于野山羊只是被恐惧驱使，而并没有对死亡意义的概念，因而，它们的跳崖行为是不能被称为"自杀"的。另一方面，大多数自杀的人都是有原因和无原因的深度抑郁的受害者。在人类中的确存在这样一种精神疾病——渴望死亡。在动物中，我们也可以发现类似的现象。

例如，埃里希·鲍默博士[30]讲过他曾为之自豪的公鸡奥达克斯（Audax）的悲剧。在它所在的仓房院子，在长达几年的时间里，奥达克斯靠着一身壮丽的羽毛主宰着那里的母鸡和小公鸡们。但它的强壮的儿子之一渐渐地长大了。正如世俗世界中常见的那样，那只青年公鸡试图废黜自己父亲的"王位"。这对父子公鸡之间发生了一场激烈的战斗，结果，那个小青年获胜了。

然而，奥达克斯拒绝承认失败。第二天，它试图通过再战来挽回面子，但结果是白费力气。第三天，它仍未夺回自己的统治权。相反，它的继任者将它追得满院子逃，一看到它就打。最后，奥达克斯投降了。为了避免更多被打，每当它不可一世的儿子经过时，它总是不得不蹲下来。它不得不略微抬起翅膀，并以抽动双肩的形式举起投降的白旗。它也不再被允许以公鸡身份发出高亢的"喔喔"声；现在，它能做的最大胆的事就是像只母鸡一样发出轻柔的"咯咯"声。

奥达克斯原本壮丽的羽毛褪了色，它变得瘦弱、羽毛凌乱、肮脏。两个星期后，它死了，且没有明显的死因。

悲伤会如此沉重地压在一个动物身上，以至于它不再能够调动自己的力量使自己继续活下去。在极端依恋自己主人的狗那里，我们也可以清楚地看到这种现象。即使它们能继续得到最好的照顾，并正处于年富力强之时，它们仍然不会在其主人死后活多久。

闷闷不乐的动物总是在缓慢衰弱，而不会突然死亡。一只忧伤的狗绝不会故意冲到一辆正在行驶的汽车面前，一只倦于生活的公鸡绝不会故意去挡一条套着铁链的凶猛的狗的路。在关键时刻，对危险的恐惧总是大于对生活的厌倦——这就是动物与人之间的差异。

我们提出的观点仍然有效：鸡和狗都没有死亡概念，更不用说关于死后的概念——如宗教和哲学或我们自己的想象力所给予我们的死后概念。自杀现象是与这种关于死亡和死后的概念不可分割地联系在一起的。人类是唯一能在结束自己的生命时完全知道自己正在做什么的生物。

到此，这个问题本该了结了，除非地球上还有其他动物知道死亡的意义。

如果地球上真有这样的动物，那么，这种动物可能就是青潘猿。在第一章中，我们已讲述过艾德里安·科特兰德博士在刚果丛林中所做的实验，这些实验表明，青潘猿可能是具有对死亡的悟性的。它们看到已死动物或同种成员的残肢甚至睡着的动物和无生命的动物图像就会后退，从这样的举动中，我们可以看出其中所表达出来的青潘猿对死亡的恐惧之情。这种恐惧与其他动物表现出来的恐惧在性质上是完全不同的，即使猕猴在看到一个被斩首的同胞时也完全不为所动。

但是，目前没有人能够说，具有这种程度的死亡意识的青潘猿是否曾因内在的求死冲动而忍不住要去自杀。至少，迄今没有任何关于这种事例的报告。另一方面，科学界对这种猿的观察时间也尚未长到足以证明任何关于此问题的最终结论的程度。

事情也可能是这样：青潘猿对死亡的恐惧要比人类的强得多，仅仅由于这个原因，青潘猿也不会自杀。依据这一浅见，这种类人猿在看到尸体时产生的惊吓反应肯定要比人类的更强烈。在这个意义上，青潘猿显然比一个陷入妄想与情感混乱之中而想要自杀的人能更现实地看清处境。

在这一部分，对于恐惧及其多种形式、情感神秘而难以估量的作用、会带来灾难的群体性歇斯底里和恐慌，我们谈论了很多。但恐惧本身是什么呢？

第四节　恐惧是可以训练的

有些人只有在不快乐时才"快乐"，对这些人来说，当他们的神经因危险而紧张、当他们因沉重的债务而烦恼、当他们因婚姻破裂而陷入困境时，他们才会觉得"快乐"。如果从这些麻烦中脱身出来，那么他们就会生病。或者，正如埃里克·伯恩（Eric Berne）博士[31]在他的《人间游戏》一书中所指出的，他们在故意寻找最近会出现的危险情况、新的财务负担或另一段不幸婚姻。保罗·莱豪生博士[32]试图澄清人类心理中的这些矛盾，而它们正是心理治疗师们所必须不断应对的问题。

他对"恐惧到底是什么"的最初研究使其得出了一些令人惊讶的观点。人类都太容易倾向于把恐惧与某种假定的原因联系起来：对死亡、核战争、交通事故、某种损失的恐惧。但是，诡异的是，恐惧感其实可在与任何实际或想象的原因无关的情况下存在。

大多数动物可在没有丝毫的自己在害怕什么的意识的情况下感到强烈恐惧。例如，就像一个人在晚上时会害怕一座茂密的森林一样，一只家鼠白天则会害怕一块没有遮蔽的敞开区域，但那时，家鼠并非因为害怕任何特定的捕食者而颤抖。要做出这样的推理——在这种情况下，一只猫有更好的机会抓住老鼠——超过了一只家鼠的脑的思维能力。即使实验室中从未见过猫的幼鼠，也会害怕所有太亮而敞开的区域。

在明亮、平坦、遮蔽不良的平面上可能有猫，而在这种环境中它很容易会被猫抓住，而被猫抓住就意味着死亡——如果家鼠不得不通过经验来学会这些知识，那么，在第一次有这种经历时，家鼠就会死掉，因而这种经验对它也就没有任何好处了。这道理太浅显不过了，却是理解极为复杂的恐惧现象的关键。

大自然母亲给其创造的动物以一种对危险事物和情形之典型特征的"无意识的知识"。一看到明亮、敞开的表面，家鼠就会自动出现险境恐怖症的症状。一旦叶子发出听起来不像家鼠发出的沙沙声，它就会害怕。一看到某个黑色物体在其上方慢慢地盘旋（即食肉鸟的飞行模式），或一听到别的家鼠的报警声，它也会害怕。对动物们来说，这种模式化的恐惧触发机制比任何知识和经验都更有用，更明确一点说，这种自动化机制要比任何一种"在什么情况下它会死"的模糊知识及它关于会导致死亡的危险的所有经验都更有用。

在保罗·莱豪生看来，动物们所在的危险位置一直激励着自然选择演化出多种形式的恐惧反应、逃避行为和飞行模式，如果在危险的情况下，没有本能的恐惧来保护它们，那么，动物们就会与死亡不期而遇。但是，除青潘猿外，死亡本身似乎并不是非人动物产生恐惧感的直接诱因（这看起来像个悖论）。

由此看来，这种原初的恐惧反应是天生的，是动物在不知道死亡意义或危险性质的情况下对某种场景自动产生的恐惧。只有人类，或许还包括人类与青潘猿的共同祖先，才有关于恐惧的思想，并会将理性的思想与自然的情感交织在一起。

尽管如此，人类并非就没有天生的恐惧。人类中儿童的原初恐

　　　　　　　　　　　友善的野兽：富于人性的动物社会

惧就是天生的。在他人的教诲和自己的经验教会他们知道恐惧和死亡之间的联系，并因而真正产生对死亡的次生性恐惧前，他们就已经懂得害怕。这就是恐惧之所以会包含着非理性的先验因素的原因，而对人类意识中的这些非理性的先验因素，许多哲学家和精神分析学家都已经做出了非同凡响并令人称奇的猜测。

可见，恐惧原本是一种本能。恐惧是受康拉德·洛伦茨教授揭示的那些与攻击性有关的法则支配的。[33] 本能是（动物基于）类激素兴奋剂与神经组配的（先天性）行为模式。这种先天倾向总是在等待着被特定的外部刺激所触发。被触发后，本能就会通过产生适当强度的某种情感以及通常有利于生存的行为模式来做出反应。

换句话说，身体产生恐惧反应实际上并不依赖于环境条件。在动物身体中，类激素兴奋剂总是在不断形成与积累着，以备需要时可用。动物无恐惧感的时间越长，产生恐惧所需的兴奋物质也就积累得越多（因为它们还未被恐惧反应所消耗掉），引发恐惧的外在原因也就越不重要。

最终，动物会受内驱力的驱使而在所处环境中寻找一种它置身于其中时肯定会感到害怕的情形，从而使自己所存储的恐惧冲动得以释放出来。

乍一看，这种事情似乎是令人难以置信的：动物或人类居然会渴望恐惧。但是，谁从来没有玩过火，参加过危险的运动，或者挑起过争吵呢？谁从来没有津津有味地听过侦探故事，浑身颤抖着看过恐怖电影，在驾驶交通工具时大胆做过冒险的事呢？为什么孩子们喜欢玩警察抓小偷的游戏、享受坐过山车的刺激呢？随着失败的战争变成了历史故事，为什么军事生活的吸引力会不断增长呢？

恐惧，即使是最可怕的恐惧，都会与乐趣带来的吸引力交织在一起。在极端情况下，对恐惧的追求会变成躁狂症、负面情绪无法自我调控的神经症或自我毁灭的行为——这种行为经常被错误地称为自毁本能的表现，但这种所谓本能实际上根本就不存在。我们要问的唯一问题是：追求恐惧体验的行为在什么范围内是自然的，在什么范围内是病态的呢？

"在演化过程中，大自然使每一种动物都逐渐获得了与所遇到的平均危险程度相对应的产生恐惧的能力。"莱豪生博士这样说道。在太平洋和印度洋的岛屿上，有所谓的动物天堂，自那些岛屿诞生以来，从未有过大型陆栖肉食动物，因而对那里的某些动物来说，不存在危险。由此，那些动物过着没有恐惧的生活。就像南极的企鹅一样，加拉帕戈斯群岛的秃鹰、海蜥蜴和海狮是不怕人靠近的。[34] 正如人们所普遍认为的那样，狮子也绝不是一种特别勇敢的动物。狮子的天敌很少，因此，它们并没有什么恐惧。缺乏恐惧与有勇气并不是一回事。

企鹅对在地上走或在空中飞的东西都不会感到害怕，但它们却害怕成为群体中第一个跳入水中的个体。企鹅的恐惧是高度专门化的（即针对水中之敌的），其目的是保护它免受水中之敌——海豹、海猎豹（南极海豹）和虎鲸——的伤害。

当鸡形目鸟听到同种鸟意味着"当心！地上有敌害（狐狸、猫、狼）"的信号时，它们就会立即逃离，而不管有没有看到敌害。它们的恐惧只会使其振翅飞到某棵树上。但当报告有肉食鸟的警报声（这种警报声与前一种是完全不同的）响起时，那些鸟则会悄悄地伏在地上。因此，认为动物只有一种恐惧本能可能是错误的，据推测，一

　　　　　　友善的野兽：富于人性的动物社会

种动物应该有几种类型的恐惧。

海龟至少有两种恐惧。如果你在陆地上叩击海龟的甲壳，那么，恐惧就会加速它的心跳。在水中，这种反应则相反：这时，恐惧会将它的心跳频率每分钟减慢 1—2 次。我们不知道海龟是否也经历了两种不同的恐惧。这两种恐惧本能很可能在神经系统中达到了一种"共同终点"。或许，对人类来说，也存在这种可能性：人也有几种恐惧，只是人自己分不清楚。

即使是碎片化的焦虑状态，也可以是相当正常的，因而并不是病态的。那些典型的"被捕食动物"（如羚羊、家鼠和歌鸟）的生活不断地伴随着恐惧。这些动物的所有行动中总是有恐惧如影随形。对这种动物来说，几天没有食物或错过交配机会，要比使其持续不断的警觉性松懈仅仅 5 分钟更容易承受。鹿每天只睡 2 个小时，长颈鹿则每天只睡 7 分钟。那些主张"饥饿与爱（或食与色）"统治着世界的人当然不会太熟悉恐惧。

在人类中，与恐惧相对应的激素的平均分泌量与石器时代存在的危险大致相适应。如今，生活在开化国家的人已减轻或消除了许多危险来源：大型肉食动物、每日狩猎的需要、无尽的群体间战争、血仇、许多疾病和身体痛苦、恶劣气候避难所的缺乏等；电灯光也消除了黑夜给人的许多恐惧。

但人体内恐惧激素的分泌量基本上保持不变，尽管不同个体之间这种激素的量差还是相当大的。人类的恐惧本能必须找到一个出口。因此，在群居生活的庇护下，人类发现了可用来释放积压过多的恐惧冲动的替代方式。人类用想象力发明了对恶魔的非理性恐惧。康拉德·洛伦茨说："鬼是那些现在已不再存在于人们的现实生活中的肉食动物在人们内心深处的一种投影。"[35]

"见鬼"也是比喻性的。如果有人想要为自己的恐惧寻求触发物，那么，他就会有意曲解他人的行为，以便给这些行为以自己想要的解释。他会认为自己的同伴对自己有着邪恶意图，以便自己能对其产生恐惧感。如果这种现象采用的是极端形式，那么，它就成了妄想症。还有一种触发恐惧的方式会导致疑病症。如果医生未能在他们身上找到疾病，那么疑病症患者就会向医生倾诉自己的痛苦。由于这些原因，这些假病人会渴望确认其虚幻的疾病，以便能够真的感到害怕。

但是，所有的恐惧现象存在着一个让人深感麻烦的方面：仅仅是恐惧感还不足以消耗掉郁积的恐惧冲动。因为那只是通常激发逃跑行为的情感。只有某种行动才能满足人或动物对释放郁积的恐惧冲动的需要。保罗·莱豪生认为：当对恐惧的肌肉运动正常反应被阻止时，当因这种或那种原因逃跑变得不可能时，恐惧会激活另一种本能，那就是作为恐惧本能的巨大平衡物的攻击本能。如果连攻击形式的恐惧释放方式也被禁止了，那么，人或动物未得到释放的恐惧本能就会导致疾病。

这是一个颇具戏剧性的例子。在一项实验室实验中，朱勒·马瑟曼（Jules Masserman）博士[36]一再地让一只猕猴面对无从选择的决定。实验者让那只猕猴选择按压两根操作杆。只有当它按压那根正确的操作杆时，它才会得到少量作为奖励的食物；如果它选错了操作杆，那它就会受到轻微的电击。但实验者交替变换两根操作杆和相应的奖惩，以致它无法发现哪根操作杆才是该选择的。那只猴子被安排每天以这种方式"工作"8小时。不久，它就出现了"对实验的焦虑性神经症"。它的焦虑程度稳步上升，因为它既无法逃脱也无任何东西可攻击。几天后，它出现了高血压和人类的强迫症的所有症状。最终，它死于心脏病发作。

在一个对照实验中，一只非因错误决定但也受到相同数量电击的受控猕猴则仍旧保持着健康和快乐。可见，轻度的电击并未影响第二只猴子的健康。但那只按错操作杆做出错误决定的第一只猴子则因由此产生的恐惧而使自己付出了生命的代价。

同样的事情也会发生在一个必须"按操作杆"却不知道哪个正确的人身上——他不知道按哪个好，要么是因为他缺乏完成任务所需的能力，要么是其上级或伙伴以不可预测的方式做出了反应。每一个一再发现自己处于这种受阻局面的人，无论是实际受阻还是只是在想象中受阻，都会患上强迫症，或逐渐变得越来越富于攻击性，或两者兼而有之。由于不必要的好战倾向越来越频繁地将其卷入危险情形，其与焦虑有关的内分泌也在增加，由此形成了恶性循环。

这些发现并不会引起我们对焦虑是种本能的怀疑。本能并非僵化、一成不变的，那种认为其僵化、不变的本能观早就过时了。每一种本能在一定范围内都是可变的。例如，习惯就可使本能弱化。这就是鹿在保护区中时会发生的事情，在那里，它们对人类的存在只表现出轻微的恐惧反应。

本能也会受训练的影响，它可以被激发到极端神经过敏的程度。到那时，本能就会以病态和破坏性的方式起作用。

在人类中，如果这一训练过程在一个人的青年早期就开始发生，尤其是在对孩子实施棍棒教育（孩子从小就会因每一个小错误而挨打）的父母的影响下，其破坏性是最强的。在长大之后，这些有着被打出来的道德观念的孩子将几乎必然地变得极端神经质或做出不可理喻的犯罪行为。但是，当然，只有那些对恐惧的生物性法则一无所知的人才会觉得人的这种发展过程是不可理解的。那些父母所做的用来代替是非教育的行为会培养出焦虑———一种甜蜜的焦虑。那种孩子开始在家里成为麻烦制造者，而其目的只是获得"他的"鞭打———更确切地说，是获得他对挨打的恐惧。在成年之后，这样的孩子将成为一个罪犯。之所以如此，其原因并不在于人类在本质上是邪恶的，而是因为他已经对犯罪所带来的神经刺激上了瘾。

这一点几近自然法则，以至于我们可以在其基础上做出预测。1954 年，哈佛大学的谢尔顿（Sheldon）和埃莉诺·格鲁克（Eleanor Glueck）[37] 画出了纽约贫民窟中 303 个 6 岁男孩子的命理图。仅从这些男孩母亲的抚养方式来看，这两位科学家预测，这些孩子中的 33 个长大后会变成罪犯。当然，这一预测是保密的。10 年后，当这些孩子 16 岁时，其中的 28 个男孩已经因为各种大大小小的罪行而触犯法律。

那些容易产生过度焦虑的人在睡眠时会被噩梦所困扰，到了白天，他们就会通过自虐来寻求平衡。无论人们的焦虑过度是先天的还是后天养成的，这一点都是正确的。德国美因茨的鲁道夫·比尔茨（Rudolf Bilz）教授[38] 谈论过这样一个病人："仅仅在天气预报中听到'雷暴'一词，他就会颤抖。但这个人却说'在战争中，我却完全感觉不到恐惧'。他当然不必颤抖，因为那时他正处在雷暴中。"

当焦虑症患者真正暴露在可怕的情况下，如在战争中或在集中营中时，他就不再感到恐惧。但是，一旦战争或苦难结束，焦虑就会复发，而且，会以在大战或集中营中袭击正常人时的同样的力度

　　　　　　　　友善的野兽：富于人性的动物社会

复发。这一事实提供了某种估测值，用来估测无法自我调控负面情绪的神经症患者在和平时期所承受的焦虑的强度。

另一方面，精神科医生也熟悉许多案例，在这些案例中，一些完全正常的人第一次从集中营中真正了解了恐怖的含义，并因这种经历变成了令人同情的焦虑性神经症患者。由此可见，即使在成年人中，焦虑也是可被植入的。焦虑不仅是一种纯粹的心灵过程，也是一种生物化学事件——焦虑激发物质的产生与消耗。这种想法原本只是从康拉德·洛伦茨的本能理论发展而来的一种假设。但是，1967 年，在美国密苏里州圣路易斯华盛顿大学工作的费里斯·匹兹（Ferris Pitts）教授和詹姆斯·麦克卢尔（James McClure）博士[39] 真的发现了这种物质。

在他们将乳酸盐注射进焦虑性神经症患者的体内 2 分钟后，患者开始发作严重的焦虑，并持续了 20 分钟。这是历史上第一次用化学刺激物人为且可预测地产生的焦虑。

乳酸盐引起焦虑的效果可通过同时施用钙离子来显著地弱化甚至抑制住。不过，当时那两位精神病医生强调，目前，寄希望于用化学疗法来治疗焦虑性神经症还为时过早。

在一定程度上，人是能够通过自己的努力将自己从严重焦虑的状态中解放出来的。要做到这一点，他们只需清楚地意识到焦虑是什么、他们正在承受焦虑之苦，而在给定的情况下，他们可能无须焦虑或少焦虑一点。一旦做到了这些，他们便可以超越于自己的焦虑，并或多或少地控制它。因此，我们在白天时最可怕的恐惧不会像无法被理性驯服的噩梦那么可怕。精神对身体的胜利通常在我们力所能及的范围之内。

恐惧现象与作为其对立面的攻击是不可分的。喜欢争吵的人通常也都非常喜欢恐惧（而不是对之感到害怕！）。长期以来，人们一直在讨论这样一个假设：人类有着以作恶为乐的嗜好。近来，动物行为学家们已就这个古老问题获得了新的见解。例如，他们已经搞清楚，迄今被归为极具攻击性的动物实际上并不是这样。接下来，就让我们来看一些相关事例。

第五章

野生动物中的政治家才能

第一节　友善的动物

一只强壮的金色鬃毛雄狮小跑着穿过非洲平原上的一块草地，那块草地上有一群黑斑羚正在平静地吃着草，那只狮子与黑斑羚群的最短距离不到 100 米。那些优雅的黑斑羚对那只雄狮显然完全不感兴趣。那些羚羊似乎把这种情况看作理所当然的。它们认为没必要跑，于是依旧平静地啃着草。

15 分钟过去了。这时，那块平原上的某个地方传来了像是咳嗽的声音，狮子的耳朵颤动起来；就像离弦之箭一样，它快速地冲向羚羊。羚羊群立即四散飞奔，它们奔逃的速度是那么快，以至于连那"兽王"也只能望洋兴叹！于是狮子立即恢复了轻快小跑的姿势。显然，它知道，在长满了草的山丘之间那个最近的洞穴里会有什么在等着它：它的配偶们以及它们爪子下的两只被杀的羚羊。

这些狮子合作狩猎，它们的狩猎遵循着经过仔细盘算的狡诈策略。雌狮们不声不响地慢慢走到逆风的位置上；然后，雌狮之一发出大家都已准备好了的信号。随即，那只此前一直在那里分散羚羊注意力的雄狮就会将那些毫无戒心的羚羊赶向死亡的陷阱。

计划与实施都完美无缺。与此相比，或许石器时代的人类所做的也不会好到哪里去。每一个个体都必须依赖与其他个体的合作。狮子/人类都必须依靠自己的伙伴，尽管在局外者看来，它/他们可能看起来都像是愤怒的野兽。

迄今，关于狮子这种大型猫科动物在野蛮之外的东西，我们还所知甚少，因为在这方面，我们依靠的是大型猎物的猎人们所讲的故事。不过，近些年来，动物学家已经在研究狮子温馨的家庭生活中大量令人惊讶的细节。他们的研究结果与关于人性中的"食肉兽成分"的探讨有着相当大的关联性。

1961 年，驻守在卡富埃国家公园里的英国籍动物守护员，同时也是该园园长的诺曼·卡尔[1]对狮子的求爱情况进行了广泛的观察。每天清晨，一只长着华丽鬣毛的雄狮都会来拜访它所选择的那只雌狮。如果有时那只雄狮睡得太久，那么，雌狮就会用肌肉发达的身躯来挑逗性地摩擦那只雄狮的侧面。然而，一旦雄狮试图与它亲热，它就会往后退缩；它会朝雄狮发出嗞嗞的叫声，并用脚掌猛击它几下。换句话说，雌狮会用雌性的办法来有计划有步骤地折磨雄狮。

对卡尔这位人类观察者来说，这样的婚前争吵看起来相当残忍。但实际上，这是狮子中司空见惯的一种表面上粗暴的柔情。这种争吵是狮子求爱过程的一个组成部分，就像人类求爱过程中的羞怯表现一样。这种小打小闹从来不会变成严重的争吵。与人类不同的是，这两只狮子根本就不担心它们会大吵特吵起来。因为在这种小插曲中，每一方从头到尾都在通过细微的面部表情来使对方确信：这种拒绝和打闹是不能当真的。就像人的微笑表情一样，这些动作姿态都是友好的表示。

在经过几天仪式性的求爱活动后，雌狮最终会顺从它的追求者。

照片 1. 一个挥动着大棒的青潘猿以直立姿势冲过科特兰德博士和范·宗博士的藏身之所，去攻击一只毛绒玩具豹（豹在图外不可见之处）

照片 2. 成年青潘猿的体力是成年人的 2 倍，其牙齿的锋利与有力程度也不逊色于豹的

照片 3. 在丛林的边缘处，这群青潘猿在朝外张望，以看清香蕉种植园中是否有敌害。图的最左边，蹲着一个 40 多岁的青潘猿长者，它不再是这个帮队中最强壮的个体，但仍然因经验丰富而担任着帮队首领

照片 4. 四只宽吻海豚在以空中飞人艺术家般的精准性表演空中飞跃。团队中的每一成员都彼此照看并动作协调，各自做同一动作的时间误差不超过零点几秒

照片 5. 就像一条忠诚的狗，这只海豚给自己的女主人带来了一只篮子

照片 6. 这只海豚正在接受给水下工作站运送补给的训练。在闲暇时间，它会用一只重达 200 磅（1 磅约为 0.45 千克）的乌龟来玩头顶球的游戏

照片7. 鹳只能用其嘎嘎声来唱不成调的情歌。在狂欢时刻，一只雄鹳会登上作为新娘的雌鹳的背，并发出咕咕的叫声

照片 8. 长尾山雀"幼儿园"中的歌唱课，幼鸟们在模仿父亲（在画面之外）刚刚唱给它们听的乐句

照片 9. 年轻的红腹灰雀将终身一成不变地唱着从父亲那里学来的旋律，它们将来也会把这些旋律教给自己的后代

照片 10. 在冰封的南极极夜时节，科学家们在那里用 9 个月的时间来研究帝企鹅

照片 11. 第一群帝企鹅在一块浮冰上登陆了。几天之后，这群企鹅的个数将增长到约 6 000 只

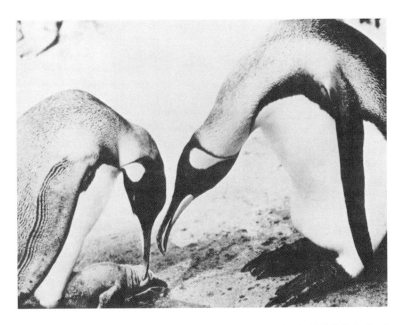

照片 12. 企鹅夫妻都是异体同心、心心相印的灵魂伴侣。当它们的婴儿哭泣时，企鹅父母对孩子总是不约而同地做出相同的事情

照片 13. 这只雌渡鸦以最高的速度在空中弹射而过，在以肚皮朝天的姿势调转方向后，它合上了双翼，让自己下降了 30 米。叫了三声后，它又突然停止了下降。它后面的那只雄渡鸦不得不模仿着它的每一个特技动作，以通过是否适合做它伴侣的测试

照片 14. 这位渡鸦首领找到了一只死兔子，并以威胁的姿势将所有其他索要者挡在一定距离之外。当它回到配偶身边时，它给了妻子一小口美食来作为礼物

照片 15. 在维持婚姻关系的年份中，渡鸦只是象征性地喂它的妻子

照片 16. 一只强壮的非洲雄象。在一只雌象得了致命的疾病后，象群中的其他象都知道，为了减轻病象的痛苦或缩短其承受痛苦的时间，领头的雄象将要对那只雌象实施近似于安乐死的"仁慈一击"

照片 17. 团结就是力量。在此，角马们形成了一道防线，以保护一只新生的角马不受鬣狗的侵害

照片 18. 坦桑尼亚东北部乞力马扎罗山脚下上演的一出爱情戏。图中，雌象（右）的长鼻子上握着一根棍子，那是它用来给雄象抓痒用的工具

照片 19. 为防止出现灾难性的鹅口过剩状态，塘鹅实行性节制。这群塘鹅栖居在法国西北部布列塔尼半岛北部的海岸上，它们是幸运的，因为环境允许它们过婚姻生活并生养后代。在这群塘鹅的周围有一条看不见的界线，在这条界线之外，其他塘鹅就不能结成配偶并交配

照片 20、照片 21. 长期以来，人们习惯性地因狼（左）残酷无情而害怕它们。但是，狼会对自己的同类表现出怜悯之情，鬣狗（右）也会对其所在群体中的所有成员做出友好之举

照片 22. 当野兔无节制地繁殖时，它们就会给其所在的环境及其中的生物带来灾难。但它们也会对自己实施生育控制

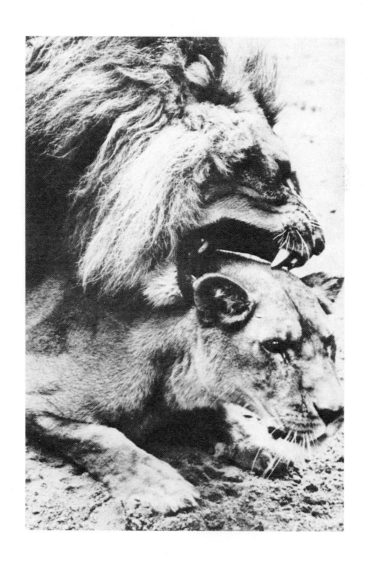

照片 23. 这是一种杀害同类的"咬"吗？不！这只雄狮只是在用这种方式对它的配偶说："我是如此爱你以至于想要吃了你！"这其实只是雄狮用牙齿在雌狮的颈背上做出的一种表达深情的"掐捏"动作。这种动作是狮子交配仪式的一部分

照片 24. 雌狮是慈爱的母亲。在这张
照片中，一只雌狮正在给自己的宝
宝做一次彻底的身体清理

照片 25. 雌狮也是任性的。这只雌狮刚才还向自己的配偶示好，但是，当雄狮靠近它
时，它却开始与雄狮争吵起来

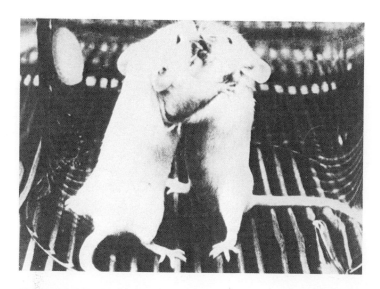

照片 26. 两只家鼠之间的摔跤比赛是不流血的战斗，同一鼠群的成员绝不会真的互相撕咬

照片 27. 狒狒中温馨和平、怡然安宁的家庭生活场景

照片 28. 狒狒母亲在训练自己的婴儿。为了不让早熟的小家伙仓促地做冒险之事，母亲以抓住它尾巴的方式控制着它，就像人用一条皮带拴住狗一样。这位母亲还向孩子展示什么是可吃的，什么是不应该去碰的东西，以及在重视教养的猴类社会中该如何有礼貌地对待其他个体

照片 29. 在母亲的保护下，4 周大的松鼠猴婴儿瓦斯特尔在向
本猴群的一个成年成员（在图中看不到的地方）摆姿势

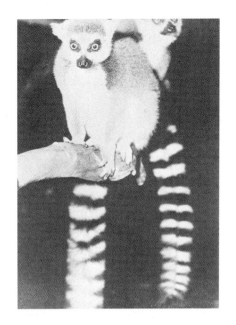

照片 30. 马达加斯加丛林中的环尾狐猴过着需要高度社会智力的社会生活

照片 31. 原猴（如这只斯里兰卡懒猴）不能扮鬼脸，因为它们缺乏面部肌肉

照片 32. 河狸跟父母学习怎样建造水力工程。河狸建造的水坝在技术上堪称完美。河狸建造的小木屋是敌兽无法进入的。供冬季食用的适量食物储存在冰下水中的仓库里。为了维持自己的生活水准，河狸们夜以继日地辛勤劳作

照片 33. 本图与下图中是两只使用工具的动物。加拉帕戈斯群岛上的啄木雀以用嘴咬枝条的方式从腐烂的木头中挑出虫子

照片 34. 河狸在将一棵已砍倒的树切割成便于运输的木段，以便用木段来支撑坝体

照片 35. 看到这张照片，我们可能不由得想说，这只青潘猿的笑容是多么友善啊！但是，用拟人化的方式来理解动物的面部表情，很可能会产生严重的误解。大张着嘴、露出上下牙、双手抱头、拉扯耳朵——这一切很可能是青潘猿处于极度愤怒或悲伤之中的迹象。当青潘猿这样做时，人们就应该非常小心

照片 36. 哈茨山上的两只雄鹿正在打斗。在鹿角长着茸毛、对疼痛高度敏感的春季，鹿之间绝不会发生用鹿角进行的打斗。因此，这两只雄鹿在以后肢撑地、身体直立的姿势用前肢互相打斗，就像人类中的拳击手会做的那样。在动物中，以直立姿态打斗的情况是少见的

此后，这对夫妻就会离开狮群，并在所有事务中携手合作。一对新婚夫妻通常会度过好几天蜜月期。它们的爱情剧可恰如其分地用一句古老的谚语来描述，那就是"我是如此爱你以至于想要吃了你！"雄狮急切地将它妻子的整个头部塞进自己张开的大嘴中。那情景看起来就像是它要把妻子吞掉一样。但是实际上，它只是在以最大的柔情轻啃、抓挠并亲舔着它的爱人。

对作为首领的雄狮来说，蜜月其实是最危险的时期，因为按狮子的习惯，这是首领最有可能被罢黜的时候。有时，作为竞争对手的另一只雄狮会暗下决心：当老板的机会来临了。它会悄悄地跟踪这对夫妻，通常会将事情弄到不得不打斗的程度。战斗是这样开始的：两只雄狮都朝对方怒吼。它们所发出的咆哮声从低沉到狂野，再到震耳欲聋。那种震耳欲聋的咆哮声会在草原上方圆数千米的范围内回荡。

如果这种吼叫比赛式竞争仍未能确定双方的统治与被统治关系，那么，战斗就会开始。两个对手会用掌击的方式互相痛打，其力度之大足以折断人的脖子。但是，雄狮们拥有一种衬垫得很好的"击剑用护面具"，即它们浓密而蓬松的鬃毛。这种鬃毛不仅是华丽的装饰，最重要的是，它们也是减震器。此外，在与同一群落中其他成员的战斗中，两个对手总是将自己像刀一样锋利的爪子缩回到脚下的肉垫里。由此，尽管它们各自都使出了巨大的肌力，整个战斗却只是一场完全公平、不带血腥的赛事。讲到这里，我们会发现，人类将狮子看作"残忍野兽"的观念可以休矣！

如果是作为现任首领的那只狮子赢了，那么，一切都会保持原样。那个被打败的对手会不声不响地回到狮群中。几天之后，当首领重新回到狮群中时，没有一只狮子会表现出任何心怀不满的迹象。但如果那个挑战者赢了，那么，20多个成员的狮群就会分裂。这完全取决于那个挑战者事先已成功获得了多少同情。在这种时候，我们又遇上了多种具有生物性目的的原始民主。狮群越大，那个挑战者想要赢得所有成员支持的难度就越大。有时，整个狮群会因支持不同的首领而分裂成两个部分。

如果一个小狮群中的新首领成功地将其他所有的狮子都争取过来支持它的事业，那么，那只被废黜的雄狮就会被流放到"荒漠之野"。从此以后，它就得孤身走自己的路了。在非洲平原上，一个已然正式而稳定建立起来的狮群要保卫一块约100平方千米的、与其他狮群界线相当明确的领土；相形之下，那只被流放的雄狮从此就无家可归了，它必定成为一个"流浪汉"。

这是非常残忍的命运。因为一旦这个"流浪汉"闯入某个狮群的领地，那它立即就会被赶走。在少有乔木遮蔽的敞开的非洲平原上，不同狮群之间的领地彼此紧密相连。因此，那只不幸的孤身之狮会不断地被驱赶，直到它到达那些只有野鼠、家鼠和蜥蜴可供捕食的炎热地区。否则，它就不得不进入狮子们极不喜欢的人类定居点的附近。

在这种地方，狮子会开发出捕食奶牛和其他家畜甚至人类的狡诈得令人惊异的猎法。所谓食人狮，通常就是那些在绝境中袭击人类的、被流放的雄狮。

而雌狮们的命运就全然不同了。在过了蜜月期三个半月之后——那时，雄狮早已开始追求其他雌狮了——雌狮意识到自己将要生孩子了，因而会再次离开狮群独处。但在这么做之前，它会找到另一只将会帮助自己分娩的雌狮。它所选择的助产士要么是已老得不可能再生育的雌狮，要么是一个未婚的"小姐"，这通常是它上一窝所生的一个女儿。狮子中的助产现象是如此常见，以至于在肯尼亚南部、坦桑尼亚北部过游牧生活的马赛部落的人都知道。马赛人把助产的雌狮叫作"阿姨"。助产狮的职责是保护生产中的雌狮和新生的幼狮，使之不受其他肉食动物的侵害，并为之提供食物。

一旦那产子的雌狮已恢复体力，它就会回到狮群中与大家一起捕猎。就像瑞士巴塞尔动物园的鲁道夫·申克尔（Rudolf Schenkel）博士[2,3]在肯尼亚内罗毕国家公园中所观察到的那样，最初，雌狮会把幼狮藏在峭壁的裂缝里，后来则是藏在灌木丛中。诺曼·卡尔曾看到这样的情景：一只雌狮把一只约130千克重的、已杀死的黑羚羊从差不多2千米外的地方拖到其幼子身边。这实在是一种体力上的壮举！

当幼狮们3个月大的时候，狮群中会举办一场奇特的仪式。幼狮的母亲会带领它们第一次进入狮群中，并将它们介绍给所有的"成年狮"。在这之后，幼狮们就被狮子帮队所接受了。如果没有这样的仪式，那么，这些幼狮可能会被狮群里不认识它们的成员当作陌生的狮子杀掉，因为一只狮子对另一只狮子的态度是友好还是敌对，仅仅取决于它自己是否知道对方是自己所在狮群的成员。

尽管那只雄狮早就对别的雌狮"移情别恋"了，那只雌狮仍然顺服于自己孩子的父亲。由此带来的结果是那个父亲成为它幼子的最要好的朋友。如果有身为母亲的狮子去世，那么，其他身为母亲的雌狮就会视同己出地帮助抚养那些身为孤儿的幼狮。这种大度的慈悲之举无论在非人动物界还是在人类中都是罕见的，但伯恩哈德·格茨美克教授却在坦桑尼亚塞伦盖蒂平原上观察到了这种行为。

当幼狮5个月大时，母亲就要开始训练它们打猎了。起初，母亲会教它们如何用爪子去剥猎物的皮，如何用牙齿来使全部的肠子滑落出来并挤掉肠中的粪便，因为狮子是美食家。

幼狮的第一个"猎物"是其母亲不断摆动着的尾巴末端的流苏。母亲循序渐进地用它来演示抓握方面的问题。稍后，这些幼狮也会独自练习：它们会追逐草丛中的蝴蝶和蝗虫，并与自己的兄弟姐妹玩攻击游戏。在接着发生的扭打中，这些幼狮必须不断地发出表示友好的信号，以免游戏突然变质为一场真正的战斗。

一岁半时，这些少年狮子就成熟到可在实际的捕猎活动中接受高级训练了。这时，两个或更多的母亲会加入自己子女组成的狩猎队伍，并在其中对所在场地有无猎物进行侦察工作。当母亲们开始潜行时，那些少年狮子就会尝试去模仿它们的每一个动作。当然，刚开始的时候，少年狮子们看起来都非常笨拙。但它们很快就学会了先各自散开而后形成一种小规模战线的技巧。每个成员都必须能富于技巧地向前推进，而又不被猎物发现。

在越来越紧张的气氛中，这种狩猎会持续几个小时。诺曼·卡尔曾描述过一个事例：在一场持续很长时间的狩猎活动的最后关头，当一只半成熟的少年狮子因为一个不小心的举动而破坏了整个演练时，那个帮队中会发生什么事情。当猎物逃窜时，那些母亲就会起身，抚平小狮子们的失望，它们没有惩罚那个犯错的少年，甚至没有流露出任何不愉快的迹象。而后，它们又怀着无限的耐心开始寻找新的猎物。

这种行为其实是相当先进的教学活动。为了求得一个目标的实现，人类也只有通过训练自己的耐心和韧性，来使自己变得有耐心和有韧性。对肉食动物来说，这种品质对其生存是至关重要的。如果捕猎的狮子也像注意力集中期只有几分钟的类人猿一样行动，那么它们早就因为饥饿而灭绝了。让我们记住这一点，它对我们稍后的结论非常重要：耐心和韧性是肉食动物生存的不二法门。

有时候，"未成年狮子"与其父亲之间会产生悲剧性的家庭纠纷。因为担心出现新的竞争对手，老雄狮常常会将其所有的雄性后代都赶走。这些雄狮会与邻近狮群中同样被驱逐的小雄狮结成帮伙。这些年轻的雄狮已受过捕猎训练，但还缺乏捕猎经验。因此，对它们来说，一生中最困难的时期就此开始了。它们被饿得皮包骨头，经常得逃离那些占据了周围地区的狮群。这种遭遇所导致的结果是：这些被放逐的年轻雄狮大多悲惨地死了。

跟已确立头领地位的狮子的交战与跟同一狮群成员的竞赛性交手在性质上是有天壤之别的。当然，在这两种情况下，冲突都以某种起劲的吼叫开始。通常，在意识到有陌生的狮子侵入本群领地时，整个群落的狮子都会聚集起来。整个狮群会试图以"大合唱"形式的咆哮来将入侵者赶走。但如果这样做并没有什么效果，那么，尖牙利爪的搏斗所造成的血腥伤害就不可避免了。

有时，一只完全绝望的年轻狮子会明确拒绝再被驱逐。尽管已多次被打败且遍体鳞伤，它还是会一次又一次地回到那块地方去。直到有一天，那个狮群里的狮子终于对那个"持异见者"做了一个了结。它们不再跟它费口舌，而是直截了当地把它杀了。在这种情况下，也只有在这种情况下，狮子会杀掉一个同类。一旦这样做了，它们通常也会把同类吃掉。但我们必须着重指出的是，这些同类相食的狮子绝不会抱着要吃它的意图而蓄意杀死一个同种个体。也许，这种同类相食情况的出现是因为那具尸体成了一种难以抵挡的巨大诱惑。

如果德国著名剧作家卡尔·楚克迈尔（Carl Zuckmayer）在写其剧本《寒夜》之前咨询过行为科学家，那么，他就不得不放弃区分人与动物的一条貌似很好的界线。因为在那部剧中，他让一个核物理学家说出了这样的话："地球上唯一会同类相残的动物就是人类。"事实上，在动物界也存在着同类相残现象，而且，这种行为有时是非常无情的。

不过，在此，我们并不打算从道德上来讨论这种事情。搞清楚在什么情况下动物会杀死自己的同类以及它们为什么会这样做——这才是更重要的。人在某些情况下也会被某种潜伏着的力量变成毫无人性的恶魔。或许，狮子们这样做也是对同样的潜伏着的力量的一种顺从。但事实到底如何，谁知道呢？

毫无疑问，狮子是一种具有高度攻击倾向的动物。但在自己所在的群落中，狮子却能如此有效地控制住自己的嗜血性，以至于我们可以将狮子称为一种友善甚至慈悲的野兽。在面对自己熟知的伙伴时，到底是什么使狮子抑制住了自己的攻击性呢？

科学家们在许多动物中观察到了和解、求和与谦恭的姿态。[5]当同类的动物，比如狼相互打斗时，输者会向赢者呈现自身最脆弱的部分即喉咙，以防止赢家对自己做出致命的撕咬。就像是被符咒镇住了一样，赢家会立即中止自己的攻击。面对毫无防护的喉咙，狼会"自动"进入一种上下牙无法合上的状态。这是一种牢牢地固定在狼的本能结构中的行为模式。

图 15　和狼一样，一只良种狗也会以谦恭的姿态向比自己强大的同种成员呈现自己毫无保护的喉咙，以阻止对方的攻击

　　不幸的是，与人类一样，在处理争斗的方式中，狮子[6]也没有这种令人惊异而有效的本能性抑制机制。此外，狼并不仅仅靠这种姿态来抑制杀戮本能。狼的行为会在一定程度上将我们带到离解决许多相关问题更近的地方，而这些问题是人类必须学会处理的。

　　在美国芝加哥布鲁克菲尔德动物园的大狼群中，雄狼洛博（Lobo）与雌狼阿纳斯塔西娅（Anastasia）是地位最低的狼。在加拿大北部和美国阿拉斯加州的野狼群中，可能会出现这样的情况：那些不能融入狼群或被狼群中其他成员看作"没同情心"的等级最低的狼可能会被驱逐甚至被杀死。

　　在芝加哥动物园占地 8 000 平方米的户外圈养区中，研究者观察到了这样的情况：如果这样的狼在即将被驱逐或杀死的紧要关头及时改变自己的行为，那么，事情就不会发展到"被驱逐或杀死"这一步，那些原本被边缘化的狼就可由此保留狼群成员的资格。

正如美国动物学家乔治·拉布（George B. Rabb）所观察到的那样，洛博用了一个相当简便的伎俩来应对这个问题，每当其他的狼因将其当作群中的"出气筒"而想要排挤它时，它就立刻装出一副像是断了腿似的一瘸一拐地行走的可怜模样。一旦等到那个恶霸走远了，洛博就会敏捷地跑步前进了。令人吃惊的是，这种伪装伎俩每次都能奏效。

雌狼阿纳斯塔西娅也意识到自己即将被驱逐，对此，它采取了比洛博更富于技巧性的措施。一天又一天，这只被边缘化的雌狼开始对另外 3 只地位比自己高的雌狼献殷勤。它扮演起保姆的角色，照料起其他雌狼的孩子，与那些孩子一起玩耍，并确保那些幼狼不会离开狼群。自从开始实施这一计谋，雌狼阿纳斯塔西娅就再次被看作社群成员而得到尊重了，此后，再也没有其他狼试图驱逐它或咬它了。

由此可见，显得可怜的样子和表示友善的举动是可以将狼的攻击性转化为友情的。除了本能性的攻击性抑制机制外，在狼群中，对于那种以本群内被广泛认可的成员为对象的攻击性，还存在着一种建立在社会凝聚力基础上的、明确的攻击性抑制机制。除了狼之外，在狮子、鬣狗和人类中也存在着第二种攻击性抑制机制。

第二节　兽群也有其狩猎规则

从 70 多个喉咙里发出的难听嚎叫声和恶魔般的"笑声"打破了

　　　　　　　　　　　　　友善的野兽：富于人性的动物社会

非洲之夜的黑暗。这是两群投入你死我活的搏斗的鬣狗所发出的喊杀声。第二天，在那块地方就可看到狮子们吃鬣狗的死尸了。

这是荷兰动物行为学家汉斯·克鲁克（Hans Kruuk）博士[8]所描述的发生在鬣狗中的事件。在坦桑尼亚塞伦盖蒂研究所，他花了一年多时间来研究这种动物。以往，鬣狗被错误地看作"发出恶臭的、令人厌恶的、懦弱的、食腐肉的动物"。1965年和1966年，他在坦桑尼亚恩格罗恩格罗火山口自然保护区所做的考察完全刷新了这种曾饱受诽谤的野兽的形象。鬣狗是一种群居动物，它们在夜间集体狩猎；即使面对身体健全的大型有蹄动物，精心组织起来的鬣狗狩猎队伍也会给予其沉重打击。

鬣狗最多只在白天时才是食腐肉者，并且，显然，只有在它们夜间狩猎不成功的情况下，它们才会在白天食用腐肉。也只有在这种情况下，它们才会猎杀初生的羚羊和角马。它们通常在白天睡觉，睡觉时，每一只鬣狗都待在一个"私人专享"的窝中，这种窝通常是一个洞穴或一片灌木丛。鬣狗们在夜幕降临时出现，并总是在同一汇合点聚集，这种汇合点通常是一个相当大的公用洞穴。在集会中，鬣狗们会不断地发出仪式性的问候，直到整个鬣狗群为数约20只的鬣狗全部到场，这种仪式才会停止。

动物们的问候仪式在一定程度上与人类表示友好的姿态相当。鬣狗天生攻击性极强。当它们遇到自己知道是同一群体中一员的同类时，鬣狗就必须通过一种仪式性的和平表演来抵消自己本能的攻击性。鬣狗们用姿势语言来表达自己对同类的靠近没有敌意这一意思。

一旦整个鬣狗群已集合好，狩猎队伍就会以紧密的队形快速前进。克鲁克博士已学会如何在月夜开着吉普车跟踪鬣狗群，并以这种方式目睹了约一百次鬣狗的狩猎远征。

很奇怪的是，鬣狗不会进攻它们在远征途中最早碰上的斑马或角马。即使有数以百计的斑马或角马在银色月光下的平地上吃着草，这些夜间猎手们似乎也没有对它们表现出丝毫的兴趣。看起来，鬣狗们事先就确定好了一个特定的狩猎区。鬣狗们持续轻跳着，向前奔跑了好几千米，其间未表现出丝毫的分心。奔跑时，鬣狗们不断地在草地上留下气味标记，它们这样做可能是为了让其他鬣狗群知道它们来过这里。

一到了狩猎区，鬣狗们的行为就突然变了。它们高高地竖起自己毛茸茸的尾巴，用鼻子嗅着地面。而后，鬣狗们挺进到离斑马群不到 5 米的地方。

斑马生活在由一夫多妻制的多个家庭构成的大群落中，斑马的家庭由 1 匹雄马、2~7 匹雌马和小马驹构成。起初，受到鬣狗群威胁的斑马家庭成员都僵硬地站着，但斑马在暗夜中警觉性极高，它们看着敌兽一步步地靠近。突然，一只雄斑马冲上前去大胆地做出反击，它用自己的蹄猛踢那些鬣狗，并不断用牙猛咬它们。在此期间，它的家眷则从相反方向逃走了。

鬣狗们开始以半圆队形追赶那些逃跑的斑马。但那只雄斑马不断阻拦着，它左奔右突、前后来回地奔跑着，挡在鬣狗队伍和自己的家眷之间。对这些被逼入困境的斑马来说，彼此之间以及与作为一家之主的雄斑马失去联系都将是致命的，所以一路上，它们只是以不紧不慢的步伐跑着。有时，它们甚至会暂停一下，直到雄斑马再次赶上它们。

在此期间，每一只鬣狗都跟踪着自己的猎物，并努力在离得最近的雌斑马或小马驹（而不是那只狂暴的雄斑马）的腿上或腹部咬上一口。当一匹斑马被咬伤过几次之后，它就会掉队。所有的鬣狗会立即发现这一点，并逼近这匹将成为它们牺牲品的斑马。那只斑马孤立无援地站着，没有任何抵抗；它很快就倒在地上，并在几分钟内死亡。半小时后，它就被吃得连一块骨头或一点皮都不剩了。由此，这个夜间发生的悲剧连一点物证都没能留下来。

然而，在克鲁克博士跟踪观察的 33 次这样的猎杀中，鬣狗击倒其猎物的猎杀只有 6 次。在 27 次中，雄斑马们都成功地驱逐了那些追赶的鬣狗。在拯救自己家眷生命的行动中，雄斑马的勇气、技能和耐力起到了决定性作用。

在他的跟踪观察过程中，这位荷兰动物学家用磁带录下了这些夜猎者们在把猎物撕成碎片时所发出的嚎叫声。通过以极高音量重放这一录音，他将近 60 只鬣狗引诱到了他的野营地。他用麻醉枪击昏了它们，并给它们绑上了标签。这使他能在一年中跟踪多只鬣狗的行踪。

他发现，鬣狗不能自由决定去哪里狩猎，因为鬣狗群必须尊重各自领地的界线。但这一原则是有例外的，尽管这种例外并不常见：不是每一个鬣狗群都有自己的领地。其实，相邻的鬣狗群之间存在着相互容忍的友好条约。克鲁克博士将互相订立了友好条约的五六个鬣狗群构成的群落联盟性质的上位社会组织称为"氏族"。

在一个鬣狗氏族中，一些有趣的社会规则起着管理群落间关系的作用。例如，如果一个鬣狗群捕杀了比它们一次所能吃掉的更多的猎物，那么它们就会在猎物尸体周围散布一些粪便。其他鬣狗群以及同一氏族中落单的狼就会尊重这一财产标记。无论多饿，它们都不会吃这些腐肉。

但如果是狮子发现了这种腐肉，那么，作为其合法主人的鬣狗的运气就不好了。这样说颠覆了我们以前被告知的所有关于这两种动物特征的知识，但最新的研究似乎表明：狮子吃鬣狗所捕杀的猎物腐肉的频率，远比鬣狗吃狮子所捕杀的猎物腐肉的频率高！

同一氏族的鬣狗之间的争执通常是用不流血的仪式性威胁和退让的方式来解决的。由于鬣狗拥有能咬断大象和犀牛骨头的利牙，鬣狗间认真的战斗总是不免会有致命的后果。动物们几乎总是遵循最小风险原则生活，因而在自己所在的社会内部，它们通常会放弃使用武力。不过，对鬣狗来说，对攻击性的抑制并不像狮子那样主要靠个体间的交情，而是靠同一氏族成员的身份。

不同氏族的鬣狗对待彼此的作为并不比不同国家的人的相应作为更好。在边界被侵犯的情况下，所有的禁忌都会消失殆尽，最野蛮的战斗也会随之而来。

在恩格罗恩格罗，不同鬣狗氏族之间的边界往往会在捕杀斑马或角马的兴奋之际被穿越。在这种情况下，猎物并不属于猎者与杀手，而是属于猎物被击倒的地方所归属的鬣狗氏族。如果捕杀发生在刚刚超越了一点边界的地方，且那块地方的主人当时并没有注意到，那么，就和在狩猎季节尚未开始的猎区不小心射杀了猎物的人类猎手在同样情况下会做的一样，那些鬣狗会尽可能安静并迅速地将猎物偷偷地运回自己的领土。

对猎物的追赶越深入"敌国"，情况就会变得越严重。外族的鬣狗守望着，一旦听到自己的领地边界被侵犯，它们就会立刻赶到现场，并表明其领地所有权。接下来所发生的事情部分取决于两个敌对的鬣狗群的个体数量对比，但更具决定性的是其他因素——狩猎的鬣狗的自信程度和进入敌方领地的深入程度。

入侵的鬣狗的不自信与焦虑程度与其离自己熟悉的故地的距离成正比。因此，20只乃至更多外来的鬣狗可能会被仅仅3个当地的地主赶得四散奔逃。但是，如果在两个鬣狗群中，饥饿、侵入的深度和成员的体力状况使得双方的攻击冲动达到大致相同的程度，那么，一场血腥的战争就不可避免了，而这种战争的结局就是：战场上尸横遍野。

第三节　鼠族也会发动战争吗？

关于动物界的新恶棍——野鼠，我们已听到过很多种说法。人们经常将人类极权社会与先天定型、一成不变的蚂蚁"国"和白蚁"国"相类比，这已在许多细节上被证明是过于简单、站不住脚的。长期以来，许多人一看到啮齿动物就害怕。近来，动物学家们[9]认为，啮齿动物为我们提供了被误导的攻击行为的最佳案例。在野鼠及人类中，这种行为导致了一个群体对另一群体的集体打斗，并由此导致了无意义的自我毁灭。

英国格拉斯哥的动物学家巴奈特（S. A. Barnett）[10]对野鼠的社会生活和打斗行为做过多方面的研究，对于这种居住在我们住宅地下室和阁楼中的不速之客，他的研究打破了许多关于它们的古老传说。

一个传说是这样的：棕毛野鼠（又称挪威鼠）在18世纪首次

征服了欧洲，打败了此前栖居在欧洲体形较小的黑毛野鼠。据说，1727年，一支巨大的、迁徙中的棕鼠军队游过了伏尔加河，并侵入了许多西部国家。前面我们讲过，迁徙中的旅鼠是以鼠口达数百万之多的庞大军队的形式行军的，这支军队前后绵延的长度达200千米。但野鼠们并不如此行事。野鼠的军队总是一个个正在逃跑的群体，而非好斗的帮队。此外，野鼠们只有在碰上危险时，才成群结队地跑上一小段路，一旦危险结束则重新分散开来。

这支渡过了伏尔加河的"入侵军队"可能是在逃离一场当时刚在吉尔吉斯草原爆发的地震。野鼠们也会以巨大的队列离开即将下沉的船只——不过，这一众所周知的现象与神秘的预言能力无关。野鼠原本就是穴居者，在船上，它们生活在船的最底部即舱底，而水手们几乎不可能到那种地方去。因此，它们会比船员们更早地知道水已经通过裂缝渗进来了。当它们的窝被淹没时，它们肯定要逃离那艘船。野鼠们惊慌的警报声警告了船舱中的其他同伴，其结果就是一场恐慌性的逃难。

我们不知道哈梅林的花衣吹笛手*用了什么办法来驱鼠，如果这一故事还有一点真实性，那么，他很可能是设法淹没了那些地下室，或是用其他方式吓跑了那些野鼠，并由此引发了一场狂野的逃亡。而他的笛声肯定不过是一种辅助性的骗术而已。

总之，鼠军征服"敌国"只是在传说中才会出现的事情。最初仅仅生活在中国北部的棕鼠以一种不同寻常的方式征服了世界：通过缓慢而执着地从一座房到另一座房、从一个村到另一个村、从一

---

* 在花衣吹笛手的故事中，德国西北的哈梅林镇上来了一个吹笛少年，用笛声赶走了镇上泛滥成灾的老鼠。——译者注

　　　　　　　　　友善的野兽：富于人性的动物社会

个城市到另一个城市的持之以恒的扩散，这种野鼠逐渐取代了黑鼠。

另一个传说是：迄今为止，动物学家们相信，当棕鼠和黑鼠这两种仇鼠相见时，体重约 1 磅的棕鼠会将体重只有自己 3/5 的黑鼠撕成碎片。真相到底如何呢？

在英国格拉斯哥大学进行的那些令人振奋的实验中，巴奈特[10]检验了这一理论。在他的实验室两个相邻的房间中，他养了两群彼此为敌的野鼠，即棕鼠和黑鼠。一天，他打开了连接那两个房间的门。门刚刚打开，那些大棕鼠就立刻进入黑鼠领地，并将那间房的主人们从它们的窝里赶到房中最远的角落。几天之内，原有的 19 只黑鼠死了 13 只。但它们并不是因受伤或被咬而死，也非死于饥饿，且并没有内出血现象也没有受感染的迹象。实际上，在那些黑鼠身上，没有任何可觉察到的身体方面的死因。面对自己记录下来的这些事实，巴奈特不禁感到了深深的怪异。

做这种实验是残酷的，因为这会使动物们陷入你死我活的搏斗。不过，康拉德·洛伦茨曾经说过："毁损动物是不人道的。当行为科学家被这种行为所包含的道德问题所困扰时，他必须在一只死鼠肿胀的身体中看到他自己的与此相对应的自然景象。"巴奈特是将这一律令记在心里的。因此，他将一些野鼠放到了一起，并拍摄了它们的对抗过程，以便对有时发生得很快的敌对双方的冲突情况做出深入细致的分析。

巴奈特将一只强壮的棕鼠放入一个陌生棕鼠群落的领地。起初，什么事都没有发生，因为同一个群落中的鼠并不是通过外貌而是通过气味来互相识别的。每一个鼠群都有其特有的"气味制服"。

突然，一只本地鼠嗅到了入侵者的气味，它嗅了嗅那个入侵者，而后，便毛发倒立起来，且牙齿咯咯作响。接着，它便开始排便和撒尿，将自己身体的侧面对着那只敌鼠，并以野鼠表示威胁的典型姿势弓起自己的背部，用看起来不自然的、跑步时双腿僵直的小步围着那只外来野鼠打圈圈。与此同时，那只外来鼠则如化石般一动不动地蹲伏着。

然后，那只保护领地的野鼠开始绕着那根"木桩"（即外来鼠）跳起了一种印第安人的舞蹈。它以快得令人难以置信的前脚跳跃动作直接扑向那个并没有试图保护自己的入侵者，而后围绕着入侵者疯狂地跳来跳去，并在它的尾巴、腿部和耳朵上分别咬了一次或两次。这一回合在几秒钟内就结束了，但那只本地鼠很快又发起了下一轮攻击。在做完第 6 次毫不流血的、重复此前程序的攻击后，那只"地主鼠"暂停了一下，并从现场离开了一段时间。

这并不意味着战争舞已经使那个攻击者疲劳了，恰恰相反，在做了刚才的"英雄壮举"后，它便立即与一只雌鼠进行了交配。而那个受害者，尽管在整个过程中都没有振奋起来做出反抗之举，此时却已呼吸急促且不规则，并出现各种精疲力竭的症状。

如果一只外来鼠每天几次受到这种虚拟性攻击，那么几天之内，它就会死去。在一个极端案例中，巴奈特发现，受到虚拟性攻击的外来鼠在 90 分钟后就死亡了。但无论是被咬、受伤还是受到任何其他形式的伤害，都不是外来鼠死亡的原因。那些起初既强壮又健康的鼠在被如此对待之后，就慢慢地衰弱了下来。这位英国学者甚至未能发现休克致死的任何身体表征。

1967 年，这一死亡之谜首次得到了解答。伦敦国王学院的吉丽安·休厄尔（Gillian Sewell）博士[11] 发现了老鼠的超声波语言。攻击者用一系列人耳听不到的超声波对着受害者尖叫。这种超声尖叫每次只持续 0.03~0.06 秒，而那个因恐惧而像冻僵了一样的受害者则会发出一种喘息——一种用超声波发出的持续时间达 7 秒的叫声。休厄尔博士推测，正是这种高强度的超声波攻击麻痹了外来鼠的神经，并最终杀死了它们。

令人惊讶的是，受攻击的野鼠没有做任何抵抗的努力。若是换了其他凶猛的动物，这种行为就显得太奇怪了——当它们被狗或人逼到无处可退的地方时，它们就会发出刺耳的战斗呼号，并跳起来扑向进逼者的喉咙。显然，这种僵硬的无防御姿态是一种求饶的姿态，也是弱势的野鼠阻止自己的同类对自己发动真正的流血攻击的唯一方法。

在野外，这种行为是有巨大的生存价值的，因为在冲突的过程上，野外发生的冲突与在实验室这种封闭性场所发生的冲突是完全不同的。在野外，在攻击者上演了一系列"战争舞"后，被攻击的外来鼠是有机会安然无恙地逃掉的，它并不会死。因此，野鼠们通常会进行一种冷战。

事实上，来自亚洲向欧洲进发的棕鼠并没有灭绝原本就已在欧洲定居的黑鼠。棕鼠只是将黑鼠从地下室赶到了自己觉得不自在的阁楼上。因此，黑鼠与棕鼠可以一高一下地住在同一座房子里。正因如此，它们领地之间的楼梯和起居室是一块没有野鼠的地方。

那么，我们可以说野鼠们是集体作战的，它们之间进行的是群落对群落的战争吗？野鼠群落的社会结构到底如何呢？举例来说，一个野鼠群落是以一种怎样的社会结构来保卫自己所在农场的地下室不受周围农场的外来鼠的侵犯的呢？

大多数其他群居动物（如狼、猿和鸡）的社会结构是线性阶梯式的，但野鼠是用一种三级制形式来管理它们的社群生活的。巴奈特教授发现：野鼠可分甲级、乙级、丙级三个等级，每一等级中的野鼠看起来是彼此权格绝对平等的。

甲级野鼠相当于贵族。所有其他的雄鼠和雌鼠都以一种谦逊的姿态顺服于它们。如果两只甲级野鼠相遇，那么它们会短暂地摆出威胁的姿态，而后平静地分道扬镳。甲级野鼠就是会赶走任何入侵者的那种野鼠。

乙级野鼠看起来与其他等级的野鼠一样大也一样健康，但它们不仅对自己所在群落的甲级野鼠表现得恭顺，对外来鼠也一样。当一只野鼠接受了乙级的身份地位时，其攻击本能就会几乎完全不见踪影。

那么，到底是谁或什么决定着每一个体的等级地位呢？在关于野鼠的研究中，这是最有意思的问题之一，因为在野鼠这种啮齿目动物中，显然并没有发生过任何"关涉等级的战争"。英国谢菲尔德大学心理学实验室的希拉里·奥菲尔德-鲍克斯（Hilary Oldfield-Box）博士[12]最早发现了解答这一问题的线索，她的发现在科学界引起了轰动。

奥菲尔德-鲍克斯博士将许多成年棕鼠训练成了靠做"工厂工人"来谋生的鼠类。这些棕鼠只需按下一根操作杆即可得到食物，不过，它们所得到的报酬很少：每按一次只得到一粒麦子。

在那些棕鼠受过上述训练后，这位英国科学家将其中的三只野鼠放在一个笼子里，这个笼子只有一根可获得麦粒的操作杆。起初，三只棕鼠轮流工作，它们表现得相当平等。但不久，它们就开发出了专业化的工作方式：一只野鼠不断地踩踏操作杆因而工作得很辛苦，另外两只则在其鼻子底下吃掉了大部分食物。上百次同样的实验都产生了同样的模式：这个小组分化成了两种等级的野鼠——一个劳工、两个（剥削劳工的）食客。

说来也奇怪，野鼠中的这种等级分化每一次都是在没有冲突，也没有威胁或自我扩张的企图的情况下发生的。这种分化似乎是自发产生的。那么，到底是什么决定了每一个体的社会地位呢？

奥菲尔德-鲍克斯博士又分别将重的和轻的、大的和小的、老的和少的、雄的和雌的野鼠放在一起做实验。在任何一种情况下，她都无法预测哪些鼠会成为劳工，哪些会成为食客。社会理论中的经典范畴——等级、支配、服从与合作等，都不适合用来解释这一案例。

在先前的实验中，有些野鼠已被证明在当时的那个小组中是劳工或食客。但是，在全都由先前实验中的劳工或食客组成的新的小组中，仍然会出现新的等级分化。在拿新小组做的新实验中，先前的三个劳工中的两个成了食客，第三个则成了它们的奴隶。但只要回到原先的小组中，它们就会恢复自己作为劳工的原地位。奥菲尔德-鲍克斯博士将同一小组中的三只野鼠都分开，让它们"忘记"以往的经历达数周之久，而后在相隔很长的时间后以原先的方式让它们再次相聚，这时，每一只野鼠立即就会恢复其原先的地位。由此可见，这种地位的分配不可能是一种碰运气的事情。

显然，在动物中，存在着一种不以强者对弱者的压迫、高高在上和无所忌惮的剥削为标志的社会秩序。而这种存在于所有动物中的社会秩序居然是在野鼠之中被发现的！对我们人类来说，发现那些在这种关系中起作用的隐蔽的社会力量将是意义非凡的。可惜的是，那位英国科学家未能解开这个谜。尽管如此，有迹象表明，所有那些在实验之初、在笼子中个别受训期间表现得最活跃、最聪明的野鼠注定会成为"工人"。

这一结论是与对生活在野外自由状态下的野鼠群落的观察结果相一致的。前面已经说过，在野外的野鼠群中，在每一阶层各自的范围内，是不存在通常意义上的地位差异的。而且那些看起来强壮、营养良好的野鼠总是让弱者、雌性及幼者优先摄食。不过，现在，我们还不能确定奥菲尔德–鲍克斯博士的实验中的劳工鼠是否等同于巴奈特教授实验中的甲级鼠。我们已经注意到，巴奈特也谈论过丙级鼠，这种鼠皮毛粗糙而肮脏，且具有反应迟钝、行动迟缓的特性。

鼠群的战斗力只是由较少的甲级鼠构成的。但在格拉斯哥大学的实验室中，即使在甲级鼠中，也没有观察到一个合作案例——无论是在找寻食物还是战斗中都没有。入侵者的气味自然会在领地中引起一定的兴奋状态，每一只甲级鼠都会特别小心地闻每一只它所遇到的野鼠，以确定其是否为本群成员。但战斗者只能靠自身的主动性来行动。在野鼠中，并不存在任何作为鼠军统帅的"将军"。

野鼠们真正互咬致死的情形仅仅发生在这种情况下，即实验室中的野鼠与其野外的同类一起被放进同一个圈养区中。实验室中的野鼠及其祖先已经在一种不自然的环境中一共生活了数十年，它们已失去与同类其他野鼠的交流能力以及对其他野鼠发出的社会性信号做出回应的能力。它们不知道何为表示谦恭、求饶、友好的姿态，因而在被袭击时做出了错误的举动。它们的死只是误解的结果。

由此我们明白，要阐明令人不安的世界局势，野鼠这种在好战性上与人类相似的动物实际上根本无法在行为上为我们提供可供借鉴的相似之处。

第六章

攻击本能的基因基础和正负功能

第一节　在伊甸园之外

罗杰尔·乌尔里奇（Roger Ulrich）教授 [1,2,3] 有两只野鼠，他一直将它们关在同一个笼子里，它们是好朋友。但是，当这位美国心理学家对其中一只野鼠的脚施加电击时，笼子里的和平景象就突然改变了。在痛苦的影响下，那只野鼠扑向它的同伴。疼痛持续的时间越长，它就越凶猛地攻击那个无辜的同笼伙伴。

这一实验结果使这位西密歇根大学的科学家得出了一个有趣结论："在动物中，或许在人类中也一样，攻击行为是痛苦情感的一种直接而自然的结果。"由此，康拉德·洛伦茨的攻击理论可得到扩展和进一步完善。我们可以说，疼痛降低了触发攻击本能所需的相应激素水平的阈值。

在上述实验中观察到的明显非理性的反应是有其生物性目的的。一只被攻击因而感到痛的动物不得不采取防御措施。因此，一般来说，对疼痛的攻击反应是有意义的行为。但实验表明，这种冲动虽然在生物层面是合理的，但就人的理性而言，其实际运作则不合逻辑。这就是心理学家会在动物的好战行为中发现那么多难以理解的现象的原因所在。

身体或精神的痛苦激发的本应是对引起痛苦者的反击行为，但当没有一种有意义的施加对象时，好战行为中的不合理性就会最清楚地呈现出来。这时，生物层面的好战性已被调动起来。更重要的是，这种好战性已被加热成高压"蒸汽"，因而必须以某种方式被宣泄出来。不幸的是，这只是本能运作的生理机制，之后所发生的是与自然毫不相干的事情。那只受电击的野鼠感到一种它无从防御的痛苦，因而选择了一只"替罪羊"来宣泄自己的攻击性。

让我们再来举个例子，这回不是人工实验室里的例子了。在鸡群中，一只被更强大的成员"惩罚"、被啄击的鸡不能释放它对自己的折磨者的攻击性。在这种情况下，它的攻击性就会"自动"向其他成员爆发出来。这将产生可怕的后果。它不是去攻击那个比自己强大的恃强凌弱者，而是迅速选择一个比自己弱小的、完全无辜的同伴，将其啄得羽毛乱飞。

这种"啄序"效应无论在动物还是人类社会生活中都会出现。它与理性和道德无关，而是源于本能的结构。它也是人类本性的动物根源之一。根据这个原则，我们可以更好地理解：为什么一个坏脾气的严厉老板会在他的商店里创造出一种类似于鸡群中"依序而啄"的效应——从最高职位者到最低职位者全都互相敌视的气氛。此外，老板的这种性情所带来的"悖论"后果是：工作慢了下来，而非得到了促进。

在罗杰尔·乌尔里奇的实验中出现了一种有启发性的关涉个体间距离的现象。在电击强度不变的情况下，野鼠对其无辜笼伴的愤怒强度会与笼子的大小成反比。笼子越小，两只野鼠靠得越近，受电击野鼠的愤怒程度就越强。"你不仅可用棍棒来杀人，也可用过于狭窄的空间来杀人。"这是第二次世界大战后在德国难民和因遭轰炸而无家可归的人中流行的一句谚语。显然，在这方面，人类的反应的确与野鼠并无二致。看看那些将自己套房中的空余房间转租给别人的房东或二房东与其租客之间司空见惯的不和与怨恨吧，那就是上述谚语所言不虚的证明。那些租客不见得冒犯性有多强，实际上，不如说，这种争端源自性情、被迫共居与空间窄小因素的共同作用。明智的人应该将这种争执看作一种同雨和雷一样的自然现象。这种敌意应该被理解为住房短缺的直接结果，当事各方都应避免通过道德判断和报复来使情况变得更糟。

但是，在这种情况下，理性又有什么用呢？

乌尔里奇教授引人注目的发现似乎表明，上述问题的答案是：理性无用。在他用来做实验的箱子中，他安装了一根操作杆，野鼠只要按下那根操作杆，就可以停止电击。那些被关的野鼠很快就学会了例行操作程序。而且，它们还学会了坐得离操作杆近一点，以便笼子一通上电就能迅速按下操作杆。

但当一只完全掌握了这种技术的野鼠与另一只野鼠被放在一起时，结果却是令人称怪的。虽然受电击的野鼠知道消除痛苦的最快方式，但在大多数情况下，它却没有理性地行动，而是去攻击它的笼伴。显然，那只野鼠感觉到了一种比关闭痛苦的来源更强的冲动，要去惩罚一只"替罪羊"，而作为痛苦来源的电流在两鼠相战期间并未减弱。

这个实验相当戏剧性地说明了，由痛苦点燃的攻击性是怎样倾向于阻止理性与习得的行为，甚至导致一个训练有素的动物或一个人试图迁怒于另一个同类。

这就是本能和理性之间的悲剧性关系。同样不幸的是，在努力用理智来看待恶的现象时，人们已纯粹从道德方面去考虑它了。尽管康拉德·洛伦茨在1963年已经对恶行的本能方面即攻击性做出过令人信服的解析，人们仍未普遍认识到所谓的恶可能含有固定的生物性成分。因此，我们更加有理由去关注一些高度相关的新的研究成果。

美国俄亥俄州立大学的瓦尔特·罗森布勒（Walter C. Rothen-buhler）教授[4]可谓动物行为学领域中的孟德尔。1964年，他为世界领先的生物学家已争论了几十年的一个假说提供了证据，对这个假说，一些生物学家热烈肯定，另一些则强烈否认。这一假说的具体内容是：无论是动物的身体形状，还是动物的行为中的任一因素，都在其遗传物质中的特定基因中有着坚实的生物性基础。

在用蜜蜂做的相关实验中，这位美国昆虫学家观察到，从遗传的行为方式上看，蜜蜂可分为两种，而这两种蜜蜂只是在攻击与清洁这两方面行为上有所不同。A种工蜂是很温和的。在无数次测试中，它们只刺伤过一次自己的助手。但是，与此同时，这种和平的蜜蜂又是非常不爱清洁的。当有幼蜂死在蜂窝里时，无论是因疾病还是被人工注射毒药而死的，它们都漠不关心地任由其尸体腐烂下去。

在同样的条件下，在拿B种富于攻击性的蜜蜂做实验时，这位科学家被蜇了不少于150次。值得注意的是，每当有幼蜂死亡时，B种蜜蜂就会赶紧从蜂房中将尸体清除掉。

罗森布勒想出了一个绝妙的主意：对这两种类型的蜜蜂做杂交试验。结果表明，F1代的杂交蜜蜂行为并无例外。然后，他又让F1代杂交蜂中的雌王蜂与未杂交的亲本系蜜蜂杂交。由这一杂交所产

　　　　　　　　　　　　友善的野兽：富于人性的动物社会

生的 28 个蜂巢的蜜蜂表现出了一些令人惊讶的特征。

在 7 个蜂巢中，工蜂们立即打开被腐臭的幼虫死尸污染的蜂房，并做了清洁工作。在另外 7 个蜂巢中，工蜂们打开了蜂房，但总是让那些已死的幼虫留在那里。在另 7 个蜂巢中，只有在实验者事先辅助打开了蜂房的情况下，那些蜜蜂才会去除已死的幼虫。在最后的 7 个蜂巢中，工蜂们既不去打开蜂房，也不去清除已死的幼虫——即使有人已经替它们打开了蜂房。

在孟德尔关于豌豆花颜色的实验中，他也没有给出关于遗传特征的更精确的证明。

这个明确的结果只能导向一个结论：在蜜蜂染色体*的遗传物质中，存在着打开有已死幼虫在其中的蜂房的隐性基因和带走已死幼

---

* 在汉语中，德文词 "Chromosom" 或英文词 "chromosome" 通译为 "染色体"。"chromosom(e)" 一词最初由一位德国解剖学家创造：1888 年，他以希腊文中的 "khroma"（意为 "colour" 即 "颜色"）和 "soma"（意为 "body" 即 "体"）组合并拉丁化后形成了 "Chromosom" 一词，用来表示细胞中的 "colorable body" 即 "可被（人工）染色的小体"。实际上，无论在东西方，对生物学、尤其是遗传学不熟悉的普通大众乃至大部分非生物学专业的知识分子在看到该词时常常不知其具体所指。因此，从知识传播角度看，该拉丁词的创造及按字面意义直译的汉语名 "染色体" 其实是很不成功的。鉴于这种字面意义与真正所指相距甚远的词对知识传播构成的障碍，译者认为：翻译工作者应抛弃多数人难明其真义的 "染色体" 这样的译法，而改用按其真正所指给出的简明扼要的意译，从而为知识的传播清除障碍。在查阅多种词典以及百科类文献后，译者认为，金山词霸中的英英词典对 "chromosom(e)" 的解释是最简明扼要的："a threadlike body in the cell nucleus that carries the genes in a linear order."据此，在汉语中，"chromosom(e)" 可表述为：生物细胞核中携带着决定生物性状的基因的线状体。这种线状体是一种细长的囊状物，大致类似于拉长了的胶囊。由此，译者认为：在汉语中，"chromosom(e)" 可简明且形象地意译为 "基因囊"。基因囊中所包含的一条条链状基因体（其形状有点像油条或麻花，其主要成分是包含遗传信息的脱氧核糖核酸分子即 DNA）则可简明地意译为 "基因条"。生殖细胞是不同于体细胞的一种特殊细胞，其中的 "基因囊" 可按其形状特征分别意译为 "X 基因囊""Y 基因囊""Z 基因囊""W 基因囊"。
在审阅关于 "chromosom(e)" 新译法的本条译者注后，具有生物学博士学位的赵鼎新老师认为，译为 "基因囊" 比译为 "染色体" 更准确。但 "染色体" 已通行，因而改译可能还需要斟酌。在听取赵老师的意见后，译者决定：在本书中暂不将 "chromosom(e)" 改译为 "基因囊"，而仍沿用 "染色体" 这一译法。但译者希望借这个 "译者注" 提出 "染色体" 这个译名所存在的问题，并提出一种可解决问题的新译法，以供读者讨论和选择。——译者注

虫的另一种隐性基因。要清理那些其中有带病菌的已死幼虫的蜂巢，一只工蜂必须从其父母双方即蜂后与雄蜂那里接受这两个基因中的每一个。要能做得出这两种模式的行为，它们必须是同型基因互相结合的产物，即生物学家称为"纯合子"的生物体。

现在，我们还无法预见这一发现的全部意义，但至少其中的两个方面已经搞清楚了。首先，不幸的是，不可能培育出几乎从不叮刺的温和蜜蜂，因为在这种昆虫中，温和是与清洁带病灶蜂巢的先天性无能相关联的。

其次，罗森布勒[5]的实验已经充分揭示出本能的层次结构的复杂性。迄今，外行人仍然在使用粗糙而笼统的摄食和交配本能等概念，但奥地利塞维森的马克斯·普朗克行为生理学研究所的前主任、已故的埃里希·冯·霍尔斯特（Erich von Holst）教授[5]在许多年前就已指出：从遗传学上看，所谓的"大"本能是由许多"小"本能复合而成的。

例如，狗的嗅探、跟踪、奔跑、捕猎和摇晃猎物致死动作分别代表着完全独立的遗传本能，但这些本能之间又是如此和谐地相互关联在一起，当它们结合在一起就能使狗满足其解除饥饿的需求。此外，现在看来，本能甚至还可做进一步细分。就蜜蜂而言，无论如何，我们已不能再说它们有一种保持蜂巢清洁的本能，只能说蜜蜂具有与下述过程相对应的两种本能——打开其中有已死幼虫的蜂房的本能、将已死幼虫从蜂房搬走的本能。只有这两种本能彼此合作才能造就一种对蜂巢的完好存在有意义的行动。

巧合的是，攻击性正是在这些基因之一中被发现的。这并不是说，人类的攻击与清洁本能也位于同一基因中。诚然，世界各地的军营都极端地强调清洁的重要性。但是，从科学角度看，任何基于从蜜蜂到人类的类比而得出的结论都是不能成立的。重要的是发现这一点：无论在蜜蜂还是在人类中，攻击本能都有其固定的遗传基础。这一点已经被一些研究论文所证实。

1967年，为了确定细胞核中染色体的组成，英国的一个研究团队对兰普顿与布罗德莫两地监狱中的囚犯进行了研究。由于男人和女人在攻击性上存在着相当大的差异，谢菲尔德大学的凯西（D.Casey）博士和爱丁堡辐射效应研究中心的司格特·布朗（W.H.Scott Brown）博士特别严密地检查了性染色体。

在每个人拥有的23对染色体中，22对是男女几乎相同的。然而，在另一对染色体中，女性的这对染色体由两条X染色体组成，而男性的这对染色体则由一条X染色体与一条Y染色体组成。由于在成熟期间细胞分裂所发生的错误，有时，人的体细胞中可能会有额外的X或Y染色体。由此导致的结果如下：

所谓的XXY型男性会具有明显的女性特质，因为在这种男性的体细胞内，有一条多余的女性X染色体。与此同时，也存在XYY型男性。可以说，这种男性患有"超雄综合征"。XYY型男性大多在年少时就会发生触犯法律的暴力行为。研究发现，在监狱囚犯中，这种类型的男性发生暴力冲突行为的频率要比染色体正常的男性高30倍。

按照完全不同的程序，第二组科学家得出了同样的结论。在美国马里兰州贝塞斯达的关节炎和代谢疾病研究所，西格米勒（J.A. Seegmiller）、罗森布洛姆（F.M.Rosenbloom）与凯莱（W.N.Kelley）[6]研究了那些表现出无法自控的强迫性攻击行为的男性患者，并试图确定他们是否在生物化学指标上偏离正常。三位科学家发现，这些人几乎完全缺乏某种酶。而他们缺少这种酶的原因很可能是染色体中相应基因的失常或缺失。

那些作者总结道："特定的酶与神经疾病、智力迟钝和强迫性攻击行为的关联可能有助于我们重新确定研究其他行为障碍的基本途径。"

有趣的是，在不同的人类群体中，攻击本能可体现为截然不同的形式。美国犹他州和科罗拉多州都有印第安人保留地，生活在那里的犹他印第安人是好争吵的急性子的人；巴拿马加勒比海岸附近有一个圣比亚斯群岛，在那里，生活在棕榈成荫的珊瑚礁上的"月光之子"则表现出了温和安乐、崇尚和平的特性。

在近几个世纪中，北美的草原印第安人[7]几乎在不停地征战着。在此期间，他们肯定演化出了强烈的攻击性。性选择也较快地导致了他们遗传中相应的生物性变化。

今天，这些天生富于攻击性的印第安人得平静地生活在他们的保留地上，他们不再能以原有的方式释放他们的攻击性。结果是，他们被抑制的攻击性会寻求其他发泄方式，例如，发泄在汽车轮子上。诚然，这种事情现在世界各地都有。但在印第安人中，他们的汽车事故频率远远超过任何其他司机群体的。一点不愉快的心情、其他司机的瞬间刺激都会成为事故的导火索——当事人立即毫不犹豫地驾车撞向自己的"对手"。

与犹他印第安人相比，"月光之子"们的行为可以说是到了另一个极端。所谓"月光之子"即库纳印第安人（Cuna Indian），他们是因基因变异而白化了的中美洲印第安人：他们有白皮肤和白头发。

白化病是一种常见现象，尤其是在兔子、野鼠和家鼠中。观察还发现，引起白化的同一种基因变异也会改变这些动物的性情。白化动物的撕咬倾向要比体色正常的同类轻得多。

圣比亚斯群岛上的"月光之子"也遵循着上述同一规则——这一发现真是一件奇妙而令人感动的事。他们的白色脸庞和雪白头发以及深蓝色的眼睛有着超凡脱俗的美。美国佐治亚大学的人类学家克莱德·埃德加·基尔（Clyde Edgar Keeler）[8]观察到：他们的步态和运动是非常谨慎的。他们说话温和，而且几乎从来不会做出猛烈的动作。当他们之间或他们与其棕色皮肤的同族成员之间发生争吵时，他们几乎从来不会持久地吵下去；他们很快就会放弃争吵，以免发生肢体冲突。显然，这是比持久争吵更明智的处事之道。事情并不仅仅如此，实际上，他们的智力水平远远高于其深肤色的同族同胞的平均智力水平。

但这只是攻击本能缺失的一个方面。不幸的是，攻击本能的缺失也有令人遗憾的一面。"月光之子"从不大笑，即使微弱的微笑也很罕见。他们不参与其棕色皮肤的同族同胞的节日和恶作剧，也不分享其棕色皮肤同胞的沮丧或焦虑之情。他们能平静而坦然地忍受一场狂暴到似乎要将整个岛屿卷入大海的肆虐飓风。虽然富于智慧，但他们从来不做任何意义重大的事情。最重要的是，对于身体之爱（即性爱），除了转瞬即逝的微弱火花外，他们似乎感受不到更多的东西。那些白化的妇女很少有孩子。

所有这些都说明，攻击本能在基本的人类心理以及所有动物的生活中起着巨大的作用，无论这种作用是好是坏。这种会导致冲突的本能不仅是破坏行为的根源性因素，同时也是进取精神、对事物有热情的能力、所有的创造性冲动以及爱情不可或缺的组成部分。

如果我们为了避免未来战争与人际冲突，而试图将攻击本能从人类中祛除掉——这在生物学上是可行的，那么我们就会将自己变成"月光之子"。

因此，攻击性问题不能通过消除攻击本能的方式来解决。我们的困难是，必须在两个深渊之间的一条非常狭窄的山脊上保持动态平衡。攻击性不足会导致生命力的丧失，攻击性过度又意味着肆无忌惮的大规模破坏行为。

因此，对攻击性，我们不能采取完全肯定或完全否定的、非此即彼的观点。作为动物行为的遗存，攻击本能是人的智力失误所导致的所有现实恶果的生物性基础，但它本身并非邪恶的。只有动物性的行为因素与人类行为特性相结合，才导致了那种让人类被逐出伊甸园的原罪。

第二节　是什么让人类做出残忍之事？

攻击者一旦进入和平主义者的家，就全力突袭那个无辜的受害者。但当被袭击者尝试着做了几次笨拙的自卫举动，那个攻击者就会被一条绑在脚上的绳子拉着从那个房间里撤退出来。由此，那个防守者以为自己赢了，并在第二天重复出现同样的攻击事件时获得了勇气。

到了第三天，和平主义者的战斗欲望已增强到这种程度——"他"追上了一个无辜的第三方，将其一顿痛打。五天后，将"他"变成一个凶猛战士的教育就大功告成了。一次又一次的轻易取胜使得这个原本温和的灵魂变得如此富于攻击性，以至于从那以后它甚至对"妇女和儿童"也会横加攻击、踢打、冲撞和撕咬。

不过，在这所好战性训练学校里受训的并不是人，而是家鼠。但根据美国动物学家、巴港的杰克逊实验室主人约翰·斯科特（John P.Scott）博士[9]的观点，人类的攻击性、破坏性和残酷性其实与家鼠是有同样的原因的。基于自己与动物的接触经验，他认为，无论在动物还是人类中，伤害他者的恶德都不是先天固有的。只有伤害训练才能使动物和人类变得富于攻击性。被迫战斗而又赢了，正是这种成功激发了动物的攻击性。这一点很可能也适用于人类，斯科特博士如是说。

反之，通过正向而非负向的训练技术，斯科特博士也能够建立起一个和平取向的家鼠社群。他的方法之一如下：

由于雌鼠从来不敢攻击雄鼠，要诱发和平行为得满足这一条件：让家鼠们在不与"邪恶的"邻居接触的情况下一起成对地成长。因此，在这种环境中，家鼠们没有挑战行为，也没有哪怕最轻微的争吵需要。因此，在那些家鼠中，没有发生争端。和平的气氛增强了雄鼠的和平倾向，后来，当一只雄鼠被引入一个更大的雄鼠社会（其中的雄鼠也都是在雌鼠的和平陪伴下长大的）中时，它仍然保持着温和的性情。

与家鼠不同的是，人类中的男性和女性有时相处得很差，因此，这个实验不能很好地用作防治人类好战倾向的"专利药方"。尽管如此，这一结果还是激励着斯科特博士去寻求其他方法。

尽管许多改革者和理想主义者已为之做了许多努力，人类的好战性仍然一直存留着。如果人类的好战性问题也能像家鼠一样通过适当的教育方式来解决，那么，这将是过去的两千年中最为巨大的发现之一。

美国动物行为学家郭（Z.Y.Kuo）教授[10] 所做的其他动物行为实验似乎进一步提升了这一希望。

郭在不同的教育系统下养小猫。第一组中的 20 只小猫被允许与母亲同住，并经常被特许观看母亲如何捉野鼠和吃野鼠。因此，这些小猫中的 18 只在身体长得足够强壮时就已开始捕猎野鼠——这种事也就不奇怪了。

第二组的 20 只小猫则是在没有父母做榜样的情况下长大的。当这一组的猫长到成年时，只有 9 只会去抓鼠。对这 9 只猫来说，显然，对狩猎的热情是遗传的。

第三组是 20 只无父母养育的小猫，从它们的婴儿时代起，实验者就给了这些猫一只作为玩伴的婴儿鼠。实验者获得的巨大惊喜就来自这一组。在这一组的猫进入成熟期后，只有 3 只猫不能控制自己已然觉醒的猎杀本能，而 15 只猫则会亲切地舔那只它们从小就彼此熟悉的、现已长大的野鼠，甚至保护那只野鼠使之免遭那些野性的猫兄弟姐妹的伤害。简言之，在第三组中，实验者差不多创造了一个动物伊甸园，尽管还算不上完美。

但是，通过向年幼者呈现一个无攻击现象的人为世界就真能消除动物的攻击性吗？斯科特和郭倾向于美国科学家多拉德（J. Dollard）[11] 关于攻击性的教育理论。早在 1939 年，在希特勒治下的德国表现出来的攻击性和侵略性的冲击下，多拉德设想出一个教育论的攻击性理论。在这一理论中，他提出了这样一个假设：攻击行为总是禁止与挫折所导致的结果。因此，必须允许孩子自由成长；

成人不能拒绝和责骂孩子，尤其不能打孩子。此后，在西方国家，许多家庭尤其是美国的家庭，都是依据这一"放任"教条来养育孩子的。

不幸的是，这种育儿实践的结果并未证明这一理论的合理性。那些宽容的父母养了一些家庭暴君，这些小暴君在破坏和恐吓别人上发现了作恶的乐趣。在后来的岁月中，当其他成年人坚决反对他们的放肆行为时，这些孩子就会得多种思维或行为障碍症和负面情绪无法自我调控的神经症。总之，事实已证明，放任是养育人类的一种不好的方法。

在郭的实验中，可清楚地观察到错误的来源。即使在与一只野鼠保持亲密友好关系的情况下饲养的那些猫中，也有 3 只猫（占小组中猫总数的 15%）后来想要杀死并吃掉从小与它们一起长大的那个鼠友。从它们的成长环境看，这些猫对猎杀的爱好不可能是后天学到的，因而只能是天生的。训练能在多大程度上抑制猫的遗传的攻击本能，取决于这种本能起初有多强。

斯科特和郭的实验令人信服地证明了训练可影响遗传的行为。教育因素表现得非常强大，以至于几乎遮蔽了行为的遗传成分。但实际上这种遗传成分仍然存在着。如果未对这一点做适当考虑的话，那么，行为的遗传基础自身就可能打破"人的教育可改变一切"的整套信念。就像在以放任的方式养育那些人类儿童的案例中一样，他们的遗传的攻击因素还是会自发地表现出来。

那么，关于是人性有善恶，还是现实生活经验使人善或恶的问题，其提出的方式本身就是错误的了。每个人一出生就拥有强弱程度不等的遗传的攻击成分，每个人的攻击行为又或多或少地受制于教育和其他环境影响所带来的改变。一个具有高度攻击倾向的人可以如此彻底地使自己受理智的控制，以至于他能比一个攻击性较弱但自制力也较弱的人对事物做出更具和平性的反应。

然而，在精神压力达到某个临界点时，基本的内驱力（即本能）就会将理智取而代之。所有的人或迟或早都会到达这一点。根据自然禀赋高低与道德力量大小的不同，不同的人能够承受的精神压力临界值是不一样的。在战俘营中，经常发生这样的事：某个总是进行道德说教的人，有一天被人撞见正在做某种恶心的事，而从此以后，他就会被人们嘲笑为大伪君子。实际上，无论说教者还是嘲笑者的人性观都是对人性的误解。不幸的是，世上没有绝对好的东西。

现在，对攻击行为的这种双面性，对善与恶、动物与天使之间的交替性，我们再怎么强调都不过分。因为自从康拉德·洛伦茨的《论攻击》（德文版书名意为"所谓的恶：攻击性的自然演化"）一书出版以来，出现了一种对人性做简化理解的危险时尚。一个多世纪前，一些对达尔文本人的思想不甚了解却自称达尔文主义者的狂热分子对他的思想做了庸俗化的曲解，他们将达尔文的"生存斗争"理论歪曲成了"要么吃人或要么被人吃"的概念，并把它当成了一个可用来解释所有政治和经济行为的万能公式。现在，那些倾向于暴力的人也大声宣告：不存在所谓的暴力之恶；我们所谓的恶只是人类自然的攻击性的一部分，因此，每一种（所谓）可耻的行为都是合乎人的天性的。

另一方面，虽然实验本身可能非常出色，但我们很难相信，对解决人类的攻击性这一大问题，那些关于家鼠、野鼠、猫和其他动物的行为研究真的能为我们提供什么有效的手段。对于我们能用行为心理学做些什么，欧根·古尔斯特（Eugen Gürster）[12] 持悲观看法。他曾经这样写道："在（纳粹党执政前半期的）德意志第三帝国中，所有对人类间的文化相关性的谈论都无法阻止或减少那些可怕的事情——对数百万有感情能力的人的无情灭绝、两次世界大战中的屠杀；任何一个经历过这段历史的人，任何一个在其一生中看到过这种事情的人都会感到，'所谓的恶'这样的短语如鲠在喉。"

动物界是不曾有过像纳粹死亡集中营这种东西的先例的。但是，当我们谴责法西斯主义的恐怖时，我们却没有抓住问题的要害。自从希特勒时代以来，这个世界的其他地方也发生了太多的屠杀。1947—1948 年，在印巴分治中，有约百万人丧生；哥伦比亚的暴力夺走了无数无辜人的生命，苏丹起义造成了约 20 万人的死亡，1965 年，印度尼西亚爆发的反共大清洗甚至更加残忍，被杀害的人数不下 50 万，实际上，这场运动的受害者不一定是共产主义者——在这场横扫其全国的狂暴的清洗运动中，许多人告发他们个人的仇敌、竞争对手或债权人，并煽动疯狂的人群来对付他们。在动物界，我们哪里能找得到这种现象？

我们只需想象自己处在一伙热衷于杀戮的暴徒、一群宗教狂热分子或一个纳粹党卫军办公室中，就会立即意识到，任何想要制止这种不人道的残酷行径的努力都是徒劳的。我们只需读一下让-弗郎索瓦·施泰纳（Jean-Francois Steiner）关于特雷布林卡死亡集中营中的起义的书。[13] 这是一本关于人类、"斗士们"以及受害者行为方式的令人惊愕痛苦的缜密细致的纪实著作。面对这些骇人听闻的恐怖行径，我们不禁感到，任何试图通过研究动物行为来说明人类邪恶的实验都是值得怀疑的。

我们也不能以"德国人"或"党卫队"天生就极具攻击性为由来解释这种惨无人道的罪行。顺便说一下，在当时世界上实行内部监控的国家中，在变态的虐待狂被及时识别出来时，就会被从党卫军领导岗位上赶走。奇怪的是，党卫队的领导者们是坚持全体军人都应该"正派得体"的。为了能实施暴行，这些"正派得体"的纳粹党爪牙会接受相关的训练。由此看来，攻击性过强并不是问题所在。实际上，真正的问题在于，在执行政府首脑中少数病态的虐待狂的命令时，数量大到如此惊人的普通人竟然都能心安理得。

有多少人有拒绝服从无道当权者的道德力量呢？是什么古老的行为因素使我们陷入了不合理和不人道的行为呢？从社会动物的行为中，我们能获得关于这些力量的更好的理解吗？

在由 7 个测试组成的一系列测试中，美国心理学家斯坦利·米尔格拉姆（Stanley Milgram）博士[14,15] 试图发现他的权威是否足以说服实验中的被试者去给别人造成痛苦甚至死亡。他的成功来得太容易了。

这位心理学家从大街上随机挑了 280 个人，请他们来参加残忍行为能力测试。他没有谈论关于人际关系的应然准则或其他"更高"的理想，对所要做的事之意义，他只是故意轻描淡写，并假装他正在进行一个教育方式上的实验。据他说，要解决的问题是，弄清楚学生是否会在逐渐增强的惩罚影响下更好地解决某些问题。他告诉被试者们，老师必须问事先定好的一系列问题，并在学生每次出错时以惩罚力度逐次增强的方式给予惩罚。

惩罚确实是严厉的。首先，在那位新招聘来的"老师"的协助下，米尔格拉姆博士把充当学生的人绑在了一把电椅上，"学生"所在的房间除了那把孤零零的电椅外别无他物。在"老师"所在的房间里则放着一套惩罚装置，即排成一排的 30 个按钮，据称，按下那些按钮就可给"学生"以 15~450 伏电流的电击。除了标明电压伏数外，每个按钮上都有关于所标示电压下的电击效果的描述性标签，从"轻微受击"到"危险：严重受击"。当然，那些按钮实际上并没有通电。而那个充当学生的人其实是米尔格拉姆的助手之一，他的痛苦状貌完全是装出来的。

在第一组实验中，两个房间相距甚远，"老师"听不到"学生"尖叫。尽管每个人应该都知道 220 伏电击可能是致命的，几乎所有新招来的"老师"都无所顾忌地将电击电压从最低一档渐次升到了最高的 450 伏。换言之，对可能产生的后果的抽象认识并不能阻止一个人做出会导致这种后果的行为。在战争状态下，人们无疑会决然地按下发射带有核弹的火箭的启动按钮。

因此，在接下来的实验中，实验者便开始向"老师"展示他对"学生"的惩罚所产生的后果，以便弄清楚这些后果所给他的印象会在什么时候让他停手。

现在，电椅被搬到了一个与"老师"所在房间相邻的房间。起初，米尔格拉姆博士只让那个"老师"看到"学生"受电击时的少量反应。当电击电压达到 300 伏时，那个受害者开始连续猛烈地拍打墙壁。当电击电压达到 315 伏时，那个"学生"看起来痛苦不堪的敲墙动作突然停止了，似乎他已经死了。尽管"学生"们发出了表达痛苦绝望之情的噪声，仍然有不少于 66% 的"老师"按下了 315 伏电压的按钮。只有 34% 的人拒绝这样做。

由于这个令人感到不安的结果，米尔格拉姆博士设计了另一系列实验，在这些实验中，他扩大了疼痛的声音表达的范围。在电压为 75 伏时，录音机在墙后面自动发出了一声轻轻的哼声。在电压为 120 伏时，录音机发出了表示电击已造成严重痛苦的冷静的叫声。此后，受电击者的反应变成了情绪激动的大声抗议，并要求停止实验，离开实验用房。当电压达到 180 伏时，录音机就会发出尖叫、恳求和表示痛苦已不堪忍受的持续的哭叫声。当电压高于 180 伏时，那个"老师"所能听到的就只有"学生"因受折磨而发出的尖叫声了。

令人沮丧的是，与前一组实验相比，这组实验几乎没有任何有意义的差异。尽管有抗议和尖叫，仍然有 62.5% 的被试者对其受害者连续施加更强烈的电击。不过，有几个"老师"似乎表现出了犹豫。他们询问在整个实验过程中一直站在旁边的米尔格拉姆博士，是不是应该停止测试？在这种情况下，博士并没有用严厉的命令方式来回答，而只是做了事实陈述："你别无选择。你必须继续做下去。"仅此而已。

之后发生的事情可谓言行差异的经典事例。出于良心不安或道德顾虑，那些"老师"宣称：他们不想伤害隔壁房间中的可怜人，他们认为所有这一切都非常令人不愉快，等等。尽管如此，他们还是屈服于科学家的权威，因而继续对"学生"施加越来越强的电击。只有 37.5% 的人拒绝继续为他们的"雇主"工作。

看来，近距离的人际接触以及能实际看到受害者的反应，是事情发生转变的决定性因素。为了证实这一点，米尔格拉姆博士想了一个办法：他将"老师"和"学生"放在同一个房间，两者之间只隔着半米的距离。他的助手编排出了一套让"学生"做出与不同程度的电击相对应的身体反应动作，这套表演涵盖了一个完整电击实验的全过程：从受到假想的微弱电击时做出短暂的猛地一抖的动作，直到浑身颤抖并发出令人不安的尖叫，最后做出似乎是临死之前的挣扎的身体扭动。但这套表演并没有给此后的电击实验带来不同于此前的实验结果。在应用这套表演程序所做的电击实验中，当受害者哭诉心脏在疼痛时，在那些得到命令的"老师"中，仍然有40%的人在执行电击。当受害者请求离开电椅时，仍然有40%的"老师"用提高电击电压的方式加重了受害者的疼痛。

"起初，我们没有料到需要用这种激烈的表演来激起被试者拒绝服从命令的意向，"米尔格拉姆博士写道，"我们看到，善良的人们因服从权威而做出了残酷无情的事，而这种现象居然会反复出现，鲜有例外。在日常生活中，这些人本来是为人正派并有责任意识的，但权威所施加的压力以及被试者缺乏批判性地盲目接受实验者对境况的解释，导致他们做出了残酷的行为。"

能唤起对恶行的道德抵抗力的最后可能的措施就是强迫被试者用肢体直接进行暴力行为。基于这一考虑，实验者对实验方式做了修改：只有在"学生"的手与电椅扶手上的钢板保持接触的情况下，他才能感觉得到电击惩罚。从电压达到150伏起，"学生"拒绝这样做。于是，那个科学家就会命令那个"老师"用力强行将受害者的手按在那块钢板上。

第一个被试者遵照指示将受害者的手用力压住，并对其执行了从最低压到最高压的电击！整组实验结果表明，不少于30%的被试者表现出了同样的残酷。

在第6个系列实验中，米尔格拉姆博士试图搞清楚当权威的影响减弱时会发生什么情况。他在另一个房间里用电话给出他的指示，而不是直接监管实验。在这种情况下，许多"老师"马上开始欺骗实验者。他们给受害者实施的电击要比通过电话向实验者报告的弱。但即使在这种条件下，仍然有 10% 的人执行了那些不人道的命令，并声称他们"只是在尽自己的职责"。

这项实验的最后变化是极富启发性的。在某个被试者轮到做"老师"前，实验者先安排他观看前一个"老师"如何做那些残忍的事情。尽管这样，仍有 10% 的被试者没有迟疑地做完了整个实验，并对受害者实施了新一轮惩罚。在这种情况下，90% 的被试者拒绝服从——但这一事实并不令人感到安慰，因为 10% 的人口足以对其余的同胞实施暴政。

"作者觉得这些结果令人不安，"米尔格拉姆博士这样总结道，"这些结果在暗示着我们，我们可能不能指望靠人的本性——更具体地说，是美国社会所产生的性格——来保证使公民免受源于某个邪恶权威的命令的残酷和不人道的对待。总的来说，人们都会做被权威告知要做的事情，只要他们看到那个命令来自一个合法的权威，他们就不会管自己在干什么，也不会觉得自己的行为该受良心的约束。在这项研究中，一个匿名的实验主持者居然能成功地命令多个成年人将一个 50 岁的男人强行绑上束带，并不顾他的抗议，对他施以痛苦的电击。这不禁让我们想到，在一个国家中，一个比个人有着更大权威和声望的政府能命令其治下的国民们做些什么呢？"

在德国，我们已不再有这样的疑问。从纳粹执政时期所发生的事情，我们已得到答案。在这个世界上许多其他地方发生的群体性大屠杀，为与上述实验结果相一致的政治实践提供了令人沮丧的进一步证据。历史已经清楚地表明，当人认为自己是在为宗教理想而行动，是在做神所喜欢的善事时，人对杀戮的禁忌就会迅速消失。在这种情况下，人在施暴时就不再会遇到丝毫的内在阻力。

《圣经·旧约》中有个故事说明了人类的这种矛盾心理。敬畏神的亚伯拉罕已准备好按神的指令用自己的儿子来做祭品。在关于米尔格拉姆博士实验的一篇评论文章中，艾瑞瑙斯·艾布尔-艾贝斯费尔特博士[16]写道："在亚伯拉罕的献祭的象征意义上，毫无疑问，我们可以从中发现人类最大的问题之一。就像爱邻人一样，服从也是一个伦理原则。但什么时候这一原则会不再是道德的呢？如果爱与服从这两个伦理原则相互冲突，那么，事实表明，服从原则通常是更为强大的。显然，在本性层次上，人类对权威的服从是一种先天倾向，而服从倾向的根源可能要回溯到我们的类人猿祖先中的等级秩序。"

社会动物的头领通常是群体中最强壮也最聪明的个体。一群社会动物通常都会发现，跟随头领是对自己有利的。但在正式成为头领之前，那个最优秀者首先必须通过争夺地位的战斗、特别的成就，尤其是群体内成员的普遍认可来获得权威性（参见本书第三章第二节中关于渡鸦的技能比赛性游戏及第四节中关于猕猴中的权位争夺行为的相关内容）。

在所有动物中，接受从属地位的能力和意愿都不是天生的。在非群居动物如猫、海龟和獾中，是不存在这种主从现象的。艾贝斯费尔特博士养的那只温驯的獾总是按自己的意愿行事，而不做任何被迫的事情。如果这位动物学家试图通过拍打来惩罚它，那么，那只獾就会立刻变成他的敌兽。而一只狗则会投主人所好，并常常乐于服从。与未成年渡鸦和大多数猿一样，狗在本质上是一种服从权威的动物。

"不过，根据这些观察所得，"艾布尔-艾贝斯费尔特博士总结道，"我们可得出如下结论：对邻居的爱和个人的道德情感往往不足以使一个人违抗强势当权者不道德的命令。在和平时期，人类接受某些人道主义标准。如果这些标准得到了国际性认可并有详细的阐述（例如，适用于医生的希波克拉底誓言），那么，它将是人道主义的一个重大进步。在这种情况下，一个人就可以借助于法律的抽象权威来反对邪恶当权者的命令，从而获得支持。这样，在进行道德抉择时，一个人就不会再孤身一人站出来反对权威，而是有另一种权威可作为他的盟友。"

这似乎是一个比过去其他方案更有说服力的解决方案。

在美国艾奥瓦州阿姆斯的动物疾病实验研究所，兽医们[17]偶然发现了一种通过特殊喂养方式来将凶猛的肉食动物转化为和平、温顺的动物的方法。雪貂会在事先没有挑衅因而不可预测的情况下不断地咬那些科学家。但是，当雪貂被喂食特殊的食物时，它们就会变得像哈巴狗一样驯服和温顺。这种对雪貂的性情产生了如此巨大改变的食物到底是什么呢？也许，有些人会设想这种食物应该是素食，很可能是由生胡萝卜和沙拉组成的；但实际上，它是由三份新鲜马肉、两份狗食和一份新鲜牛奶构成的。

这种喂养方法有一个缺点，即会使动物腹泻。一旦雪貂重新进食实验室的标准饮食，它们就会恢复喜欢啃咬的性情。不过，单单一次"和平餐"就足以使凶猛的动物再次变得温顺，同样的办法是否也适用于其他肉食动物如狼、狮子和老虎呢？这一问题正在研究中。不过，对人类来说，以持续腹泻为代价换来性情温和——这种事似乎是不太可能的。

当被喂了一种特别的饮料即酒精后，家养的公鸡[18]也出现了同样的变化，即变得性情温和了。在一点黑麦威士忌酒的影响下，一只好斗的公鸡会表现出明显的母性行为，甚至会在夜间庇护起小鸡来。大概是酒精对攻击行为具有抑制作用。有人注意到，在人类中，也存在着同样的状况。但是，对人类来说，酒精通常以相反的方式起作用，即消除对攻击的禁忌。

南部非洲卡拉哈里沙漠中矮小的布须曼人设计了一个原则上似乎可接受的解决方案。这些游猎者必定具有高度发达的攻击本能，但在人际与部落间争端中，他们通过一种伦理制度来约束攻击本能。这种伦理制度尽管与我们的形成鲜明对比，但它与他们所置身的恶劣的生存环境则是完全相符的。他们有着自己的禁忌和教育孩子的方式，这两者构成了他们驯服自己好斗性的常规方式。

丹麦人类学家延斯·布耶热（Jens Bjerre）[19]说，对生活在卡拉哈里沙漠中的人来说，挑起争端就是最大的犯罪，因为如果一个部落因为争吵而分裂的话，那么，在艰难得难以想象的沙漠环境中，这个部落就不可能再生存下去。如果不克制，那么部落之间的战争早就使布须曼人灭绝了。理解了这一点，我们就可以明白，这些石器时代的"野蛮人"的行为实际上要比"文明人"的理性得多。

在布须曼人中，打斗甚至连说泄愤的话语都绝对是禁忌。一个曾经犯过这些罪的布须曼人受到了部落长老的警告：如果继续犯这样的错误，那么他就会被驱逐出社群。这种驱逐实际上就等于死刑，因为在干旱的荒野中，孤独的个人几乎是不可能生存下去的。

即使是小孩子，也会因吵架而受到严厉惩罚。他们会被送到远征狩猎队中，在那里待上几天，而这种事绝非乐事。对打斗与争吵的严惩所导致的结果是，在这个世界上，几乎没有任何一个其他地方的人能像布须曼人那样和善地对待彼此，尽管布须曼人有着富于攻击性的性情。讲到这里，我们应该已经明白，对那些关于原始人和我们过游猎生活的祖先是如何野蛮的神话，我们再也不能继续相信下去了。

布须曼人如此成功地驯服了小孩子的好斗性，这一事实让我们回想起了本章开头所描述过的关于家鼠和猫的实验。这些成功的实践表明，在足够早的时期（如婴幼儿期）就对未成年者进行人格塑造将会是成效巨大的。

一方面，好斗倾向是天生的，固定在本能的结构中并受生物学法则支配。但另一方面，本能又绝不是僵化的。在一个相当大的范围内，其表现是可被环境影响而改变的。像焦虑一样，本能既可以被增强，也可以被抑制。如果一个人想要在最深层次或意义上理解自己和他人，那么，他就必须了解本能的这两种基本性质。

友善的野兽：富于人性的动物社会

第七章

未成年灵长目动物如何习得良适行为

第一节　丛林中的身份地位

母亲负责提供养育孩子所需的任何东西。这一普遍公认的原则不仅适用于人类，也适用于有"死神之头"之称的南美小松鼠猴。

沃斯特尔是一个只有 4 个星期大的幼松鼠猴，它的身体只有一个成人拇指的 2 倍那么大。这个幼猴骑在它母亲背上，紧紧地抓住母亲的毛皮。那孩子还完全不懂猴子的礼貌，它伸出手去，触摸了一下猴群首领。就像一个德国人拉住德国总理的夹克以求得到其注意一样，对这种猴子来说，这种行为是不得体的。但令人惊讶的是，幼猴此举所产生的结果是，那个尊严受到了冒犯的猴子首领并没有将责怪的目光对着那个幼猴，而是对着那个母亲。

松鼠猴生活在南美洲亚马孙河与奥里诺科河沿岸的丛林中，每个松鼠猴群的猴子数达几百只。它们的社会生活受到严格管控。每只松鼠猴从出生起就必须逐渐学习被本猴群看作良适的行为。在德国慕尼黑市马克斯·普朗克精神病学研究所，该所的精神病医生、灵长目动物行为学家、人类学家德特勒夫·普洛格（Detlev Ploog）教授 [1,2] 和他的同事西格里德·霍普夫（Sigrid Hopf）对猴子养育孩子的方法进行了研究。

在其生命的前 4 个星期，幼猴可为所欲为。它持续不断地贴在母亲身上，成了母亲身体的一个组成部分。从其生命的第 5 周起，母亲就开始教育它了。这需要对孩子采取一定程度的严厉态度，因为它必须教孩子偶尔张望一下周围的世界，而不能总是依附在母亲的"围裙带"上。在整整一年时间中，它必须逐渐给孩子断奶，并且每过一个星期，教育就会变得严格一点。在这一训练中，有一个作为其组成部分的例行程序，那就是母亲把幼猴从自己身上拉开，并将它推离自己的身体。过了一小会儿，母亲又通过叫喊来诱使它来找自己。但是，一旦它蹦跳着朝自己走来，母亲又会逃开。这一程序会重复上几次，直到最后，那个母亲终于允许幼猴吸奶。就这样，幼猴们被母亲鼓励着学会独立行动，并与猴群中的其他成员相处。实际上，在那个年龄，幼猴自己已开始渴望"发现这个世界"，而身为母亲者则加速了这个进程。

当一只松鼠猴已 8 个星期大时，它就开始被看作一个独立的个体了。只有到了这个年龄，猴群中的其他成员才会要它对自己的恶作剧负责，它对首领的无礼举动也就不会再不予计较了。从此以后，如果再出现这样的事情，首领就会越来越频繁也越来越强烈地对它发出威胁。首领会展示自己的利牙，对它咆哮，甚至凶狠地扑向那个"小年轻"。最严厉的教训方式是不流血的轻咬。这种轻咬几乎不会带来任何真正的伤害，但其心理效果是巨大的：那只小松鼠猴会大声尖叫，并可怜兮兮地努力装出一副勇敢的样子。

当沃斯特尔 3 个月大时，它就被送进了"幼儿园"，在那里，在一个还没有自己孩子的少年"女幼师"的管教下，幼猴们在一起嬉闹着。就像一个人类孩子初入一个新社群时经常会发生的一样，

图 16　一只 7 个星期大的松鼠猴试图以这种姿态来引起一只成年猴对它的重视（根据 H. 卡赫的原作仿作）

在沃斯特尔进"幼儿园"的第一天，它就与一个比它年长的"恶棍"打起架来，结果，它被打败了——当然，这一切都发生在那个"女幼师"不在现场因而监管不到的情况下。不过，沃斯特尔并没有乖乖地认输。它投诉了它的敌"人"。

　　有趣的是，松鼠猴会采用一种比人类的孩子所采取的更有用的方式来处置"受冤屈"这种事。在同样的情况下，一个人类的孩子会跑到他自己的母亲那里去。受害者的母亲会反过来冲向那个施害者的母亲，而那个母亲当然又会袒护它自己的宝贝，这样，成年邻居间的恶性争吵可能会持续上几个星期，比孩子们自己修复关系所花的时间要长得多。但松鼠猴处理这种事情的方式就与此大不相同了。受害的小松鼠猴会跑向那个粗野玩伴的母亲，自己直接向施害者的母亲告状。这样做通常足以立即恢复两个孩子之间的和平。

在松鼠猴中，很少发生肢体接触式的真正殴打与反击。这种猴子通常只是用做出威胁的姿态和假装厉害的办法来解决它们的争端。一般来说，那些装厉害者能从生活中获益更多，在猴子社会中，尤其是这样。看到这些才2天大且只有拇指大小的"拇指汤姆"居然会用"装腔作势"的方式来恐吓成年猴，实在令人忍俊不禁。它们做着真正字面意义上的"肢体摊开"动作：把一条弯曲的腿向一边张开，从而展示它们的生殖器。在做这一"扩张运动"时，它们不仅四肢张开，甚至连大脚趾也向一边张开从而明显地与其他脚趾分开来。

在许多情况下，松鼠猴都会使用这种姿势。首先，通过这种姿态，松鼠猴可避免严重打斗并由此将生活调控在正常范围内。这一姿势显然起源于性行为，但它已经仪式化而成为一种独立的本能行为，并已生发出了一种非性欲色彩。

根据谁对谁、在何时及何种情境中摆姿势，这个姿势可具有以下几种含义：（一）表现相对于对方的优越性；（二）恐吓对方以避免战斗；（三）表示蔑视；（四）对抗地位高者或自卫以免遭其侵犯；（五）提出一个强烈要求；（六）抗议或抱怨。有时，两个对手会进行长时间的"姿态对决"，直到其中一个在心理上被击败。

雄松鼠猴在向雌性求爱时也会用这种姿势。但雌性也可以用同样的姿势来拒绝求爱者。成年松鼠猴可以用这种姿势来责骂孩子，未成年松鼠猴也可以用这种姿势来向成年者要求得到某个东西。年幼或者弱势的松鼠猴可以用它来获得地位或表示失望。最后，这种姿势也可以用来问候一个新生儿、一个人类服务员甚至一个猴子自己的镜像。

在这种情况下，那个镜像是被看作另一只须被制服的猴子的。这可能表明，这种动物把自己想象得比它在镜子里看到的自己实际身材更大。如果事实的确如此，那么，虚荣心在动物界也是存在的。

在面对成年个体，尤其是首领和自己的母亲时，小松鼠猴最容易摆出这种姿势。如果孩子还年幼，那么，地位高者会不计较这种"鲁莽无礼之举"，它只会用鼻子嗅一嗅那个小家伙，就像一个受到儿子挑衅的人类父亲会抚慰性地将自己的手放在那孩子的肩膀上一样。

然而，若是一个少年松鼠猴做了这种无礼之举，那么，它就会受到责骂。成年猴会从后面抓住少年猴的臀部。它由此明确地告诫那只少年猴，单凭摆姿势并不能证明自己有什么优越性。如果那个"少年犯"屡教不改，那么，成年松鼠猴就会将手伸到少年猴的头上，用力把它按倒在地，或拉扯那个叛逆者的耳朵。

一旦松鼠猴到了青春期，那么，这种对待就涉及一些严重问题。如果成年猴对它指手画脚得太多，那么，它就会有一种通过摆姿势来表达反抗的渴望。但这时它又不太敢做。但是，当它忍不住的时候，它就会将自己的背对着那个专横的长者，并对着天空摆姿势——就像一个受到父亲责备的人类"坏男孩"在安全到达父亲看不见他的地方时吐舌头一样。

在一些游戏场景中，孩子们被准许可以对成年者甚至对首领摆姿势。但在这些场合，未成年猴子必须多多少少发出一个表示友好的信号，以表明那种摆姿势的举动是不能当真的。普洛格教授的同事彼得·温特（Peter Winter）博士[3]发现，这一点是通过一种他称之为"玩耍时的吱吱声"的声音做到的。这些小猴子并不通过面部表情来传达情感，因此它们用一种声音来消解这种摆姿势行为所含有的攻击性。

这种猴子会在两三年内成长为成年猴。在此期间，它得学会什么是可做的、什么是不可做的，还得搞清楚自己在社群中的地位，并搞清楚为了能过和平的生活，它该怎样对待其他猴子。要学会这一切需要有相当高的社会性智商。

为了测试成熟过程的重要性，普洛格博士将一个新来者引进了一个圈养区，那个圈养区中有一个已建立起稳定社会关系的群体。很明显，相会的前几分钟是至关重要的，它决定着新来者是否会被和平地接纳进社群或是否会有冲突。此外，这一切似乎都取决于那只猴子在童年期所接受的教育和熏陶。

新来者与群体中每一个体间的"私人"关系几乎完全取决于它给其他猴子的第一印象。和人类中的相应情况一样，猴子之间初次见面时就会有喜欢、敌意和冷漠等情感反应。不过，在松鼠猴中，有敌意并不一定导致双方间的战斗，甚至连"姿势对决"形式的争斗都不会有。实际上，在松鼠猴中，敌意通常是以避免接触的方式表现出来的。这是保持和平的一种最基本的明智做法。

但是，在一个没有这种社会机制来调控社群生活的猴子群体中，事情就不是这么回事了。普洛格教授和鲁尔夫·考斯泰尔（Rolf Costell）博士主持的一个实验可以告诉我们那将是怎么回事。他们提供了关于这一实验的如下报告：

　　　　　　　　　　　　　友善的野兽：富于人性的动物社会

黑头组（之所以这么叫，是因为我们在它们的头部用黑点做了标记）中有 5 只雄性和 6 只雌性；黄头组只有 3 只雄性，但有 13 只雌性。当我们打开两个笼子之间的连接门时，一场尖叫形式的喧闹而持久的战争立即开始了。两个群体的首领不断地向对方摆着姿势。当摆姿势决不出胜负时，一场雌性介入的战斗开始了。最后，黄头组仗着力量优势将黑头组赶出了其阳光更充足的领地……

随后的融合过程花了几个星期的时间，在此期间，所有的参与者连续不断进行的姿势对决显示出了社群形成过程中的非凡活力。在此过程中，还出现了一些非常有趣的小插曲。例如，在两组融合后形成的大群体中，当原黄头组的首领是其中的最强成员这一点变得明朗后，它与原黑头组中地位最高的猴子结成了盟友，而那个盟友现在就不得不接受老二的职位了。它们两个都竭力压制原黄头组中的"副司令"，以至于其地位掉到了整个群体的最末一名，成了大家的"出气筒"。

事实证明，5 个星期之后，情况稳定了下来。到了这个时候，每一个体都已逐渐调整到了与其他个体相适应的程度，并已找到自己在新社群中的位置。正如普洛格基于两群融合前后记录下的广泛行为资料所证明的那样，调整涉及每一个体个性上的重大变化。但紧张的局势最终缓和了下来，取而代之的是这些猴子日常和平的社群生活。

如果一只猴子碰巧与原属另一方的新入群猴子之一建立起了一份友谊，从而得以进入它们的社交圈，那么，它就会从一个孤独者变成一个好社交者。反之，如果一个爱瞎胡闹的小家伙意识到了这一点——它以前在原先群体中习惯于做也常常有效的胡闹之事对那些新来者不再奏效了，那么，它也就会安静下来。

在任何情况下，一只松鼠猴所具有的被其他同伴认可的地位在很大程度上取决于其摆姿势的技能。但一只松鼠猴能否机智地将这一技能用于政治却又在很大程度上依赖于其在童年时期所获得的教养。

无可回避的是，猴子中也存在着教养好坏的差别，而结果如何则取决于母亲的教育能力。一只猴子在童年时期形成的个性缺陷永远不可能在其后来的生活中得到补救。事实上，这一原理所产生的影响是如此深远，以至于那些少年松鼠猴已形成明显的阶级意识。在猴子社会中，地位低的父母的后代永远都不可能升迁到一个高的地位，即使凭借出众的体力也不可能达到这一点。这些以前人们根本就不知道的动物社会生活中的事实，是由日本动物学家 [4,5] 在红脸猕猴群中发现的。

生活在日本海岛上的这种猴子体形大小与普通猕猴相仿，它们过群居生活，每个猴群的猴口数在 100~300 只。每个猴群占据着 1~5 平方千米的领地，海岸、溪流、山脉和人类的城镇或村庄构成了不同猴群领地之间的边界。在它们的营地里，每一只猴子都有它吃喝、玩耍和休息的地方，这种地方受到一种严格如外交礼节的规则的管控。雌猴与未成年猴居于营地中心位置。围绕着它们的是由雄性成年猴构成的几个同心环状带。

一只猴子的社会地位越低，其所待之地离营地中心就越远。那些青春期的猴子会被放逐到营地最外面也最危险的那个环状带中，

　　　　　　　　　　　　　友善的野兽：富于人性的动物社会

那里离敌对的猴群近，离本群中的雌猴远。

只有几只地位很高的雄猴才享有进入雌性所在中心区域的特权。这些雄性包括首领和那些占据着直接毗邻雌性所在区域的最内侧环状带的雄性。因此，等级秩序对每一只猴子的命运都有着至关重要的意义，它决定着一只雄猴所有被允许做的事情和所有被允许享有或被剥夺的快乐。在许多动物社会中，例如，在鸡、狼或岩羚羊的社会中，等级地位是由战斗胜负决定的。但在日本猴子中，流行的则是一种完全不同的制度。这里并没有争夺地位的战斗。取而代之的是，就像人类中的贵族头衔可以世袭一样，猴子也会继承其父母的社会地位；而且，这种地位继承还被看作理所当然的。

地位的继承遵循严格的"法律"。在婚姻中，雌性自动获得其配偶的地位。例如，猴群首领爱妻的地位要高于猴群副首领的地位。在渡鸦、穴鸟、鹅及其他几种动物中，我们也看到了同样的现象。但红脸猕猴中的特权制度则要比上述动物中的更进一步，因为在这种猴子中，后代也会获得其父母的地位。此外，在兄弟姐妹中，最小的在任何时候都会获得相对最高的地位。

就这样，"上层阶级"的孩子从婴儿时期开始就习惯于盛气凌人。例如，如果两只猴子对同一食物感兴趣，那么它们不会也不必为争夺食物而战。实际上，那个地位较高的猴子会立即摆出威胁的姿势，从而吓住其对手。如果地位低的猴子希望免遭一顿毒打，那它就得努力去讨好另一只猴子。讨好的具体方式就是，别无选择地摆出雌性的交配姿势。那个人类观察者发现，在这种争执过程中，一个地位较低但肌肉发达的雄猴会在一个地位较高但个头较小的雌猴面前跪下来。在人看来，这种情景是很容易惹人发笑的。当然，

图 17 在日本红脸猕猴中，我们可以看到丛林中的动物对自己等级地位的骄傲。这种动物有着引人注目的红色面部，生活在猴口数以百计的大群体中

那些猕猴孩子所拥有的权威要归功于自己父母的警觉，因为它们总是关心着自己的孩子从自己这里继承的地位是否受到了尊重。

以这种方式成长起来的"个性"必然产生我们所说的傲慢。但人类的声誉有时也会建立在他们的举止风度而不是实际成就上。因此，这种现象也就不足为奇了：即使在自己的父母不再保护它的"尊严"时，一只贵族阶层的未成年猴仍然会对自己的同伴表现出优越感。只要借助于炫耀，它就能在"青少年俱乐部"中爬上副首领之类的职位。而那些已经被其地位低的父母教会了要对地位高者表现出恭顺姿态的猴子则很少会在这种组织中获得任何职位。

山田博士是研究红脸猕猴的日本科学家之一，他曾经观察到这样一件事：在猴群首领死后，一只曾做过一个同龄少年帮会首领的贵族青年猴子被认可为首领继任者和那个猴数达300多只的猴群的司令官。整个首领更替过程没有任何战斗。可惜没有证据表明，新首领是已故"国王"的儿子。如果两任首领是父子关系，那么，我们在这种动物中所看到的就是某种与世袭君主制相类似的现象了。

"好家庭的年轻女士"的命运则是另外一回事了。在某些日本猕猴群中，存在着这样的习俗：雌猴一旦成年就要离开自己的母亲。那么雌猴未来的等级地位就取决于它们所婚配的雄猴。在这些猴群中，雌猴对其配偶从来都不会有多大影响。而雄猴们对待它们的方式相当粗暴，常常会因微不足道的原因而殴打和撕咬它们。

然而，在另外一些猴群中，雌猴们则会为了两性平等而战，并的确已赢得了胜利。关于传统是怎样形成并得以延续的，这些猴群为我们提供了非常好的案例。在日本南部鹿岛的小岛上和日本中部大阪附近的美浓大谷山上就有这样的猴群。在这些猴群中，成年雌猴最大的好运就是生养尽可能多的女儿。因为根据它们的习俗，女儿们在成年后仍然会与自己的母亲生活在一起。那个母亲就是一个母系与母权社会的创始者（在动物界，母权社会似乎是少见的），即使在已成为祖母或曾祖母后，它仍然保留着自己对这个母系社会的管理权。在这种母系社会中，丈夫们只是因为雌性的容忍才被接纳的。因为女儿们都留在母亲身边，并由此形成了一个强有力的雌性集团，这种雌性亲属联盟的力量足以阻止乃至清除丈夫或女婿的任何丑陋行为。

第二节　电击可以取代母爱吗？

从心理学上说，"幼年是成年之父"*。西格蒙德·弗洛伊德说：
"一个人在其一生头几个月和头几年中所获得的印象对其整个生命过
程具有决定性的重要意义。"可惜，在有生之年，弗洛伊德无法为他
理论中的这一基本概念提供实验证明。而自 20 世纪 50 年代末以来，
心理学家和行为学家才能提供相关的生物事实，这些事实表明，我
们有必要审查和修正以前的相关看法。

童年印象会在动物身上留下不可磨灭的印记，并决定着它后来
的命运——如果以如此高度概括的方式来阐述这一观点的话，那么
现在，它几乎不会再遇到任何反对意见。但从中能得出什么必要的
结论呢？当然，针对具体问题的特定观点是另一回事，并很可能会
遭遇情感上的抵抗——但事实是不容忽视或否认的。

直到今天，我们都还不知道，准确地说，母爱到底是什么。在
过去，孩子对母亲的爱常常被看作一种神秘的力量；曾有人更现实
地将它定义为"用食物做奖励来对孩子进行训练"的结果。现在，
这两种观点都已被证明是错误的。

让我们来考虑一下一个人类新生儿最初的行动之一——哭泣。
一旦母亲让哭泣的婴儿贴着她的乳房，他或她就会安静下来，即使
没有被哺乳，也仍然会有这种效果，除非那孩子实在饿得慌。但
是，并不是只有母亲全身出场才会有令孩子安静的效果。一个简单

---

* 这句话原为英国诗人华兹华斯的名诗《我心跳跃》(*My heart leaps up*)中的名句。此处的喻义
为，一个人的幼年生活经历决定了他或她此后的基本思维与行为模式，其含义基本上相当汉
语俗话中所说的"三岁看到老"。——译者注

的戏法也能达到这种效果，那就是，让孩子听母亲心脏平静跳动的声音！

美国免疫学家乔纳斯·索尔克（Jonas Salk）教授[6]是脊髓灰质炎（即小儿麻痹症）疫苗的研制者，在他的建议下，美国纽约的一家妇产科医院对这一发现进行了实战性检测：

在一间有许多新生儿的房间里，与扬声器相连的磁带式录音机上播放着一个母亲平静柔和的"扑通扑通"心跳声。在那房间的落地玻璃窗外，一个护士手上拿着一张那些被放在篮子里的婴儿的清单。大多数婴儿在听到心跳声后不久就睡着了，其余的也显出一副怡然自得的样子。当那台录音机所播放的心跳声停止时，许多婴儿在几分钟内醒了过来，有几个开始哭泣。

这时，实验者开始播放另一盘磁带。这次播放的是一个情绪激动的女人的快速心跳声。这次播放的心跳声在音量上跟前一次的一样，但当时所有睡着的婴儿都立刻醒了过来。所有的孩子都变得很紧张，好像在感到害怕。而当实验者重新播放第一盘磁带时，婴儿室中又再次恢复了一片安宁的景象。

母亲的心跳所发出的"心情乐声"影响着孩子的身体及情感：婴儿的心脏活动会随之改变。母亲的心跳越快，新生儿的脉搏就跳得越兴奋。在更广泛的意义上，这种想要受某种外在节奏影响的冲动会贯穿婴儿此后全部的生命历程。节奏是音乐的基本元素。军乐队演奏的军乐曲的节奏都要比正常的心跳节奏稍快一些，因而这种乐曲能"加快心跳速度并提高神经兴奋程度"。

母亲的心跳对婴儿的影响也可以解释一种显著的生理事实。在非洲，婴儿们日复一日地被绑在母亲背上的吊带里带着走，因此，他们整天都能听到母亲的心跳，这使得他们在各方面的发育都要远远领先于"文明"社会中的婴儿们。在对乌干达坎帕拉（Kampala）部落做考察研究的过程中，时为乌干达马拉勾医院访问研究员的迪恩（R. Dean）和马赛勒·格伯（Marcelle Geber）[7] 两位博士发现并证实了这一点。

但从第 6 个月起，孩子们的整个生活景象就都变了。这时，婴儿被断奶并按该部落的古老习俗被交给其祖母之一照料。从那时起，孩子就像植物似地生长了——实在找不出其他合适的词可表达他们在单调无趣环境中的生活。孩子们受到严格控制，没有人给他们爱抚、刺激或玩具，吃的东西除了土豆外几乎别无他物，生活环境脏乱糟糕。孩子们的心理发展似乎突然瘫痪了。大多数 3 岁的孩子显出一副完全冷漠呆滞的样子。

就遗传而言，黑人既不比白人聪明也不比白人笨。但鉴于这种养育儿童的方法，我们实在难以期待他们在成年后获得高度的精神成就。

在严厉、慈爱和喜怒无常这几种养育方式中，哪一种养育方式会使儿童对那些照料他们的人有最强的依恋感呢？为了从狗的行为中获得一些相关线索，费希尔（A. E. Fisher）博士[8] 将一群同龄幼犬分成三组，并通过不同的方式来"养育"它们。

费希尔博士总是奖励甲组的幼犬：每当它们靠近他时，他就会抚摸它们并给它们食物。他允许那些小狗舔他的脸并撕扯他的裤腿。无论它们做了什么，他都会做出充满爱怜的回应。而对乙组的小狗，他的做法则是：每当它们试图触摸他时，他总是予以严厉拒绝；对小狗犯下的每一个小过失，他都会以殴打来予以惩罚。只有在他不在场的情况下，那些小狗才能得到食物，而那些食物还是通过一个小洞被推到小狗们所在的地方的。丙组中的幼犬则被实验者以相当随意的方式加以对待，它们得到抚摸还是殴打几乎是随机的。有时他会允许它们舔他，而后，又会在没有任何明显理由的情况下推开它们。

实验的结果令人惊讶，因为在后来的生活中，最依恋饲养者的狗并不是用慈爱的方式养大的。狗对饲养者的依恋之情并没有从它们在婴儿期受到的持续不断的爱抚中生发出来，当然，也没有从严厉的管教和惩罚中生发出来。实际上，对主人最忠诚的狗是那些有时被殴打、有时被爱抚的狗。

如果只是以人类的理念来看，这个结果似乎是不合逻辑的。但动物父母极其反复无常，有时它们会想要独处或独行，因而会拒绝自己后代的要求；在其他时间中，动物父母又会有一份玩心和想搞点小打小闹的心情。在这方面，它们自然也已走过了一段非常有意义的路程。毫无疑问，在人类儿童中，也存在这种反应的一些要素，但两者有一个根本区别：人类的孩子具有良好的判断力。因此，在养育人类的孩子时，我们必须用公正来取代反复无常。

还有另一个重要因素。如果幼小的动物知道自己的主人是谁，那么，它就能忍受严厉的管教。居住在城市里的动物爱好者犯过许多违背这一原则的过错。某一天，他们会宠溺自己的狗，但第二天，他们就会将那只狗留在临时寄养所，并接连几个星期都不去管它。然后，他们卖掉或遗弃那只可怜的狗。在新的人类主人家里，同样的痛苦又从头再来一遍。对动物来说，这要比一顿劈头盖脸的毒打更加残酷。难怪许多狗会变得神经质——真正的神经质。这不是一个笑话，在一些城市，有专业的动物精神病医生正在从事这方面的治疗。

对孩子而言，一个母亲特别重要的特性是什么？为搞清楚这个问题，哈里·哈洛（Harry F. Harlow）教授[9, 10]在美国威斯康星大学灵长目动物实验室用猕猴进行了一些著名的实验。

这位心理学家得出了以下结论：猴子母亲最基本的特征是有婴儿可依附的柔软的东西。显然，这种柔软的东西是一个活的猴母亲，还是只是一个绒布娃娃——这一点并不重要。

对猕猴婴儿来说，一个有着木质头部、玻璃眼睛、软布胸部且其上有两个婴儿奶瓶的橡胶奶头（而非真奶头）朝前突出的大玩具娃娃，一眼看上去似乎是一个与真实母亲完全等同的替代物。

如果这位心理学家在婴儿所在的猴子笼里放入一个发条驱动的玩具熊——它可以一边发出嘎嘎声走动一边击鼓，而此时笼子里又没有那个代表母亲的绒布娃娃的话，那么，那只小猴子就会惊恐地退缩到笼子的一角，连续几小时都不敢动一动。但如果那个绒布娃娃在笼子里，那么，那只小猴子就会惊恐地从那个未知的玩具身边跳开，扑向那个无生命的母亲替代物；而后紧紧地抱住它，将腹部贴着它的衣服摩擦起来；接着，又往上爬高一点，看着"母亲"的玻璃眼睛；在看到"母亲"并没有表现出恐惧的迹象后，又返回玩具熊旁边，小心地探究起来；最后，那只小猴子仔细地检查了那只玩具熊，开始跟它一起玩。

可见，那个假母亲给了那个猴宝宝一种安全感，并消除了它的恐惧。

哈洛说，那些在出生后几个小时就与其真正母亲分开但有布偶

"母亲"陪伴的猴子，比那些被真正母亲照料的成长得好多了，它们生长得更快也更健康。在由布偶"母亲"陪伴的猴子中，婴儿死亡率也比通常的低得多。从这些事实中，我们能得出什么结论呢？

如果结论是我们应该这样做，那么，我们肯定会犯错误。3年后，当以这种不自然的方式被养大的猕猴成年时，这种养育方式的灾难性后果就变得非常明显了。事实证明，那些成年猕猴心理是扭曲的，并且是完全不合群的。它们常常坐在笼子一角，眼睛盯着天空，或不停地徘徊。然后，它们会将头靠在自己的胳膊上，来回摇晃上几个小时。或者，它们会每天在自己身体的同一位置上掐上几

图18　对猕猴婴儿来说，一个有着木制头部和玻璃眼睛的绒布猴子可以完全代替真正的母亲吗？

百次，直到那些地方流出血来。当它们被一个人烦扰时，它们就会咬自己的身体——那是对正常的攻击本能的一种怪异而扭曲的应用。它们不能与同种的其他成员进行任何交往，不能与其他猴子一起玩耍，不能以任何方式对它们做出反应。它们对异性也是冷淡的。

虽然母亲的仿制品能对猴子的身体发育起到足够好的作用，但它无法提供促使个体心理、神经和激素层面成熟的生理过程所需要的东西。

当那些不合群的雌猴被人工授精而生下孩子时，它们会不知道接下来该怎么办。婴儿哭泣和无助而娇小可爱的样子也无法打动那个母亲。这种母亲会让婴儿躺在地上，任由它们尖叫。如果没有人类实验者的干预，那些猕猴婴儿肯定会死掉。

担起母职比生子更难。与许多其他动物不同的是，猴子必须像人类一样学习一个母亲须做之事的方方面面。英国动物行为学家珍·古道尔曾讲述过这样一件有趣的事情：4岁大的雌青潘猿们怎样"扮演妈妈的角色"。它们对于母亲对自己的兄弟姐妹所做的一切都非常感兴趣。沃尔夫冈·维克勒（Wolfgang Wickler）博士[11]这样报告道：

> 那个大女儿试图抚摸婴儿或小心地拉扯它的胳膊或腿。那个母亲轻轻但坚决地把那个仍还不熟练的姐姐推到一边。当婴儿长得稍大一点时，那个较大的孩子被允许可以不时地抱抱它。但那个母亲总是待在附近，密切关注着情况，一旦宝宝哭泣就会立即把它抱回来。当宝宝开始能爬来爬去时，那个大姐会看着它，并嫉妒地挡开其他因好奇也想看宝宝的同龄伙伴。它会

　　　　　　　　　　　　　　友善的野兽：富于人性的动物社会

模仿母亲与宝宝玩的一些游戏，也会试着像母亲一样用嘴对嘴的方式给那个婴儿喂事先咀嚼过的食物。当婴儿抓住它的毛发并拉扯时，它会小心翼翼地试图让它放手。如果做不到这些，它就会把婴儿抱回到母亲那里。

由此，年轻的雌青潘猿通过扮演游戏学会了在未来怎样做一个母亲。如果没有家庭范围内的这种示范性教学活动，它就不可能学会做母亲所必需的育儿技术。在动物园中，我们都看到过，许多被单独关养的动物根本就不懂怎样育儿。在瑞士巴塞尔动物园，有个深受大众喜爱的叫戈马（Goma）的高壮猿婴儿，它的母亲就完全不知道怎样照料婴儿。那家动物园就只好让一个人来教它如何照料它的第一个孩子。后来，它就能自己养育第二个孩子了。

除了做母亲的各种技术及其细节，动物们是否也得学习各种社会行为呢？或者，对那个与布偶一起长大的猕猴的悲伤故事，我们能不能将其追溯到未按正确路线发生的神经成熟过程呢？如果是这样，那这一过程能否通过人工刺激（即不是动物间自然的社会接触）启动并运行起来呢？这样的前景听起来就像是科幻小说中的幻想，但西摩·莱文（Seymour Levine）教授[12] 1960 年在伦敦大学所做的实验却似乎指出了某种可能性。

莱文教授是一个精神病医生。他的受试者是野鼠婴儿。这些野鼠都被单独关在没有母亲的笼子里，并被分成了两类。实验者给第一组野鼠婴儿每天一次电击，而对第二组处于婴儿敏感期的野鼠婴儿，他则未去打扰。对第二组的实验得出的结果再次证实了哈洛的猕猴实验结果：由于从未接触过正常刺激且除四壁从未见过其他东西，当野鼠成年时，它们的行为跟那些没有母亲的猴子一样不正常。但对另一组野鼠施加的每日一次的电击却似乎有益于它们的情感发展。莱文教授告诉我们，这些每日受电击的野鼠的行为与在母亲照料下自然长大的野鼠的行为无异。

那么问题来了，电击可以替代母爱吗？当然，这种想法是不切实际的。这种令人不安的结论至少是不成熟的，因为迄今为止，人类对野鼠的研究还只限于活动-焦虑情结，还没有完整地研究过野鼠的所有行为。但莱文教授的实验至少证明，对个体的健康成长来说，心理刺激是婴儿早期经验必不可少的组成部分。

莱文教授发现，野鼠在出生后的 16 天所接受的刺激触发了身体中多个系列的激素。它加速并改变了发生在中枢神经系统中的成熟过程。这一过程中的一种表现就是供给大脑的胆固醇增加了。与未受过电击的野鼠相比，那些受过电击的野鼠能更快地睁开眼睛，也能更快地协调自己的腿部运动，并对疾病有更强的抵抗力，也不会过分胆怯。

由此可见，婴儿期的经验通过激素和神经系统影响了成年动物的情感生活。在普渡大学，美国心理学家维克多·德能伯格（Victor H. Denenberg）教授进行了一系列类似实验，这些实验表明，与遗传性倾向相比，婴儿期所受的环境影响对成年野鼠的活动、攻击性与进取心、焦虑与胆怯起到了强得多的决定作用。

上述实验中出现的所有动物都从未见过自己的母亲。它们不知道存在母亲这种事。但在现实世界中，一个孩子知道其母亲但由于某种悲剧而失去了母亲——这种情况才是更自然的。在这种情况下，如果这个成了孤儿的幼小动物最终能生存下来的话，那么，这种关键丧失即失母对它的进一步发育会产生什么影响呢？1966 年，美国纽约州立大学的两位精神病医生——查尔斯·考夫曼（Charles Kaufman）教授和莱昂纳德·罗森布拉姆（Leonard A. Rosenblum）教授 [14] 对这个问题进行了研究。

在第一个实验中，两位科学家在实验室所属的一个宽敞的圈养区中关养了一群选定的豚尾猕猴（一种大型猕猴）。在那个猴圈养区中，有四只做了母亲的雌猴——每个母亲各有一个婴儿；一只没有孩子的雌猴；还有一只雄猴——它是圈养区内所有小猴的父亲。一旦某个猴婴儿长到 5 个月大时，它就会面临相当于母亲猝死的情况：它的母亲被带离圈养区，那只幼猴则仍留在猴群中。

事情瞬间就发生了巨大转变。在最初的 24~36 小时内，所有失去母亲的猴子都表现出了激昂的情绪。它们不断发出不幸的哀嚎声，四处徘徊并张望，显然是想要寻找自己的母亲。它们爆发出一阵阵动机不明的活动，这些活动又会突然以僵硬的姿势停下来。

到第二天，这种行为就完全改变了。所有外人可见的活动都停止了。那些小家伙垂头弓背地蹲在一个角落里。但是，尽管情绪严重沮丧，这些"孤儿"还是会时不时羞怯地尝试与猴群中的其他成员接触。但其他成员只是以敌意相待：做出威胁姿态并推开他们。由此可见，那些被遗弃的小猴子的悲惨处境不仅要归因于它们自己的行为，也要归因于它们所在的社会对它们的拒绝。

那两位科学家以同样的程序用另一群猴子做了实验，它们则以完全不同的方式做出了反应。这群猴子是戴帽猕猴。从血缘关系上讲，这种猕猴与豚尾猕猴是近亲，但这种头上长着一丛令人好奇的顶髻的猴子会立即像对待朋友一样照顾那些失去了母亲的小猴子。

图 19　栖居在印度尼西亚丛林中的豚尾猕猴没有表现出
对那些"孤儿"的怜悯，那些没了母亲的婴儿注定死亡

其他母亲会收养那些小猴子并给它们哺乳，其他小猴子也会继续和
它们一起玩，因而那些"孤儿"会逐渐从失去母亲之初的严重抑郁
症状中恢复过来。

　　对戴帽猕猴中的婴儿来说，其他猴子的关爱能否完全取代母爱
呢？在将猴子母子分开 4 个星期之后，那两位美国科学家又让它们

　　　　　　　　　　　　　友善的野兽：富于人性的动物社会

重新团聚这时，就上述问题，他们得到了一个惊人的答案。

在第一个豚尾猕猴实验中，事件的发展过程完全与预期的一致。母子相见时出现了一个令人心碎的互相问候的场景，在那之后，母子就几乎完全不可分离了。

而在第二个系列实验中，戴帽猕猴孤儿的失母之痛显然已完全被猴群中的其他成员的安慰所驱散。因此，可以预料的是，在分开4周后，那些孤儿将会相当冷淡地迎接母亲的归来。但实际上发生的并不是这么回事。戴帽猕猴婴儿这一方的欣喜与那些在第一个实验中曾因被遗弃而心碎的豚尾猕猴一样强烈。由此可见，对这种动物来说，母爱肯定比食物、玩伴和安全都更为重要。

幼年戴帽猕猴在失去母亲时表面上的无动于衷让人想起人类儿童在同样情况下表现出来的"冷漠"。人们普遍认为，年幼的孩子对母亲或父亲的死亡几乎不会感到悲痛，或者，他们不能真正地理解这种事到底意味着什么。但是，一个由八个美国精神分析学家组成的研究团队则认为，这种观点是荒谬透顶的。在现实生活中，失母失父对孩子的影响要比对一个悲泣着哀悼的成年人强烈得多。成年人根本就不理解那个所谓"情感冷淡"的孩子。

芝加哥精神分析学研究团队的领头人琼·西蒙斯（Joan Simmons）博士[15]称，成年人的悲伤也是焦虑、无助、失望和精神冲击诸因素的结合。她指出，悲伤表现出了心理僵化的因素。当人所经历的事对其产生的心理冲击过于巨大以至于心理上无法立刻能忍受它们时，就会出现心理僵化这种无意识的自我防卫行为。

这种可怕经历在儿童中产生了一种比在成人中持久得多的心理效果。如果没有经验丰富的人给孩子以帮助，那么，心理僵化就会

图20 印度尼西亚苏拉威西岛上的戴帽猕猴满怀慈爱地承担起照料孤儿的义务。尽管如此，它们并不能使孤儿免遭心理伤害

演变成一种麻木，并会发展成持续终身的心理创伤。这个精神分析学家团队的上述观点是建立在他们对 50 个成年患者的诊疗结果的基础上的，这些患者全都因父母早逝而在情感上遭受过严重而持久的困扰。

在与他人的关系中，那些孤儿并不否认失母失父的事实，而是压抑了与之相关的几乎所有情感。就像一个哀悼的成年人，一个孩子逃进了一个由回忆所构造的世界，在这个世界中，孩子可以假想母亲或父亲还活着。为了将这个虚构的世界维持下去，孩子花费了大量的心理能量。因此，当孩子其他方面的心理发展需要能量时，就会出现心理能量"不够用"的情况。

在用普通猕猴做实验后，剑桥大学的欣德（R. A. Hinde）教授[16]也得出了同样的结论。在这个实验中，在猕猴婴儿出生仅6天后，实验者就让它们与母亲分离。在后来的生活中，这些猕猴都表现出了严重的精神缺陷。

此外，在考夫曼用豚尾猕猴、罗森布鲁姆用戴帽猕猴做的实验中，也出现了另一个令人惊讶的现象。这两位科学家故意将母子重新团聚的时间固定在幼猴出生后的第7个月。在这个时候，猴子母亲通常会给孩子断奶，教他们自己找食吃，并最终会将它们从自己身边赶开，不再抱它们也不再喂奶。

但在这两个系列实验中，这两种猴子都没有发生通常情况下在幼猴6个月后会发生的断奶及其后的情况。在痛苦的分离结束之后，母子之间的感情就不再受任何限制。从此以后，它们就一直形影不离地待在一起。一段时间的分离反而强化了母子间的亲密关系。

诸如此类的发现与人类儿童的心理发展具有很强的相关性，对寄宿制学校和孤儿院来说显然很重要。至少，我们必须对儿童医院的规则——如父母探望患儿每周不超过2次——做些修正，尽管更频繁的探望可能会带来更多亲子离别的痛苦。最重要的是，当为人父母者将10岁以下的孩子放在"婴儿之家"或寄宿制学校时，他们应该仔细考虑这样做将会带来什么后果。

现在，心理学界已弄清楚，在正常的儿童发育过程中，存在着许多有形和无形的生物和心理因素。人不是一种从出生之日起就固定不变的动物，人类的情感生活不是一次定型之后就终身恒定的，人格不是一旦建立就不再变化的，人的智力和其他心理能力也非一旦形成就固定不变的。一个成年人是聪明还是愚钝，并不完全取决于遗传因素。在很大程度上，一个人的智力是由从童年早期就在模塑着他的那些精神影响和心理刺激决定的。

第八章

智力的三种基本类型

第一节　动物们也会发明工具

人与动物的区别是什么？不久以前，人类学家可能会这样回答：人是唯一有足够的智力来发明、制造和使用工具的动物。

然而，动物学家们则认为，这一说法是有问题的。他们正在发现动物使用工具的越来越多的事例。当然，在许多情况下，动物们可能是凭本能行动的；在另一些情况下，它们只是找到了工具，如石头，但并没有发明它们。然而，在许多灵长目动物社会中，毫无疑问，偶尔会出现天才式的个体，它们会成为真正的发明家，帮助所在的群体取得"技术进步"。因此，现在，美国的动物行为学家们的说法是：人只是"最顶尖的工具制造者"。由此看来，人类与动物之间的差异只是程度上的——至少在发明、制造和使用工具这一特定的领域内是这样。

让我们来快速查看一下动物在这方面的能力。我们首先碰上的工具使用者是昆虫——几种美洲沙泥黄蜂[1]。在雌黄蜂将一只被麻痹了的毛毛虫拖进自己事先挖好的地洞，并在毛毛虫身上产卵后，它用泥土封死了地洞的入口，以使毛毛虫免受其他寄生虫的侵害。为了防止风雨再次使地洞暴露出来，那只小昆虫尽可能用力地击打着泥土，看起来就像正在铺一条路。那只雌黄蜂是用一种工具——一颗放在下颚之间的卵石——来实现这一目的的。

编织蚁[2]用自己会吐丝的幼虫作为织梭来织巢。当许多蚂蚁将树叶拉拽到适当位置时，其他工蚁会拿起已准备吐丝的幼虫，挤压它们的身体，直到挤出一种像是胶水的液态丝状分泌物。而后，它们就用这种"胶水"将一张张叶子粘连在一起。

还有蚁群把已完全成熟的社群成员当作工具。在著名的蜜蚁[3]的储藏室中，会有多达600只蜜蚁紧贴在储藏室天花板上。它们让自己暴饮蜂蜜，直到腹部胀成一粒豌豆大小，最终使自己变成一只活的储蜜罐。科洛克蚂蚁或共生蚂蚁甚至开发出一种特殊的"活动门"。这种蚂蚁的工蚁的大头就像一个瓶塞。它们把头挤进储藏室入口，由此将入口紧紧地密封住。只有本群蚂蚁才有进入储藏室的合法资格，想要进入储藏室的蚂蚁必须以轻叩工蚁头的方式答对本群成员的"密码"，那个"活动门"才会应"密码"而打开。

蚂蚁有时也会并非出于自愿地充当多种鸟的工具。例如，当苍头燕雀[4]觉得身上某个地方发痒而这时又恰好看到身边有只蚂蚁，它们就会用喙的末端捡起那只蚂蚁，把它放在羽毛下，让它在发痒之处走动，以达到挠痒的目的。在歌鸫、榭鸫、黑鸫、水鸫、八哥等鸟中，也存在这种科学家称为"以蚁为仆"的现象。[5]根据后来的研究结果，在鸟类世界中，这种现象实际上是广泛存在的。

许多鸟都会表现出像是害怕蚂蚁的样子，在得到"治疗"后，它们会立即将蚂蚁甩掉。另一些鸟则根本就不敢冒险去触碰蚂蚁，当然也就不知道这种"治疗"措施。由此可以推知，我们在此所讨论的很有可能是后天习得的行为。

有些鸟甚至能自己制作工具。例如，在新几内亚及其邻近地区，有多种能建造亭子的造亭鸟[6]，为了求偶，这些鸟会造出由数千根枝条和草叶编织而成的具有高度艺术性的凉亭。它们不仅会造亭子，还会用颜料来给这种建筑物涂漆，而这种事情在没有油漆工具的情况下是做不成的。实际上，那些造亭鸟自己制作油漆刷子。新西兰昆士兰的缎子造亭鸟会为油漆亭子将树皮切割成小块；而后，这种园艺家会将几块干燥的树皮绑在一起，这样，一把油漆刷子就制成了。至于油漆，这种长着羽毛的艺术家使用的是它们自己蓝灰色或豌豆绿色的唾液。

太平洋加拉帕戈斯群岛上的啄木雀[7]和红树雀[8]会修剪仙人掌刺或小树枝，以便能用它们来作为啄木工具，这样，它们就能像用喙来啄木的啄木鸟一样，从正在腐烂的木头中啄出虫子来。

1966年，珍·古道尔和范·拉维克[9]报道了鸟类使用工具的一个特别有趣的案例。

当时，这对夫妻在坦桑尼亚塞伦盖蒂草原工作。前一天，一场大火扫荡了草原，除其他伤害外，这场大火还将鸵鸟们从巢中赶了出来。现在，几只秃鹫站在了那些被遗弃的鸵鸟蛋的周围。鸵鸟蛋重达2~3磅，有着非常坚硬的蛋壳，一个人只有用锤子才能打开它们。一些像老鹰一样大的狮鹫和肉垂秃鹫用它们强大的喙猛啄着那些鸵鸟蛋，但徒劳无功。它们连一个鸵鸟蛋都没能打开。

后来，两只埃及秃鹫从天空中飞落下来。相比其他种类的秃鹫，这种不过母鸡那么大的秃鹫只能算是秃鹫中的侏儒。但它们却解决了这个问题。在离鸵鸟蛋大约十米远的地方，它们挑了一些小石头。它们用喙衔着石头，大步走向那些密封得很好的美食。走到蛋旁边，它们高高抬起自己的喙，用尽全力将石头投掷在蛋上。经过用石头反复锤打，那些鸵鸟蛋破裂了，一顿美餐可以开始了。

值得注意的是，那些较大的秃鹫就在旁边观看它们近亲的敲蛋技术，却没有能力模仿。于是它们再次用加倍的暴力猛啄那些鸵鸟蛋，但仍徒劳无功。没有一只大型秃鹫从这个例子中得益。它们根本就缺乏使用工具的必要智能。

澳大利亚秃鹰[10]会实施轰炸。它们会将鸡蛋大小的石头带到3~5米的高度，然后，让那些石头掉到一窝没有防护的鸸鹋蛋上。

在北美太平洋沿岸，生活着另一种"石器时代的动物"，那就是爱玩耍、惹人喜爱的海獭。这种动物用石头作为厨具，以享受一些特别的美食：牡蛎、贻贝、螃蟹、海螺和海胆。1964年，霍尔（K. R. L. Hall）博士和乔治·沙勒（George B. Schaller）博士[11]发表了关于海獭行为最早的科学研究成果之一。

在水中，海獭会选择一块约为一个人拳头大小的光滑石头，将它夹在腋下，并潜水游向牡蛎。一游到那个裹着铠甲的猎物表面，它就会将肚皮朝上，巧妙地使石头在它的胸部保持平衡。而后，它会用双手握住牡蛎，将牡蛎猛地撞向那块砧石，直到牡蛎开口，它便用嘴吃掉壳中的肉。

沙勒认为，对海獭来说，这完全称得上一种富于智慧的发明。在玩耍时，幼年海獭会用这样的方式来互相吓唬：它们让一些石头撞击在一起，以制造出巨大的噪声。用石头作为工具来打开食物的技术很可能就是从这种游戏冲动中发展出来的。

不过，与能建造水利工程的河狸的惊人成就相比，海獭的这点技巧就显得微不足道了。[12,13]让我们来看看一对河狸夫妻在15个月中所创下的壮举：它们砍了 270 棵树，其中包括直径 1.6 米、高度达 39 米的巨树。此外，在这段时间中，这对河狸夫妻还修建了 3 个长度为 40~60 米的水坝，并建造了一个 10 米长、2.5 米宽、1 米高的冬季储食池。在造好储食池后，它们又将其沉入已建好的水库底部，用石头把它压在水底并固定在选定的位置上。

当然，作为杰出工程师的河狸，其智力仍然是有局限的。美国动物调研学者、野生动物摄影家莱昂纳德·李·鲁三世（Leonard Lee Rue III）[14] 评论道：

> 许多人对河狸智慧的评估是高出其实际水平的。他们称，河狸可朝任何一个它想要的方向砍倒一棵树。这当然不是真的，任何一个不嫌麻烦去做实地考察的人都可轻易地确定这一点。根据我自己的观察，我发现，在河狸砍伐的每 5 棵树中就有 1 棵不能为河狸所用，因为它或者卡在了其他立着的树上而无法落地，或者倒在了其他已倒下的大树顶部，而那种地方是河狸够不到的。大多数树确实落在了河狸所希望的水域中，但那是由于重力和充分的生物原因，而不是专业伐木技术的直接结果。由于靠河的一侧有更多的阳光，因而生长在河流沿岸的树会朝河这边伸出许多枝干。当这种树被砍断时，由于树靠溪流的一侧分量更重，因此，树就会往那个方向倒，这就是河狸为何能在伐木方面获得人们赞誉的基本事实。

河狸不是像木匠一样用斧头工作，而是绕着树干一圈一圈地啃下去，直到中间只剩下细细的一条树芯。一旦树开始嘎吱作响，附近的所有河狸都会逃到安全的地方。但偶尔还是会发生事故，就像粗心的人类伐木者一样，河狸有时也会被倒下的树压死。

树倒下来后，河狸就会从树干上剥下树皮，去掉树枝，并将沉重的木头切割成长短不等的木段。从陆地到水面的路越长，木段就切得越短。如果这段距离太远，那么，河狸们就得首先开凿一条有时长度会达百米的运河，而后，让木材沿着运河漂流到水坝所在的位置。有时，这种运河会以隧道的形式穿过石质山丘。偶尔，这种灌满水的隧道也会被河狸用作辅助性的逃生路线。由此可见，河狸的头脑中肯定有一种类似于地图的领地概念。

河狸建造的水坝完全值得与人类精心设计的工程作品相比。在加拿大，河狸建的150米长的水坝并不罕见。蒙大拿州有一座河狸建的水坝长达650米、高达4米！据记载，河狸所筑水坝中最长的是在新罕布什尔州柏林附近的一个水坝，它的长度不短于1 200米！如果水流不急，那么河狸就会建造笔直的水坝；但在水流湍急因而水压强的地方，它们就会建造弓形水坝，就像它们懂得流体力学的定律似的。在水流异常湍急的溪流中，它们会在主坝上方建造一个或多个围堰，从而驯服奔腾的溪水。如果有必要而且溪道也不太宽的话，它们就会将坝改建成全新的溪床。

河狸并没有掌握把柱子砸进地里的打桩技术。实际上，它们是这样筑坝的：首先，它们用重石将一段段树干压牢在河床上，以形成坝基；而后，在坝基之上，不断穿插着添加树枝和石块，由此形成坝体。坝体中石块和树枝之间的缝隙则是用泥沙和草叶混合而成的"砂浆"来填满的。

在对着水流的方向，河狸会建造坡度45度的堤坝，水坝下游一侧的坡度就相当陡峭了。河狸在筑坝时已将高水位带来的危险考虑在内，它们会在坝上筑上一些溢流槽。这些溢流槽平时只是用轻质材料暂时封上的，这样，在必要时，溢流槽就可快速打开。

为了建造供自己居住的小屋，河狸通常会选择一个根扎在水底泥土里但枝叶突出于池塘水面上的灌木丛，以此来固定小屋的基础部分，小屋的基础是由紧紧压在一起的泥土构成的一个直径约5米的圆盘。这个土盘子构成了一个高出水面20~30厘米的人工小岛。在圆盘形基础之上，耸立着一个用树枝搭成并盖有草叶、类似于蒙古包的坚固的半球形圆顶。屋子里通常有几个房间，有些河狸的小屋甚至是两层楼的。

每一座河狸"堡垒"都有2个隐藏在水下约1米深处的出入口。这些水下出入口在冬天不会结冰，因而，河狸可通过这种水下出入口进出屋子，并将作为它们食物的树木（主要是嫩枝条和树皮）带进屋里。这种"货物进出通道"有一个特殊用途：在危急情况下，河狸可以有一条没有木材阻拦的逃生路线。

河狸永远都在为它们的"人工"池塘会很快被泥沙淤塞而做着不懈的努力。水坝必须不断升高或重建。其结果是，在这一过程中，无数只河狸已改变了北美大部分地区的地貌。蛮荒的山谷被河狸的水利工程改造成了丰饶的草地。不幸的是，后来白人来了，他们认定，除了毛皮有用外，河狸是有害的动物。白人们每年屠杀几十万只河狸。因此，河狸建造的水坝朽烂垮塌了，丰饶的土地再次变成了石质荒地。

与此同时，河狸自身也发生了一种奇怪的现象。在那些只剩下几只河狸的地方，它们失去了工程建造技能。对那些幸存的河狸来说，有足够的空间可供它们住在自然的湖泊中。不再有狸口的压力迫使它们建造自己的人工池塘。即使后来河狸受到人类的保护，且狸口也已开始增加，但在这个过程初期，它们已不能从事复杂的建筑工作。不过，在最近几十年里，它们已恢复了往日的建筑能力。

瑞士解剖学家皮勒里（Pilleri）教授认为，河狸有着"异常发达的大脑皮质"。上述事实和皮勒里教授的这一结论表明，河狸们的惊人成就不是本能的产物，而是通过艰苦的实践获得的习得性产物。就像人类一样，这种习得的能力和行为方式既可传给后代，也可传给邻居。在北美印第安人的宇宙演化论中，有这样一种信仰——人类不是猴子的后裔，而是河狸的后裔。讲到这里，我们可能会对北美印第安人的这一信仰产生共鸣！

因为猴是完全没有建筑才能的，这是一个令人尴尬的事实。此外，迄今，猴子也还没有像海獭或埃及秃鹰那样进入使用石制工具的"石器时代"。猴子会用石头或椰子作为投射物——这一广泛流传的说法是有待质疑的。美国的两位灵长目动物学家——沃什伯恩博士和德沃尔博士观察到，当狒狒发怒时，它们会朝四面八方扔任何一种它们可握在手上的东西，但它们几乎从未击中它们愤怒的对象。事实上，没有证据可以证明，它们有想要击中某个东西的意图。整个景象只是一种力量展示，一种试图威胁某个对手的发怒方式。

不过，正如我们在本书开头所看到的那样，青潘猿终于从这种"虚张声势"的行为中演化出了使用武器的能力。艾德里安·科特兰德博士也报告道，人类这一在血缘上最亲近的亲属经常通过摇晃甚至连根拔出小树的方式来威胁敌害。青潘猿们可能是想要在敌害所在的大致方向上令其印象深刻地晃动树木或树枝，从而产生呼啦啦的响亮噪声。但经常发生的情况是，那棵树断了，而那只猿则意外地发现自己手中拿着一根大棒。到了这一步，自然就会出现合乎逻辑的下一步了——那只青潘猿带着现已变成一种武器的棍棒冲向敌害，并用棍棒来打它。

草原青潘猿用工具来获取食物的发明看起来不那么壮观，但这意味着智力的进一步发展。珍·古道尔观察到，青潘猿会有意地将小树枝改制成一种钓竿。首先，它们会摘掉树枝上的树叶，并将其折断成一根约30厘米长的棍子。然后，它们会去寻找一个白蚁巢。找到蚁巢后，它们会在土丘模样的白蚁"堡垒"上刮开一些洞，将棍子伸进去；然后，它们拿着棍子等着，直到那些兵蚁紧紧地咬住那根棍子，并像斗牛犬一样紧紧地贴在棍子上。这时候，它们就可以毫不费力地拉出那根棍子，并带着明显的快意舔食那些白蚁。有些青潘猿会花上两个小时来做这件事。

推测起来，情况可能是这样的：在过去某个时候，有一只"天才"青潘猿想出了"钓白蚁"这一技术。此后，通过模仿，这一技术就在整个青潘猿群中流传开来了。青潘猿也会用更大的棍子捅入蜂巢，以便能舔食粘在棍子上的蜂蜜。在干燥季节，他们会将叶子揉搓成海绵状，而后用这种"海绵"吸取狭窄裂缝中储存的水来喝。在吃过多汁的食物后，他们也会用大叶子当"餐巾纸"来擦拭自己的手，甚至还会在便后把这样的叶子当卫生纸用。

很少有人有机会见证猿类的这种发明。所以，能在德国慕尼黑动物园看到这一幕的那一天可真是一个幸运的日子：那天，一个经常看到饲养员用钥匙打开笼门的青潘猿认真地模仿了人的这一动作。而且，他还通过咀嚼一根棍子末端将其做成一把简易的钥匙，并用它打开了自己的笼门!

不幸的是,动物园管理方很快就在那个笼子上安装上了一把很难打开的安全锁,从而打击了那个聪明的青潘猿的野心。否则,动物园中的人可能就会看到这个青潘猿锁匠将自己的发明教给其他青潘猿了。

灵长目动物能够而且的确会将这种习得的技能传授给其他个体。在日本,一些科学家曾在长达十年的时间中观察过这种有趣的传习过程中的每一个细节。这种灵长目动物就是日本岛屿上的本地猴种——红脸猕猴。

1953年秋季里的一天,一只被那些考察者称作"伊末(Imo)"的一岁半大的雌红脸猕猴做出了一项无可争议的发现。在一个湖岸上,它发现了一块粘着沙子的红薯,并将它浸入了水中——或许,起初,这一动作纯粹是碰巧发生的。结果,沙子被冲洗掉了。在这一过程中,那只猴子用手摩擦过红薯,这应该对洗干净红薯有点帮助。就这样,它洗干净了那块红薯,并且显然注意到了洗过的红薯吃起来要比脏的味道好。

正如日本动物行为学家河合雅雄博士在讲这个故事[15]时所提到的那样,通过这一举动,伊末创建了一种更高级的猴类文化,正是这一文化后来使得日本的鹿岛闻名世界。

1个月后,伊末的一个玩伴也学会了将红薯洗了再吃。4个月后,伊末的母亲也从自己女儿那里学会了这一"家务"技巧。经由母子、同龄者、玩伴间的传习,渐渐地,这种行为传遍了整个猴群。到1957年,即伊末第一次洗红薯4年之后,已有15只猕猴学会并应用这一技巧。不过,在那个猴群中,只有幼猴和成年雌猴学会了它。成年雄猴们显然太傲慢或太顽固，使得它们不可能去向比自己年轻或比自己地位低的个体学习任何东西。据说，在这方面，人类的行为也与猴子的有些相似。

因此，在其传播早期，这一新成就只能从孩子传给它们的母亲，或从幼猴即伊末的玩伴们传递给比它们年龄稍长一点的猴子。不过，后来，当洗红薯的做法在猴群中已经相当普遍时，那些母亲也会将这一技巧教给它们的孩子。就这样，在整整 10 年后，整个猴群所有59 只猴子中已有 42 只形成了将不洁的食物洗干净了再吃的习惯，而这一习惯源于一只幼猴的发明。只有老年雄猴仍然抵制这一新风尚，并坚定地坚持它们的立场，直到它们死亡。

后来，那些日本猕猴又稍稍地改进了清洗食物的方法。它们不再在湖泊或溪水的淡水中洗红薯，而是在海边的咸水中洗。或许，那是因为它们更喜欢吃盐水浸过的红薯吧。

这群猴子还学会了一种食用麦粒的特殊技术。撒在地上的小麦粒会与土壤或沙子混在一起。起初，那些猴子是一粒一粒地从沙土中挑出麦粒的。后来，它们把混有麦粒的沙土一把一把地扔到水里。结果，沙土沉到了水底，而那些比重轻的麦粒则浮在水面上。猴子们只需将手弯曲成勺状、从水面上舀出麦粒，就可以尽情享用这种美食了。

这一次，发明这种谷物清洗方法的又是伊末！它肯定是它的猴类同胞中的一个普罗米修斯式的角色！

第二节　从原猴向善思动物演化的阶梯

将人类现象划分为一系列独立的基本性状，并试图在前人类的类人猿、猴子和原猴*中追溯人类基本性状的根源，是一项十分迷人的任务。诚然，要还原人类演化的全部过程和整个模式，我们还有很长的路要走。到本书撰写时为止，关于灵长目动物在自然环境中的社会生活、智力、言语能力和其他特性，科学家们还只是在少数灵长目动物中做过系统研究。不过，这项工作正在全面展开，现在，我们已经可以看出一些非常有趣的相关研究预期成果的轮廓。

目前，科学家们对社会行为和智力在过去数百万年中的演化路线的看法如何呢？

和人一样，所有的猿和猴都无一例外且显然是社会动物。较高级的原猴也生活在社群中，尽管其结构比较简单。但是，较低级的原猴如婴猴与眼镜猴，则是过独居生活的，或者更确切地说，它们是一雌一雄结对生活**的。因此，在灵长目动物不断扩大规模的社会演化过程中，我们能看到所有的社会形式——从最简单的社会单元到最多样化的社群生活形式。由此，我们人所栖居的这个星球的一部活生生的历史就展现在我们面前了。

在由纽约动物学会主办的对马达加斯加为期 11 个月的探险考察过程中，艾莉森·乔利（Allison Jolly）博士[16]就快速翻阅了这部历史。她研究各种原猴的社会结构，并将它们与在演化的台阶中居于较高级的猴子的社会结构进行比较。她所研究的核心问题包括但不限于：在从独居生活过渡到社群生活的过程中涉及哪些力量？在这

---

* 原猴（prosimian）即最原始的猴子，由大约 6500 万年前开花植物大爆发时开始上果树觅食的多种哺乳动物演变而成，除四肢外，在形象上像原先的非灵长目哺乳动物（兔、狐、鼠等），而不像欧、亚、非现在常见的猴子。目前，原猴的主要栖息地是马达加斯加岛。——译者注

** 这种由两个个体所构成的对子只能说是最基本的社会单元，还不是包含个体较多因而结构也较复杂的社群或社会。社群是其中所有个体都彼此熟悉的小型社会，而（狭义的）社会则是其中大多数个体彼此互为陌生者的大型社会。——译者注

图21 这些动物站在原猴朝着社群生活方向演化的开端处。非洲婴猴（A）和印度尼西亚眼镜猴（B）仍然是独居动物，马达加斯加岛上的冕狐猴（C）和环尾狐猴（D）生活在组织形式简单的小型帮队中

一过程中，性与智力又起了什么作用？

到目前为止，广泛传播的有两种相反的假说。其中一派认为，即使在早期阶段，人类社会也已是一种纯粹基于理性建立起来的机构，一种狩猎和保护联盟，因而是智力的产物。另外一种观点则认为，人类和动物的每一种社会秩序都纯粹是基于性关系而联结起来的。德斯蒙德·莫里斯[17]就断言，作为"裸猿"的人类纯粹源于性本能的演化。且让我们看看相关的事实。

在社会组织的一个根本方面，马达加斯加环尾狐猴和西法克狐猴（即一种叫声像"西法克"的狐猴）不同于狮子、河狸、有蹄动物和非灵长目哺乳动物。因为在这两种原猴中，一旦下一代个体到了"青春期"，猴群中的成年个体就会将所有刚到"青春期"的雄性后代和一些雌性后代赶出本社群。这样做的结果是，它们丧失了向任何更高形式的社群生活进一步演化的可能性。

而猿与猴（指比原猴演化等级更高的正式的猴）则不会将正在发育中的后代从社群中赶走。这使它们得以发展出包含各年龄段两性个体的多层次的社群。在社会形式的演化上，这是一项巨大进步，没有这一点，就肯定不会有今天的人类社会。当这种多个家庭的联合规模随着时间而增长到太大时——也只有在这时——它就会分成两个组织方式一致的较小的群体。

让我们来仔细看看西法克狐猴。这种狐猴身长约 40 厘米，通常有着明亮的毛色，并有着肌肉发达的极长的后腿——这种长后腿使它们能在树梢上一跃跳过 10 米远的距离。一般说来，西法克狐猴这种丛林中的居民可谓和平动物的典范。在多达 10 个成员的猴群中，它们默默地、一个跟着一个地在树与树之间摆荡着。它们只吃素食，总是过着安静的生活，没有争吵。

在西法克狐猴中，即使是"领土防卫"，也更像是一种仪式，而非攻击行为。每个西法克狐猴群都声称自己拥有 0.25 平方千米的丛林领地。位于树冠层的边界是由气味标记来确定的。如果邻居猴做出大胆到无视这种限制的举动，那么就会出现一场"战斗"，但它看起来更像是一局象棋游戏。

在丛林树冠上进行的这种决斗中，成功地跳到对手背上并紧抱住对方的那一方就是胜利者。这时，胜利者就可自由动用所有的武器来战斗，而另一方则必须紧抱着一根树枝。这意味着，在跳向对方或被跳上背之前，每个对手都已经知道这场遭遇战的过程和结果将会怎样。因此，没有必要进行真正的战斗。一切都已经由双方的初始位置决定了。

在两个西法克狐猴群的领地之间的边界上，有一系列"具有战略意义"的树枝。在树冠之上，当一只西法克狐猴蹲在一根比对手高得多又一跃即可跳到对手身上的树枝上，而对手却因处于下位而不能直接跳到它身上，那么，居于上位的西法克狐猴就能"将死"居于下位的对手，它就占据了有利地势。在这种情况下，那个对手就会赶紧撤退，从而，它给自己换来了一个几乎毫发无伤而不是血溅树梢的好结果。在这种模拟性战斗中，狐猴们会利用各种巧妙策略、转向动作、双臂环抱住对方的钳形攻击方式、突然动用预先暗中部署的"替补队员"等策略，因此，将它们的战术比作象棋游戏实际上是相当贴切的。

在一年之中，只有在为时 2 个星期的可交配期中，西法克狐猴小帮队中的和平景象才会受到破坏。西法克狐猴没有持久的婚姻，雄猴对雌猴的拥有或支配权不受等级秩序的调控。因此，那些嫉妒的、被盲目的愤怒所驱使的雄猴就会用爪来对待彼此。在这些为争夺交配权而进行的战斗中，会出现严重的肉体伤害，尽管乔利博士从未观察到有狐猴被同类所杀。

据此，我们已可得出结论，性本能不可能是这种动物社会中的联结力量。相反，在性本能占主导地位的短暂时期（即发情期），猴群内部的和谐团结几乎被摧毁了。在那个时期，每一只西法克狐猴似乎都宁愿像较低级的狐猴——婴猴与眼镜猴——一样各行其是，过独居生活。

在这方面，我们有必要回顾一下德国动物行为学家海尔格·费希尔的相关研究。在马克斯·普朗克行为生理学研究所做的详细动机分析中，费希尔证实，在社会动物中，存在着一种（驱使个体彼此关联并和谐相处的）独立的社会性本能，即合群本能*。毫无疑问，这种本能是一种生物现实。

在狐猴中，合群本能的力量是相当明显的：在交配季过后，狐猴们会找回自己的社群意识。那些每年 7 月出生的新生狐猴是一种高效的"社会黏合剂"。

猴群中的所有成员，无论是成年雌性、成年雄性还是少年，都会同等程度地着迷于每一个孩子。它们成群地围着那些小猴子，帮它们除虱子。顺便说一下，作为原猴，狐猴不会像普通猴子那样用手拣虱子，而是用牙齿来除虱。它们将牙齿当梳子用——用整排的牙齿像耙子一样互相耙对方的毛皮，从而去除虱子。

起初，幼猴的母亲会责骂所有试图与它分享逗弄孩子的乐趣的

---

* 此处的德语词是"Bindungstriebes"（大致相当于英语词组"associative instinct"）。在汉语中，其较为完整而准确的含义可表述为：Bindungstriebes 是某些动物具有的个体自然倾向于与某个或某些个体亲密交往、和谐相处、互助共生的社会性本能。在本书中，这个词既被用来表述个体自然倾向于与另一个体（通常是异性）结成对子（夫妻、情侣、密友）、共同生活的社会本能，也被用来表述三个以上个体自然倾向于结成群体、和谐共生的社会本能。在本书第三章第二节中，译者将其译为"结对本能"；相对于该节仅涉及两性个体彼此结对生活的内容来说，这种译法是简明而准确的。但在本节中，作者用同一个词来表述的则是三个以上个体彼此结群生活的自然倾向；因而，在此处，"Bindungstriebes"就不能再译为"结对本能"，而只能大致准确也较为通俗地译为"合群本能"。若要给"Bindungstriebes"找一个能统合上述两种含义又简明扼要的译法，译者认为，可将其大致准确地译为"和谐共生本能"。若将"和谐"看作"共生"的必要条件、是"共生"内含的应有之义，那么，统合"结对本能"与"合群本能"两种（既有共性又有差异的）含义的"Bindungstriebes"就可简译为"共生本能"。"共生本能"是译者为本书中先后出现的具体表现为"结对本能"与"合群本能"这两种形式的"Bindungstriebes"提出的综合性概念，而非原作者自己提出的；因而，为避免越俎代庖、强加于人之嫌，在本书正文中，译者未采取这一译法。在此注释中，译者提出"共生本能"这个译名，其目的主要是供（像译者一样）对概念的理解求深、求全、求准的读者参考。——译者注

来访者[5]，它只允许它们在一定距离之外观看。在想要给那个幼猴除虱子的强烈欲望受挫后，它们就彼此除起虱子来。这种相互护理的行为逐渐恢复了西法克狐猴群内原有的友谊。

基于诸如此类的观察资料，我们可以得出如下结论：在西法克狐猴中，社会的和谐团结是建立在合群本能的基础上的。在这种事情中，智力因素是不起作用的——至少在社会演化的早期阶段是这样。

较高等原猴的结构简单的小型社会是因合群本能而产生的，这种社会本能不是在理性层面驱动动物行为的。有人认为，猴子与原猴所处的社会演化层次越低，其智力也就越低——如果这一观点可以得到证实的话，那么，理性动机理论就是可信的。事实上，德国明斯特大学动物学研究所的绍尔斯腾·卡普内（Thorsten Kapune）[18]已确定，按其形成"价值概念"的能力来测量，环尾狐猴的智力明显低于属于较高等猴子的僧帽猴与猕猴。

然而，智力又意味着什么呢？身为动物行为学家的卡普内将智力定义为学习能力。与本能行为相比，智力使得动物能拥有经验，并能在后来的生活中有意义地应用它们。我们已经知道，软体动物和腔肠动物就有非常原始的学习过程，而且一般说来，所有拥有神经系统（无论其是简单还是复杂）的动物都有学习行为。在这一意义上，即使是蚯蚓，也有微小的智力。

许多动物学家喜欢用自己设计的测试方式来研究动物的智力，然后将所得结果与在其他动物中获得的测试结果进行比较。例如，被测试者必须学习识别几种形状或走迷宫。或者，它们必须通过富有创意的巧妙方式来获得食物。为了达到那个目的，它们被安排使用工具、箱子、杆子、绳索或钩子。

但是，艾莉森·乔利博士对这种方法进行了抨击。她认为，不能从这种不自然的人为测试中得出普遍而可靠的结论。例如，一个学不好拉丁语的年轻人就真的完全是愚蠢的吗？也许，他在某些其他领域会表现出非同寻常的智力水平，但那些只对他做过拉丁语测试的人永远都不会发现这一点。一只家鼠或许会在区分花卉图案上表现得愚蠢，但在记住各种小路上可能会做得惊人地好。

对猴子来说，情况也是一样的。这位美国动物学家指出，处理物体的智力是人的强项，而非猴子的强项。如果我们想要全面了解智力现象，那么，我们就必须公平地区分智力的各种类型。

智力有三种基本类型，即（一）战胜敌手或猎取猎物的克敌性智力；（二）处理社会关系的社会性智力；（三）制造和使用工具的工具性智力。

动物智力演化的第一阶段是克敌性智力。捕食者与其猎物之间在数百万个世纪中永不停歇的斗争使得双方的智力水平不断提升。在这方面的智力上，未成年爬行动物要比成年两栖动物聪明，但其聪明程度又不如鸟类和哺乳动物。[19]

在存在许多种动物和激烈竞争的环境中（即在欧亚和美洲大陆上），控制着智力演化的机制起作用的速度要比在动物种类较少的环境中（如在澳大利亚或马达加斯加）更快。因此，在动物种类较少的这些地区，除"外来"动物（如人类）外，生命的演化滞后了数百万年。在马达加斯加岛上，灵长目动物的演化一直停留在原猴阶段。而在澳大利亚，动物的演化实际上采取了完全不同的方向，即朝着有袋类方向演化；从整体上看，有袋类动物的智力水平要远低于哺乳动物的智力水平。

这些事实与社会性智力之间并没有直接的联系。独居动物的社会性智力几乎为零。对独居动物（如老虎或北极熊）来说，除了短暂交配季节中的性伴侣及自己的未成年后代外，所有同种的其他个体都是敌"人"。许多独居动物的求偶仪式和后代养育方式完全由本能控制。虽然如此，社会性智力的最早迹象却是在这种动物中出现的。

正如我们已经看到的那样，西法克狐猴的社会性智力是不太发达的。但另一种狐猴则表现出了显著的进步。环尾狐猴的个头跟狐狸差不多大，凭借毛发浓密、黑白环相间的巨大尾巴，这种狐猴成了动物园中最讨人喜欢的魅力之星。环尾狐猴会通过打斗，在自己的社会中建立一种阶梯式的线性的等级秩序。在它们的社群中，谁可接近谁的规矩，以及地位不同的个体各自具有什么样的特权，都是受到严格监控的。

而按狐猴礼仪行动、正确估测伴侣的个性、表现出心理敏感性的能力则涉及某些不应被低估的心理能力，即社会性智力。

然而，乔利博士从未能在环尾狐猴中观察到"受保护的威胁"。这是一种在狒狒与猕猴中已达到完善状态的无礼之举。当猴群中的低级别成员或未成年者受到某个绷着脸生气的较年长雄猴的欺压并想要报复时，它们就会使用这个伎俩。年轻的猴子会直接站在那个拥有无上权威的猴群首领后面，在那个有利位置上做出各种无声但具有高度挑衅性的手势，以嘲弄它的敌猴。在这种情况下，那只脾气暴躁的较年长的雄猴就只能忍气吞声。它不得不忍受侮辱，因为如果它发动攻击、咆哮或反过来威胁对方，那么，那个不知道自己身后有个玩把戏者的首领就会以为自己正在受到挑战。这样，年长的雄猴就会有大麻烦了。人类中的恶作剧者能做得比这更狡诈吗？

显然，原猴们是做不出这种需要较高的社会性智力的戏弄行为的。因此，乔利博士得出结论，动物社会是可在无社会性智力发挥作用的情况下出现的。但是，社群生活会刺激社会性智力的发展，并由此反过来催生出更复杂的社群生活形式。所有这一切都标志着，在动物中存在着一种水平不断提高的交互式演化机制；就其在社会中起作用的速度而言，这种社会性智力与社会生活复杂化互相促进的正反馈式演化机制，要比出现得更早的克敌性智力与克敌行为高效化的演化机制快得多。

在智力的演化中，如果没有这种演化加速因素，就永远不可能出现像人类智力这么完善而杰出的智力。

美国斯坦福大学社会心理学教授阿尔伯特·班杜拉（Albert Bandura）[20]写过一篇论文，这篇论文对人们弄清楚这一问题具有很大的启发性。在人类孩子中有这样一种孩子：当独自做事时，他们会给人以高智商的印象；但当他们与其他孩子一起合作做事时，他们就会是完完全全的失败者。他们缺少一种特殊类型的智力，即社会性智力。这并不意味着他们有丝毫的心理缺陷。通常，表现出这种异常行为的孩子在学龄前都是在极度的孤独中长大的。班杜拉教授已开发出了帮助这些孩子补上他们在"社会学习"中错过的东西的方法。

下一个更高阶段的智力即工具性智力，是一团更复杂的谜。可以肯定的是，在动物园和实验室之类被监禁的环境中，一些类人猿在关于棍棒、手柄、绳索和箱子等操作中表现出了惊人的智力成就。而在狒狒、猕猴、僧帽猴等猴类中，这种能力就比较有限了。但即使在原猴中，也可观察到这种智力最初的火花。然而，在野外，在这些动物中潜伏着的工具性智力却未见起作用。在人工圈养区之外的、自由的自然环境中，人们没有看到过猿、猴或原猴使用工具。唯一的例外就是，我们人类在动物界血缘关系最近的亲戚——青潘猿。

为什么这些动物只是在被人类怂恿或强迫的情况下才会运用它们的工具性智力，而不是在它们的自然栖息地中自愿地运用这种智力呢？

对这个问题，乔利博士提出了以下假设：在自然环境中，这些动物的意欲和智力是如此沉重地受制于觅食、对敌"人"的恐惧和紧张的社会局势，以至于不可能"分心于无生命的物体"。只有在克敌性智力发展到了能使其在一定程度从对基本生存需求的操心中解放出来，当社会性智力能在良好条件下为克敌性智力提供支持时，动物们才会迈出这决定性的一步。

在此之前，动物的工具性智力只是作为社会性智力的一种"副产品"，作为未来演化的一种倾向和希望，以潜在的形式存在着。

工具性智力需要抽象思维。在决定准备一根棍棒并用它来探测蚁巢之前，一只青潘猿必须带着自己对所涉各个步骤的洞悉，在自己心中将整个过程预演一遍。在实验室进行的实验中，那些必须用工具来获得香蕉的类人猿通常都会以极大的热情去完成自己的任务。如果因经验不足而不能一次性获得成功，那么，他们就会暂时停下来，摆出一副沉思的样子；而后，尝试另一种方法。而这另一种方法显然是他们刚刚想出来的。

弗洛伊德说，思考是一种测试活动。猿类的思考当然是一种"无词"的思考。青潘猿是以一些无名的概念来思考某种东西的。这种思考肯定要比借助有词的语言进行的思考更难。当我们认清这一事实时，我们就会看到借助语言进行的思考所能及的范围有多广，更不用说借助文字进行的思考了。

演化到今天这个阶段，这些独立智力类型的存在已经对人类产生了一个极其严重的后果。工具性智力和抽象思维能力已经使人类在掌握技术上有了巨大的进步，但人类却没能解决好社会共存的问题，原因很简单：人类的社会性智力几乎没有任何超出猿类的地方。

第九章

人类的曙光

第一节　从咬到笑

德国幽默作家埃里希·卡斯特纳曾经写道："哥伦布发现了美洲，古希腊哲学家亚里士多德发现了人类与所有动物之间的唯一区别。他说，只有人会笑，因此他将人称为会笑的动物。"

尽管对卡斯特纳和亚里士多德都怀着充分的敬意，现代行为科学必须对这句话做出修正。因为很多动物都会微笑、露齿而笑，甚至开怀大笑。例如，所有的猿、猴及几乎所有的原猴都会微笑。然而，在演化的每个阶段，微笑的含义都是不同的。事实上，对笑，我们可追溯出一条从开始微笑到放声大笑的演化路线。

狐猴、眼镜猴、大狐猴、懒猴、婴猴与树熊猴的脸部外观是相对不变的。这些动物几乎都缺乏做出表情所需的面部肌肉。它们所能做的只是在开咬之前或在试图吓唬敌人时露出牙齿。但是，露齿是微笑演化的第一步。博尔维格（N. Bolwig）博士 [1] 说，从根本上来说，微笑和大笑其实是仪式化了的"咬"。

在狐猴中，与独居狐猴相比，生活在某种形式的社群中的狐猴面部表情具有更大的可变性。在须与自己所属帮队中的成员协商时，棕狐猴的露齿表情要比身为独居者的侏儒狐猴或鼠狐猴更明显。

灵长目以外的其他哺乳动物也表现出了同样的趋势。作为独居动物，熊的面部表情是完全固定的。从其面部表情上，我们根本无从知道它心里在想些什么或打算做什么。但对作为社会动物的狗和狼[2]，一个人却能相当好地理解其面部表情所表达的含义。毫无疑问，它们同一群落的成员能完全读懂这些表情的含义。

　　像人类一样，对那些能改变面部表情的动物来说，每一种表情都有其特殊的意义。因此，一只社会性狐猴能以嘴巴张开但牙齿却被双唇遮着的表情来威胁对手。这个表情的意思是：如果你不立即离开，那我就会让你感觉一下我牙齿的厉害！

　　狐猴的表情还有其他的细微差别。如果狐猴只是略微张开嘴，

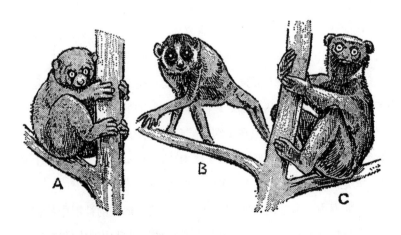

图22　这些原猴的脸部没有丝毫的表情变化。西非树熊猴（Ａ）、斯里兰卡懒猴（Ｂ）和马达加斯加大狐猴（Ｃ）甚至没有做出面部表情所需的肌肉

友善的野兽：富于人性的动物社会

并往角落里退缩且磨着牙齿——奇怪的是，这种表情居然表示着与威胁恰恰相反的意思——这种表情其实是一种承诺：我没有丝毫想咬你的意图。它相当于在说，看哪，我有利牙，我可以用它来咬你，但我是不会咬你的。这里出现的是演化史上的一个进步——微笑的最初踪迹。这种表情所表示的是友好之意，而非容易与之相混淆的软弱。

露齿笑很接近于微笑。英国萨塞克斯大学动物行为学教授理查德·安德鲁（Richard J. Andrew）博士 [3,4] 称，露齿笑是缺乏友好之情的微笑。这个露齿笑定义既适用于人类，也适用于猿与猴。

在狐猴、猿及非洲与亚洲旧大陆的猴子中，表示友好的微笑得到了进一步完善，它已经被仪式化成一种谦卑与讨好的姿态。例如，如果一只弱小的狒狒想要免受一只更强大的狒狒的殴打，或在打斗后想要逃脱胜利者进一步的惩罚，那么，它就必须让自己摔倒在地，并将自己向上抬起的臀部对着那个对手，同时，它会从肩头向外张望，大咧着嘴露齿而笑，并响亮地咂巴着自己的嘴唇。在狒狒的语言中，这种姿势、表情和动作大致上意味着：不要对我做任何事情！我保证从现在起不再闹了。

讨好的姿态总是能阻止敌意的攻击。即使是人类也可以通过做出这种举动来使自己免受狒狒的撕咬。但是，如果讨好举动中没有露齿笑的姿态，那么，这种举动就只能达到一半的效果。值得注意的是，在这种露齿笑中根本就没有友善之意，而只有强烈的恐惧。

当动物们发出表达惊恐的高声尖叫时，它们的脸上同样会出现露齿似笑的表情。安德鲁博士发现，狐猴、狒狒及争吵中的猴子婴儿露齿笑的表情分别伴随着咔咔与呀呀声、刺耳的尖叫声、吱吱的尖叫声。在这种情况下，露齿笑表情起到的是一种防御性的威胁作用。由此可见，微笑的根源之一是恐惧。

从心理上说，这个事实对我们人类是非常富于启发性的。在受到老师或父母责备时，人类的孩子常常会出人意料地露出微笑。不幸的是，许多成年人将这种反应误解成高度的无礼。实际上，那些孩子的"尴尬的笑容"是他们深感不安的一种迹象。心理恐慌触发了一种原始时代遗留下来的行为模式，那其实是我们的类猿祖先根植于本能模式的谦卑姿态。

对微笑的模仿永远都无法完全掩盖它与攻击性有关的起源——对对手发出的要咬它（或他）的威胁。原始意义上的微笑其实就相当于说：牙齿之间有肉是一件美事，但我最好满足于牙齿之间有空气，从而不用承担被回咬的风险。在笑中，有一种具有放松效果的微笑或大笑，它能缓和充满火药味的紧张局面；但在笑中也有一种会招惹攻击的露齿笑。在所谓的绅士圈中，人们表演着这样一种艺术：用精心选择的词把最粗暴的侮辱性话语像污水一样泼到对手脸上，而且，在实施语言侮辱的同时，对对手露出冷酷的微笑。

像人类一样，猕猴也能感觉到自己正在被嘲笑。在这种情况下，这种猴子会进行"微笑决斗"（以微笑来互相嘲弄）。但这种微笑经常会突然转变为"呼呼"的攻击之声。

对狐猴、猕猴和狒狒来说，从表情的细微差异上，我们就可将表示谦卑的微笑与不加掩饰地表示恐惧的表情区分开来。在做出危险的跳跃之前，或当他们害怕从树上掉下来时，这些动物就会现出露齿似笑的表情。彼此失联的猴子母亲与婴儿即使在发出揪心的哀嚎时，也会露出像是微笑的表情。

问候性微笑是一种形式化的仪式性微笑，除微弱的焦虑意味外，它已不再包含任何其他意义。就像在猿类与猴类社会中一样，在人类中，当人们相遇时，按习俗，地位较低的人得先以恭敬的微笑问候地位较高的人。由此可见，问候其实起初只是一种表示顺服的常规性姿态。

　　不过，动物们必须注意这件事的另一重要方面。在问候过程中，地位低的一方绝不能直视另一方的眼睛。这种直视具有挑战性，并会立即将问候性微笑转变成挑衅。由于这个原因，当猿在问候时，它们只是朝被问候者的脸扫上一眼，然后就把目光偏离直视线，或像有教养的东方人一样看着地面。

　　渐渐地，微笑从原本包含焦虑、讨好、吁求安全等因素的意蕴复杂的行为演变成友好的标志。

　　我们还没有谈到人类给予高度评价的表达方式——欢笑。我们似乎难以在任何动物中追溯到这些表情模式的源头。但事实仍然是，类人猿可以纯粹出于快乐而放声大笑。青潘猿、红毛猿和高壮猿拥有与人类非常相似的面部肌肉，而且，它们也是和我们人类在同样的情况之下使用面部肌肉的。当它们做皮毛护理时彼此挠胳肢窝、颈部或脚底板时，或当两个老友长时间分离后在丛林中相遇时，或当它们在找食物的过程中发现一种特别美味的食物时，这些猿就会愉快地大笑。

　　青潘猿具有明显的幽默感。博尔维格博士观察到，如果一只青潘猿想要戏弄另一只青潘猿，那么在开始行动前，它的嘴角就会抽动。如果某个玩笑开成功了，那么，那只猿就会开怀大笑。就像9个月大的人类婴儿一样，年幼的青潘猿也会带着同样的快意玩"躲猫猫"游戏。当某个熟悉的面孔先被隐藏掉而后又重新出现在视野中时，青潘猿婴儿就会兴奋地发出咯咯的笑声。

在得到食物或当一个很熟的人进入房间时，松鼠猴会发出开心的啾啾叫声。德国马克斯·普朗克精神病学研究所的彼得·温特博士将这种类似鸟叫的声音翻译为："看哪，这里有令我愉快的东西！"在发出这种声音时，松鼠猴的面部肌肉会发生弯曲，从而现出微笑的样子。在这种姿势中，我们或许会发现微笑的起源。

动物的欢乐之情是对能引发快感的意外事件的反应。理查德·安德鲁[3]认为，露齿笑最初是对可怕刺激的反应，微笑则是对刺激中令被刺激者愉快的微小变化的反应。他在下述事实中找到了支持这个观点的证据：在被挠痒痒或有人与其玩藏脸与露脸游戏时，婴儿们会以微笑做出反应。他认为，即使在成年人之间，由笑话引起的大笑也是因惊喜而产生的效果。

可以肯定的是，即使在青潘猿中，快乐与痛苦也是密切相关的。如果一只青潘猿张嘴时露出下牙而上牙仍被上唇遮着，那么，这样的表情就代表它在大笑。但如果它像个大笑的人一样把上下牙都一起露出来，那就表示，它正在经受极大的愤怒或巨大的痛苦。不幸的是，小型私人动物园或巡演马戏团中没有经验的员工会误解这些表情，从而将青潘猿最坏的心情当作好心情。因此，这种可怜的动物只好背负着奸诈的坏名声，并屡屡遭到毒打。

在一些彼此血缘相近的猴子中，这种误解甚至会导致令人不愉快的情景。西非的彩面狒狒用磨牙和表达满足之意的叫喊来表示它的友好意图。但对作为其堂表兄弟的狒狒来说，同样的动作组合却表示着正好相反的意思——严重的威胁。因此，如果这两种动物被

友善的野兽：富于人性的动物社会

关在同一个笼子里，那么，它们之间的相处就会像狗和猫之间的一样糟糕。不过，聪明的动物管理员可逐渐让它们变得互相习惯，直到双方学会彼此的"语言"。

笑得跟人类最像的猿是自然栖息地在东南亚的红毛猿。人类无需任何特别的知识，就能理解红毛猿的面部表情。红毛猿是笑艺大师，它们能驾轻就熟地做出彼此间有着微妙差异的各种笑的表情——从带着惊讶的微笑到幸灾乐祸的坏笑，再到开玩笑时的开怀大笑。动物们的面部表情从咬到大笑的漫长演化之路在红毛猿中已达到顶点。

在动物表情的演化之路中，除了从咬到笑这一条演化路线外，还有另一条从这条路线上分叉出去的、意义比这条重大得多的演化路线，即通向人类言语的演化之路。关于言语演化的旧理论认为：人类的演化使之在某个时间点上突然出现了发出清晰声音的能力；而且，与此同时，人类心智的演化也取得了相应的巨大进步。然而，安德鲁博士认为，从静穆无声到出现充分成熟的语言——这种飞跃是根本不可能的。他认为，言语能力的初级阶段可以从原始的面部和舌头运动的形式中分辨出来。

狒狒为这种观点提供了某种支持，因为它们讨好和问候的姿势是伴随着大大的咧嘴动作和响亮的咂巴声的。狒狒做低沉的咕哝时也可能伴随着响亮的咂巴声，它们是通过调节嘴唇和舌头的运动来发出声音的。声音波谱记录已完全证实了这种音调的变化。由此，狒狒迈出了在口中形成不同声音的第一步。

当它们成对地投入温柔的"爱情谈话"中时，狒狒也会发出"嗯啊嗯啊"的噪声。不过，这种声音还没得到仔细分析。人类婴儿在吸奶或张嘴亲吻时也会发出类似的声音。或许，在动物声音的演化历程中，狒狒们发出的这种嗯啊声与人类婴儿在吸奶或亲嘴时产生的这种最初的、尚不稳定的声音是处在同一演化水平上的。

但是，言语的演化问题需要放在更加广阔的背景即动物演化的总背景之下来考虑。

第二节　从手势语到口头语

正是出于这一更大的野心，为了研究青潘猿的语言，艾德里安·科特兰德博士[6]对刚果丛林和几内亚稀树大草原进行了几次考察。他的发现非常有趣。

野生青潘猿之间的交流主要是"借助于面部表情和手势的交谈"。青潘猿"举起手来"这一姿势与人类中的警察要求嫌犯做出的姿态意思完全一致，即"停止（行动）"。青潘猿同样用与人类惊人一致的手势来表示"过来"或"快从我身边过去"的意思。在青潘猿中，手向外伸出的乞讨手势所表示的意思是问候、请求或建议一个伙伴平静下来。同意对方请求的手势则主要是由伸出手掌向下而手背朝上的手构成的。在这种手势中，那两只青潘猿的指尖可能有接触。但在隔着一定距离的情况下，这一手势的意义也能被很好地理解。

两个好朋友有时会用"握手"来互相问候，如果它们没有时间或没有想要拥抱的话。即使很匆忙或正在逃跑，它们仍然会以简化了的这一姿势来问候彼此。在科特兰德博士用毛绒玩具豹做的那个实验中，青潘猿们用握手或吻手这种动态姿势来互相鼓励。

青潘猿们有时会用伸出手臂并用食指指向某个地方的方式来向同一帮队的成员做出这样的警告：那里有某种危险的东西，例如蛇。在动物界，这是一种极为非凡的举动，因为除了蜜蜂、鹅和鸭子，没有其他动物能给同一物种的成员指方向。

科特兰德博士也看到过一些含义不太明确的青潘猿手势。有一次，一只青潘猿做出了这样一个手势：连续三次倾斜着抬起它的胳膊，似乎是想要问候，但又紧握着拳头。有时，青潘猿们肯定是在交谈，因为在采集到食物后，它们会全都坐在一起吃饭，并用面部表情和手势互相交流，就像聋哑人所做的那样。

有一次，科特兰德博士看到一只青潘猿将一个打开的番木瓜举到其同伴的双眼之下，大概是因为里面有一只虫子在爬或是那瓜有其他问题。科特兰德博士说："青潘猿们肯定不能从事与现实生活差别巨大的、高度抽象的思维活动（如哲学），但它们能就琐碎的俗事而喋喋不休。"

我们知道，青潘猿甚至能阅读。这不是说它们能发出文字的读音或理解文字的意义，而是说在被圈养的情况下，青潘猿的确能学会识别一些其熟悉的东西的简笔画。而这当然是朝着理解符号性语言的意义方向迈出的第一步。

实际上，青潘猿的语言能力不限于此。英国伦敦动物园中一些天赋高的青潘猿甚至能在没有受过训练的情况下自发地表演哑剧（即一种系统化的手势语作品）。就像法国著名哑剧演员马塞尔·马索（Marcel Marceau）一样，青潘猿也会吃不存在的餐食，在表演期间，它们会做出所有相关的恰当动作，会使用那些只存在于自己想象中的盘子和其他餐具。这种完美的模仿举动表明，青潘猿们完全能够就看不见的东西形成"图像"或"概念",并能将其传达给自己的同胞。

科特兰德博士总结道:"这意味着,青潘猿已经创造出了真正的语言的根本,包括将事物概念化和符号化,尽管它们的概念和符号还是非口语形式的。由此,语言演化过程看来好像是这样的:在人类祖先和早期人类的演化过程中,先出现的是关于不可见之物的非口语性的哑剧式'交谈',而口语性谈话的出现则要比手语性谈话的出现晚得多。"

这个假说有一个难以解释的地方,即青潘猿婴儿为何会发出咿呀声。青潘猿婴儿跟人类婴儿一样会发出这种声音,但人类婴儿的咿呀声可以说是有锻炼言说所必需的感觉和运动控制机制之目的的,青潘猿婴儿的咿呀声则似乎是无目的。在 4 个月大时,青潘猿婴儿就会突然停止所有的发声活动。

显然,在这个年龄的青潘猿婴儿中出现了一种正在成熟的禁忌——在充满危险的丛林环境中,抑制会招引麻烦的、不必要的无休止发声行为有利于个体与群体的生存。这一假设得到了海斯(C. Hayes)博士[7]的支持:她曾与一只青潘猿婴儿一起玩游戏,当她试图将人类的声音引入该游戏中时,那个婴儿便害怕起来,它变得很紧张,以至于再也不想玩那个游戏了。

在丛林中,青潘猿母亲和婴儿几乎完全是用表情和手势来交流的,因为每一片灌木丛后都可能潜伏着一只豹子。而生活在伏击点较少的开阔稀树大草原上的青潘猿祖先则可能是借助类似于"词"的声音来交流的。一般来说,只有青潘猿母亲和婴儿才会如此沉默,而那些已成年的雄青潘猿在觉得安全的情况下是会发出大量富于变化的声音的。

嗓声现象可能只是在青潘猿被人类祖先赶回丛林后才出现的。因此，青潘猿婴儿的咿呀发声现象可能是人类诞生前就有的早期言语能力的遗留物。而在青潘猿返回丛林后的演化过程中，这种言语能力又退化了。

因此，青潘猿在所有言语尝试中的失败可能主要不是由智力不足或发出清晰声音的能力差而导致的，而主要是由天生的抑制机制导致的；或许，这种抑制机制与引起结巴的抑制机制相类似。毕竟，在言语方面，我们真的期望类人猿至少能做得像鹦鹉一样好。

在圈养区中，青潘猿的发声现象[8]其实是绝对不能忽略的。它们能发从 a 到 u 的元音，只是它们喜欢发 o 和 u 音。它们用连续几次发出音调与兴奋程度逐渐升高的"oh（噢）"音来表示快乐，用低沉而短促的"eh（嗳）"音来发出警告，用低沉的"u（呜）"音来表示悲伤。

元音也可与辅音 k、g、ng、w、wh、h 组合成音组。"Gak（嘎克）"意味着"我找到了食物"，"kuoh（苦哦）"意味着"我很饿"。"Gho（喁）"是在问候朋友时说的，"ky-ah（唧啊）"则是痛苦时的哭泣声。在捉虱子时，青潘猿会发出轻如耳语的"Vts（唔呲）"声。"ah-oh-ah（啊—噢—啊）"表示的是中等程度的关心，"ah-ee（啊哦哦）"和"oo-ee（噢噢哦哦）"相当于我们人类发出的"ouch"（疼痛时的叫声）。

青潘猿能学习遵从多达 50 种不同的人类口语命令，可见，它们对声音的理解和记忆能力是相当可观的。但在开口讲话方面，它们则有困难。经过多年的艰苦努力，海斯博士最多也只能将她长毛遍体的"学生"教到自己会说妈妈（mama）、爸爸（papa）、杯子（cup）

和朝上（up）这几个词。甚至，即使对这几个词，青潘猿也只能用咕噜声、咯咯声和分泌唾液来应付。教幼年雌青潘猿人类手语的加德纳[9]则获得了相当大的成功。从1周岁起，那只名叫娃秀（Washoe）的雌青潘猿就一直待在美国内华达州里诺市的加德纳实验室里。每吃完一餐，它就会用食指在自己的门牙上做刷牙动作，以表示现在该刷牙了。但若还想要吃更多的东西，那么，它就会将双手指尖合在一起。如果它想要一些糖果来当餐后甜点，那么，它就会前后来回移动舌尖，同时用食指和中指触碰舌尖。

到4岁时，娃秀所掌握的词汇量已超过了60个，而且这些词都是标准聋哑人手语中的词。为了与青潘猿的本性和天赋相适应，在教娃秀时，加德纳对人类的标准手语只是做了少许调整。

当娃秀要说"请"时，它就会将手掌放在自己胸前做快速移动动作。当它以握紧的拳头做同样运动时，则意味着"我很抱歉"。两个伸出的食指做交叉移动动作则意味着它"受伤了"。至于"快点""请给我"这些意思，娃秀是用与野生青潘猿所用的同样手势来自然而然地表达出来的。

能掌握多少词只是青潘猿语言能力的一个方面。娃秀使用手势语的方式才真正推翻了科学界以往所持的"动物交流能力有限"的观念。相比鹦鹉的言语能力，青潘猿娃秀的表达能力可以说是相当惊人的。因为当娃秀学会了关于某种特定事物或现象的表达方式后，在碰上同类事物或现象时，它就能用自己已理解其意义的表达方式来表达同类的新事物或现象。例如有一次，娃秀想要打开她所住房间的门，这时，艾伦·加德纳和比阿特丽斯·加德纳就趁机教它如何使用"打开"这一手势语。后来，在没有任何更多的教导的情况下，娃秀就已经会用这个手势来要求打开其他的门；或者，当它想要某个人帮它打开冰箱或某个箱子时，它也会用这个手势。

在学会了表示花的符号后，娃秀就会用它来表示各种各样的花，无论单朵的还是成束的，也无论大的还是小的。显然，它已掌握了植物学意义上的花的概念。看到一只狗时，娃秀就会使用表示狗的手势；只是听到狗叫时，尽管没人教过它，它也会使用表示狗的手势。由此可见，娃秀能将自己没看到的东西转换成视觉语言。

更为惊人的是，在经过 20 个月的手语教学后，娃秀已能将 2 个甚至 3 个已学会的符号组合成它自己造的有意义的句子，例如，"请—给我——个抓挠"（即"请帮我挠一下痒"），"我—出去"（即"我要出去"），"请—打开—快"（即"请赶紧打开"），"你—喝"（"你喝"）。

迄今为止，有意识并有意义地将单个词结合起来形成复杂词组甚至简单句子的能力，一直被语言学家看作人类独有的，他们还认为，有无这种能力就是人类与动物之间一条清楚的界线。这种观点也无法再维持下去了，至少在手势语方面是如此。至于动物是否能用声媒语言来做同样的事（即组词造句），目前尚未有相关的发现。在此，我们必须十分谨慎地强调一下：尚未。

在我们寻找人类语言最初起源的过程中，对青潘猿的相关研究迄今并未给我们带来任何结果。因此，接下来，就让我们来偷听一下那些天生就不那么沉默的灵长目动物所发出的声音。

例如，松鼠猴就有一种采用了种类繁多的声音的信号系统。松鼠猴能发出吱吱、叽叽、咯咯、汪汪、咝咝、呜呜、哇哇、啾啾声和尖叫声等，大体上说，它们所用的音素意义上的声音范围比人类在其语言中所用的范围还要大。在此，我们站在了语言演化之路的一个岔路口。我们完全可以想象，通往语言之路可能会走向声音效果不断增加的方向——从轻柔低沉的咕哝声到尖锐高亢的嗯哨声，都逐渐成了口头语的组成部分。想象一下——那么一来，一场谈话听起来会像是什么样子，那将会是很有趣的！

不过，语言演化实际上走的是另一条道路。演化层次较高的猴子已放弃了松鼠猴所采用的大多数声音效果。当然，不是所有上升式演化趋势都一定通向创造的顶峰。在从猿到现代智人历时 700 万年的演化之路上，在他们的远古祖先亲属动物松鼠猴也在使用的全部语音成分中，只有一种语音成分始终保持不变，那就是尖叫声。也就是说，所有的原猴、猴、猿和人都用尖叫声来表达强烈的兴奋感。

根据彼得·温特博士的说法，在演化史上，尖叫声的重要性要比其他声音大得多。松鼠猴发出的尖叫声有四种变体。当一只松鼠猴看不见自己的同伴时，它总是会发出"粗厉的尖叫声"。它的同伴也会以同样方式回答它，直到那只迷路的松鼠猴再次找到它们。

"提醒保持接触"的尖叫声则低沉而短促，当处在能看得到彼此的距离内时，这种猴子就会用这种尖叫声；彼此间相隔的距离越远，这种猴子使用尖叫声的频率就越高。

"报警尖叫"听起来像一个发条上得太紧的机械闹钟的闹铃声。这种尖叫声用来报告各种快速移动的物体，如美洲虎。当这种声音响起来时，每只猴子都会猛地冲向某个可躲藏的地方，并在那里一动不动地待着。

此外，还有一种"喊喊"的尖叫声。前面已提到过，这是表示友好的声音。这种声音意味着：我丝毫都不想伤害你，我只想跟你一起玩。猴子们在玩摔跤游戏时会不断发出"喊喊"的尖叫声，否则，游戏立刻就会变成认真的打斗。

与松鼠猴所用的类型多样、范围宽广的语音相比，在演化层次上居于较高地位的猕猴和类人猿所用的语音频谱就显得很狭窄而单调了。它们已经失去了用来表达由温饱等带来的肉体舒适感的叽叽声。与松鼠猴语音成分多样化相反的是，这些猴和猿对语音成分的使用代表着一种新的演化趋势，而正是这种演化趋势引发了人类语言的产生：虽然猕猴与类人猿所使用的语音类型已大大减少，但由于留存下来的语音类型的变异性不断增加，因而它们不仅补偿了语音类型减少所造成的表达缺陷，还带来了更加灵活多样的表达方式。

此外，演化层次较高的猴和猿还演化出了将单个语音成分结合在一起的能力。这种做法使它们能相当多样而微妙地表达情绪反应。在此，语言的演化似乎走上了一条"双车道"道路——其中一个"车道"通向手势语的表现力更大的方向，另一个"车道"则通向声音分化和组合的方向。

在生活在大群体里并很少陷入被捕食的严重险境的猴子和小猿中，语音分化和组合形式的语言表达方法会得到相当充分的发展。例如，日本红脸猕猴和狒狒的声媒语言就是这方面的例子。由于组织良好且战斗力强，在树木丛生的平原上，狒狒就无须太害怕豹子。

然而，虽然红脸猕猴和狒狒在手势语方面相当出色，但在声音表达上却乏善可陈。对这两种猴子来说，这两种表达能力都是天生的，且都主要用来传达情绪。除了某些特殊地方外，在本物种范围内，手势语都是"国际性"的，正如世界各地各个种族的人的手势语大致相同。

人类语言中的独特成分正是那些可以被发明、修改和习得的成分。

奥托·叶斯柏森（Otto Jespersen）[10] 报告了一个关于这种能力的惊人事例。有两个丹麦人从小就仅由其聋哑的祖母照料，并在完全与世隔绝的环境中长大；在被发现后，丹麦青年委员会不得不承担起对这两个孩子的监护任务。这两个孩子不认识其他任何人，也没有人教他们说话。然而，这两个孩子却能不断地相互交谈，而且，交谈中所使用的词还很多。显然，他们无师自通地开发出了自己的语言。当然，没有人能懂这种语言，因为它和丹麦语没有任何相似之处。

那么，是否有迹象表明，猴子正在朝这个方向演进呢？科学家们认为——有。

基于对日本红脸猕猴的多年观察，米亚迪（M. Miyadi）教授[11] 提出了自己的观点。下面是一只雄猴怎样提出建议的例子：它跳跃着靠近了一只雌猴，噘起自己的嘴唇，并以一副有滋有味的样子哑巴着双唇。于是，那两只猴子配成了对，并离开了猴群一小段时间。嘴唇有节奏的动作是一种用来表达温情的符号，这种动作在未成年雌猴中也很常见。且这种交流模式只用在两个个体之间，是一个个体对另一个个体的，它起着与人类对话相同的作用。

有许多迹象表明，在日本红脸猕猴中，除了用来表示报警、离开、逗留、威胁、恐惧和邀请交配等先天的立即就能被理解的声音信号外，还存在着一些更微妙的个体间"对话话题"。米亚迪教授注意到，在这种猴子中，存在着音量很低的发声现象，很像两个人

　　　　　　　友善的野兽：富于人性的动物社会

之间说悄悄话的样子。

安德鲁博士[12]更确定地认为：灵长目动物正在朝着创造语言的方向发展。他描述了当有其他同类个体对其咕哝时，狒狒们是怎样模仿这种咕哝声的；在社交场合，狒狒们又是怎样互相咕哝的。他总结道："通过这种方式，声媒语言演化的首要条件——从置身于某种特定情形中的某个伙伴那里学习特定的发声模式——就得到了满足。"

但人类的言语现象也必须从另一方面即从脑生理学的角度去考察。在脑中，是否存在着言语中心？它在哪里？它有多大？它又是如何工作的？

第三节　言语：最大的自然之谜之一

有些人曾被做过一种非同寻常的手术：医生已将他们的两个脑半球分开了。他们的脑的每一半都独立工作，就像他们的脑颅中安置了两个完全不同而各自完整的脑。1967 年所做的相关细致研究表明：这样的病人会产生两个不同的意识领域。他们甚至可能在同一时间有两套思想和两套感觉。

这种手术的真正目的是治疗严重的癫痫病。但这种两个脑半球分割手术也产生了一些关于意识的本质和语言及言说天赋的令人惊讶的深刻见解。

这些研究激动人心的故事开始于 20 世纪 50 年代末。那时，美国芝加哥大学的罗纳德·迈尔斯（Ronald. E. Myers）教授和斯佩里（R. W. Sperry）教授[13]提出了一个问题：如果通过手术切断脑的左右两个半球间神经连接的话，那么，会发生什么情况呢？假设这个实验是在猫身上进行的，那么手术后，猫还会活着吗？如果还活着，情况又会如何？乍看之下，那些被做了手术的动物的行为似乎与过去无异。但一个巧妙的测试却披露出一些惊人的事情。

这两位科学家教一只被做了脑分离手术的猫在一旦有黑十字出现时就用它的右前爪按压一个手柄。那只猫很快就学会了这项操作。但当它用左前爪来做同一件事时，它却完全不知所措了，它不得不从头开始学习。

如何解释这种现象呢？身体左侧的肌肉是专由脑的右半球控制的，右侧的肌肉是由左半球控制的。在正常的动物中，脑两半球之间存在着持续不断的信息交换。但那只猫的脑两半球之间的连接已被切断了，因此，它的左爪不可能知道它的右爪在做什么。随着脑两半球的分离，身体的每一半都不得不重新学习另一半能照常做得很好的事情。

除此之外，分离脑的两半球并没有给动物造成任何有害的效果。这鼓励了美国加州医学院的一个脑外科手术团队，1961年，由博根（J.E.Bogen）、费希尔（E.D.Fisher）和伏格尔（P.J.Vogel）[14] 组成的这个团队尝试着在人身上做了同样的手术。他们的手术对象是病情不可控制且无法治愈的严重癫痫病患者。他们希望能通过手术将癫痫发作控制在身体一侧，但手术结果远远超出了他们的预料：在脑的两半球被切开后，身体两侧的癫痫发作几乎全都停止了。

生理心理学家迈克尔·加扎尼加（Michael S. Gazzaniga）[15] 对那些手术获得出乎预料的成功的患者进行了细致的研究。在手术后，那些从前的癫痫病人在人格、性情和智力上似乎没有任何改变。一个病人只是说，他现在时不时地会感到"分裂性的头痛"。

然而，不久，这些病人在日常生活中出现了一些怪事。当其身体左侧碰到一把椅子或一张桌子时，他们自己却没注意到这一点。如果在他们没看到的情况下，在其左手中放上一枚硬币或一把勺子，那么他们就会固执地否认自己的左手中有任何东西。

这种现象显然是有某种意义的，加扎尼加博士决定进行一系列探测实验。例如，他会让病人紧盯着屏幕中心，让"heart"（心）这个词在屏幕上闪烁 1/10 秒。"heart"中的"he"被投在屏幕中心的左边，而其中的"art"被投在屏幕中心的右边。

实验者向那些患者分发一些写着不同的词的卡片。他们被要求用左手拣出那张上面有着他们刚才在屏幕上看到的词的卡片。结果，所有两个脑半球被切开的患者都指向了"he"这个词。但紧接着，出现了一种奇怪的"伴奏"现象。当他们在拣出卡片后，他们立即被要求大声说出刚才看到的那个词，这时他们都毫不犹豫地说："art"。

一串同样的字母，同一个人，但就这串字母是由哪些字母组成的这一问题，却出现了两种不同的意见！这到底是怎么回事呢？

现在，我们已经知道，两只眼睛都在看东西时，视域中的左半部分图像是只被传输到脑右半球中的视觉皮质的，而视域中的右半部分图像则只传输到脑左半球的视觉皮质。[16] 在上述案例中，脑的右半球只记录了"heart"中的"he"这部分，并将该信号传递给了左手，于是，左手正确地按其所接收的信息做出了相应动作。

但是，为什么那个脑两半球被切开的被试者不能用言语表达左眼观察之所得呢？为什么他只能报告视域另一半可见（即右眼所见）的东西？根据这些现象，加扎尼加博士得出结论："显然，病人没能用言语来报告右半球知觉的原因是，脑的言语中心位于脑的左半球。"

这一突如其来、令人震惊的发现打开了一些全新的相关研究与应用前景。在此之前，科学界曾认为，人类的"言语中心"对称地分布在脑的两半球上。但上述实验结果表明，我们的言语能力只存在于一个脑半球上。这听起来令人难以置信，但事实就是如此。现在，这一点已得到充分的确认。

这将我们引向了人脑两半球的不同心理能力的首要问题。在大量实验中，加扎尼加博士向他的病人展示了右半边视域中的各种图片或词语，或以使他们看不到自己手里握着什么的方式在他们的右手中放置一个打火机或一把剪刀。但每次实验中，受试者都能说出他们看到或触摸过的东西。他们能大声读出文字和解决问题（如算术例题）。但当加扎尼加在病人左半边视域中对同一个人展示同一个东西，或在其左手中放上同一个东西时，被试者就会用纯粹瞎猜的方式来回答，或陷入尴尬的沉默。有时，他们会把铅笔当成开瓶器或烟灰缸。

这是否意味着，人脑右半球的智力水平并不比一个弱智者的高？为了测试这一判断是否正确，加扎尼加博士要求被试者不是用词句，而是用其左手做出的手势来回答。令人惊讶的是，这回他们的回答就都完全正确了。但是，如果在仅隔几秒钟后要求他们用词句重新陈述他们刚才给出的正确答案，那么他们就不能再给出正确答案。因此，这不是智力的问题。事情的真相肯定是：与右半球分开的脑左半球的言语中心根本就不知道脑的另一半中发生了什么。

因此，如果一种动物不能像我们人类一样说话，这并不一定是

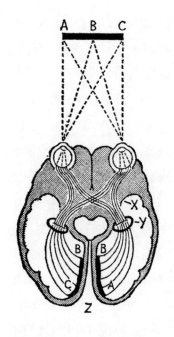

图23　大脑右半球的视觉皮质（Z）只记录全景
画 A–B–C 的左半边，而大脑左半球的皮质则只
解释场景的右半边。这是因为，视觉神经纤维走
的路线是从眼睛横穿过视觉交叉点（X）并经过
原始视觉中心（Y）再到大脑视觉皮质（Z）的

"智力低下"的结果。青潘猿能对人类的 50 个言语命令做出服从反
应，这表明，这种动物对言语有着相当强的理解能力。但青潘猿显
然缺乏将其语言心理能力实现出来的某种必要的东西——脑结构中
使我们能说话的那很小一部分神经组织。

　　但言语并不全由脑的左半球管控。脑的右半球也能很好地理解
说出的话，就像前面关于青潘猿言语能力的陈述所表明的那样。脑
右半球也能理解文字，并能命令左手挑出卡片上那些组成了它已看
到、听到或触到的词的字母。但要读出它刚刚用一些字母组成的词，
则超出了它的职能范围。

　　也许，脑右半球也能指挥发声器官发出几种简单的叫声，如

"ouch"或"oh"。这将意味着，人脑右半球的语言能力与非人动物处在同一个水平上，它完全缺乏人类言语的基础之一——语法能力。脑右半球甚至不能按照要求构造出一个词的复数。

但是，当我们得知，在0~4岁的孩子中，语言的理解和言说这两种能力在脑的两个半球中发育得一样好时，事情就变得更神秘了。神经研究已确认了这一点。此外，对儿童语言发展过程的研究似乎表明，人的语法能力是天生的，但这种能力要到两三岁时才得到充分发展。

由此可见，在幼儿的脑右半球中，存在着相当大的言说潜能。然而，随着年龄的增长，这种能力却开始衰退。这种演变是很难理解的。

另一方面，脑右半球也具有脑左半球所缺乏的一些特征。加扎尼加博士请他的病人依样画出一个立方体和一座简易小木屋的图片。所有的人都用其左手令人满意地完成了任务。但在用右手时他们却只能勉强画个草图，尽管他们都是惯用右手的人。因此，空间绘图能力的神经基础肯定只能到脑的右半球中去寻找。

但区分真假是非的能力只有脑左半球才有。

事实证明，以下实验具有非常重大的意义。加扎尼加让一张裸体女人图片在屏幕上闪现了1/10秒。当被试者用脑左半球感知到那张图片时，他笑了，并正确地说，他看到了一个裸体。但那些用脑右半球来"抓"同一张照片的人则都宣称，他们没有看到任何东西。虽然如此，他们却又都在咯咯地笑！当被问及他们为何而笑时，他们的回答则是："我不知道……什么都没有……哦，多么疯狂的机器啊！"

几乎不可能有比这个实验所提供的更清楚的证明了。这种类型的情绪反应在脑左半球呈现的和在脑右半球呈现的一样多。脑的两个半球都在某种程度上意识到了眼睛已经看到的东西，但只有左脑能用语言将情感表达出来。

基于这些实验结果，我们能说"人脑右半球是'动物性'脑半球，而真正'人类的'脑则集中在脑左半球上"吗？其实，这种结论是将原本极为复杂的事情过度简化了。实际上，从整体上看，上述一系列实验应该消解了一些人们想象出来的人与猿之间的巨大差异。

在身体功能上，人与猿之间的差异肯定不像许多理论家长期以来所以为的那么大。在多种（虽非全部）特性中，人与猿的差异只是程度上的。但相对小的生理改善所产生的效果却可能是巨大的。但我们不应该混淆因与果。

最重要的是，加扎尼加博士的实验表明，言语现象是最大的自然之谜之一。言语这种独特能力是由多种基本要素构成的，这些基本要素有语言识别能力、语言记忆能力、言说能力、语法能力、抽象能力、书写能力、空间感知能力、与情感相联系的能力，当然，此外，还有很多其他要素。言语能力的各种构成要素在脑的左半球或右半球上都有其相应的功能定位。

这些特性中的每一个特性本身就已是一个奇迹，而几乎所有这些特性起初都分别出现在这种或那种动物中，但它们居然能在单独的一种动物（即人类）中互相联合，并以如此出色的合作彼此协调地工作——这实在是一件令人难以置信的事。如果人类不存在的话，那么，这样的事就会是天方夜谭了。

第四节　素食动物和肉食动物与人类的演化

那么，什么能将人类与动物区别开来呢？当我们孤立地考察语言、智力、想象看不见的东西的能力、将习得的东西传递给后代的能力等现象时，我们已看到，这个问题变得多么困难。关于人类在自然界的生物学地位，目前我们还处于不确定状态。为了推进这一问题的解决，1965 年，艾德里安·科特兰德博士[6]提出了一个有趣的假设，这一假设为我们理解智人的演化带来了新启发。

我们要问的问题是：人类是因什么样的生物过程才出现在地球上，并在这个星球上占据一个独特地位的？

在高等灵长目动物中，人类作为肉食动物是唯一特例。基于这一可观察到的事实，关于上述问题，科特兰德博士认为他发现了一条重要线索。所有的猴子和猿都是以素食为主的动物。只有在特殊情况下，比如说在旱季，或碰巧有动物撞进它们怀里时，他们才会例外地猎取并食用动物。

在与我的一次会谈中，科特兰德博士提出了这样一个假设："正是［素食］灵长目动物的典型特征与肉食动物的某些典型特征的结合形成了人这种在生物特性上前所未有的动物。"

这种说法的争议性似乎与它的挑战性一样强。但这位荷兰动物学家提供了一些有趣的例子来为他的假设提供支持。

青潘猿对这个世界持静态的看法。它们会调整自己以适应环境的变化，但它们是不情愿这样做的。在动物园中，大多数青潘猿得每天由人在同一地点、同一给料器中给他们食物。如果食物被放在了别处，青潘猿的反应就仿佛那是一种完全陌生的食物，并经常拒绝吃。而对肉食动物来说，就像每一个养猫或养狗的人所知道的那样，改变一下给料器所在的地方根本不成问题。这种现象与智力无关，而只与这一事实有关：与那些素食动物相比，作为猎手的肉食动物会从变动性强得多的角度主动地体察自己所在的环境，并天生能更容易地适应改变了的环境，因为它们所要捕食的动物是到处跑的。

由此，我们突然意识到，或许，正是青潘猿在心中形成意念的能力再加上肉食动物对世界的动态看法，开启了人类的机械技术创造之路。

正如我们已看到的那样，猿类在一定程度上也使用工具——用石头打开坚果，用棍子钓取白蚁，用叶子当餐巾纸和卫生纸，用沉重的大棒来击退豹子。但青潘猿对环境的静态看法使其无法投入任何像技术进步这样快节奏的事情，而人类是能做到这一点的。

当我们说令人惊叹的技术进步时，我们不是指我们当前所处的技术时代的"发明大爆炸"现象。我们想要说的时代其实要往前回溯一万或一万五千年，从那时起，大概每隔一千年就会出现重大发明，例如，使人们能方便地收集、呈上和保存食物的陶器，犁或车轮的发明，等等。虽然直到今天仍有"欠发达"地区的人们在用牛拉着一根木桩来犁地，甚至连钢犁头这样的词都没听说过，但与生活在丛林中的青潘猿的技术发展相比，这样的技术进步节奏仍然是令人惊叹的。

在原始时代，是人类的直接祖先（猿人）而非青潘猿的祖先（即青潘猿、祖潘猿和猿人的共祖）发明了"矛"这种武器，这一事件并不是偶然的。在武器的发明上，青潘猿所达到的水平从来就没有超出过它们在对抗豹子的战斗中所使用的一头大一头小的大棒。

在追求一个目标时所表现出来的韧性上，人与灵长目动物也有类似的差别。通常，非人灵长目动物在一件事情上保持注意力集中的时间不会超过15分钟，最多不超过30分钟。在这方面，仅有的例外是青潘猿和红毛猿：青潘猿在钓白蚁时会因受那种小昆虫的美味诱惑而能较长时间地保持注意力集中，红毛猿则因在空间中的移动速度慢而导致做任何事情都需要花较长的时间。

然而，肉食动物在等待猎物时，却能在灌木丛中躺上几个小时，甚至几天。关于这一点，我们只需要想一想正在跟踪一个驯鹿群的一群狼就够了。或者，我们不妨回想一下前面描述过的母狮给自己的幼崽上狩猎课的情景。

这种性情上的基本差异一定起因于这一事实：做事韧性强的素食动物肯定会像做事韧性差的肉食动物一样很快死于饥饿。一只被番木瓜所包围但心里却老想着无法获得的香蕉的青潘猿肯定会陷入困境；一头让自己分心于猎物之外东西的狮子也肯定如此。

科特兰德博士说："由于人类拥有的所有文化性技能和产品的获得都需要向着遥远的目标做持之以恒的努力，我们可由此得出结论：人类所拥有的文化类型的演进需要素食动物和肉食动物各自特性的结合，更具体一点说，即食用树上果实的素食动物的动作灵巧性与高度特化的肉食动物的远见和韧性的结合！"

由于人类的演化是建立在素食动物和肉食动物已然充分演化的基础上的，因而，关于地球上动物的演化史，我们几乎不必再感到惊讶——要等其他素食动物和肉食动物演化了那么久，人类才会出现在这个星球之上。

尽管如此，任何这样的特性结合仍然不足以解释人类社会相对于所有动物社群的不同寻常的性质。我们可很好地想象已具备所有这些特性但仍然只拥有动物形式社会的肉食猿或非洲的南方猿人。这种社会永远不会产生任何哪怕与人类形式的文化略微相似的东西。

　　人类社会最根本的东西是决定什么可做、什么不可做的社会、道德与伦理规范。那些通常被称为"社群传统"的东西，那些远远超出动物社会所特有的对"原始群落"的归属感的东西，都是由此产生的。更重要的是，这种规范是代代相传的，所以，道德观念、规范和习俗会在很长时间内保持相对稳定。

　　然而，令人惊讶的是，习俗（即传统）与社会规范的传承在动物层面上就已经存在了。但在动物层面上，这两个要素是彼此分开，而非结合在一起的。

　　每只青潘猿必须从其母亲那里学习什么是可食用的。她根据自己的经验来教孩子分辨可口与不可口的水果。青潘猿婴儿很少会去碰母亲以前不曾握在手中的任何东西，如果有婴儿这样做了，那么母亲通常会把那东西拿走。

　　由此所导致的结果是：在食物的择用上，青潘猿是严格的传统主义者。在人类刚种植了番木瓜或玉米的地区，青潘猿是不会吃这些食物的；但在别处，其他青潘猿则会狼吞虎咽般贪婪地吞食它们。即使是将白蚁从其坚如混凝土结构的蚁巢中取出来的技术，也没有传播到附近的其他青潘猿帮队中去。每一个猿类社群都有其固定的传统。

　　但这种传统仅限于行为的一个方面，即饮食习惯。在青潘猿中，迄今尚未有人观察到有社会规范传承的迹象。*人类训练者可以教给猿某些习惯，并诱导其抑制其他行为；但只要那个"警察"在凭视觉和听觉监控不到的地方，这种灵长目动物就总是违反规则。

这并非因为记忆不好。当那个人类训练者返回时，那个"坏小子"就会立即因害怕惩罚而尖叫起来。实际上，青潘猿完全缺乏将自己习得的社会规范转化为道德戒律的能力。在青潘猿中，根本就不存在这种转化的基础。猿在本质上是非道德**的。而集体狩猎的肉食动物的表现就与此大不相同了，因为像狮子、鬣狗和狼这样的动物必须相互依赖才能狩猎成功。一只训练有素的狗无论其主人是否在场，它都会遵守他所教导的规则。

当一只狗无论因失误还是诱惑太强而做错了事，它都会表现出明显的内疚迹象，无论其主人是否发现了那个错误。甚至在其主人选择了宽容它的情况下，它仍然会这样。康拉德·洛伦茨家的狗[17]曾在主人一家人不在家的情况下杀了家里养的一只鹅，在洛伦茨回到家后，经过很长时间的搜寻，他才发现了那只狗。自从犯下那一罪行后，那只狗就一直不吃不喝地趴在一个隐蔽的地方。而猿从来

---

* 这句话只有在将"迄今"中的"今"理解为作者写作本书的年代才成立。根据译者所掌握的相关资料，20 世纪 80 年代以来的动物社会行为学、尤其是动物伦理学考察和研究表明：许多动物（灵长目动物、几乎所有哺乳动物及鸟类等）都有演化出来的（一到某个年龄段就会自动表现出来的）道德意识和伦理规范。这种社会规范除了具有一定的先天性外也会受后天生活（包括教育）经验的影响，因而具有一定的传承性。——译者注

** 这里的"非道德"是指既无道德观念也无要遵循道德规范的意识，而非指行为效果上伤害了他者意义上的不道德。有必要指出的是，根据灵长目动物行为学家弗朗斯·德瓦尔等人较新的研究成果，灵长目乃至所有哺乳动物实际上都有利他与求公平意义上的基本道德意识和行为，以及帮助需要帮助的他者和"一报还一报"等基本的道德准则。参见弗朗斯·德瓦尔等著，赵芊里译：《灵长目与哲学家：道德是怎样演化出来的》，上海科技教育出版社 2013 年版。根据这些新的研究成果，本书作者在写作本书时所持的"猿是非道德的"观点是错误的。——译者注

不会有这样的表现。

但从另一方面看，狼和狗缺乏青潘猿所具有的将习得的东西传递给自己后代的能力。从未有人看到过母狗教自己的孩子不能在房子里大小便，或不能啃主人的鞋子。在这种事情上，人必须对每一代狗都重新进行训练。

科特兰德博士说，人类所独有的东西是他已将超我机制（自觉遵守社会规范，尤其是道德规范的自我监督机制）与知识和技能的代际文化传承机制整合在了一起。这样，两种先在的行为组织原则就合成了一个系统，并由此创造出了某种前所未有的、完全与众不同的东西。

但这还不是人类特性的全部内容。和那些已能理解符号的动物相比，显然，人类是唯一能扩展符号意义的动物。

现在，让我们来看一个例子。青潘猿完全能识别硬币的象征性价值。在许多实验中，科学家们在笼子里放了投币式自动售货机，并给了青潘猿们不同面值的硬币。青潘猿们很快就学会了判断硬币的价值，并使售货机吐出了香蕉。

在这种条件下，青潘猿甚至学会了为钱而工作。它们甚至开始讨钱和偷钱，但它们从来没学会把金钱看作社会地位或等级的象征。因此，一只青潘猿越富有，它就会变得越懒惰。"在青潘猿社会中，不会出现丝毫资本主义迹象。"

对衣服和装饰品，青潘猿所采取的也是同样的态度。有时，被关养的青潘猿会喜欢用服饰或者素描与绘画作品来装饰自己，在这方面，这种猿已表现出了初级的美感。[18] 在装饰自己上，青潘猿所做的每一件事显然都只是为了自己的乐趣，而没有社会效应方面的考虑。一只青潘猿可能会开心地穿上那些科学家的白色工作服，但它的青潘猿笼友们绝不会因此而对它怀有与它们对那个实验室主任所怀有的一样的敬畏与尊重。青潘猿根本就不理会人类当作地位标志的制服与徽章的象征性价值。

在某些压力下，猿类中也会存在盗窃、强夺、勒索和卖淫等现象。但是，这种临时性反常现象从未导致持久性依赖关系的产生。只有人类才存在着"主奴"之别。青潘猿可能会互相欺骗，可能会做假动作，会装腔作势，会虚情假意，会找借口推脱，也会玩与人类政治生活中广为人知的伎俩相同的把戏。尽管如此，它们的行为仍然与"搞政治"相去甚远。*

资本主义、制服、奴隶制——这些都是人类社会中才有的现象。看来，这些东西都依赖于一种特殊能力——建立一整套世代相传的物种文化（尤其是社会制度）的能力。这里的"文化"包括所有的人类习俗、礼仪、法规、道德和技术，包括从国家和民法的观念到艺术风格等各种东西，简言之，即我们人类生活的整个基础结构。

我们只能猜测使这一基础结构得以产生的生物学因素。科特兰德博士认为，相关的行为要素有 5 个：

1. 技术能力。

2. 对美的事物的兴趣（或者说审美能力）。

3. 制造（与使用）符号的能力。

---

* 根据弗朗斯·德瓦尔等人较新的研究成果，所有同类之间存在着性与食物等竞争的社会动物都是政治动物，都会进行旨在争夺、保有管理权及其他行事权和相应地位或地位关系的政治活动。参见弗朗斯·德瓦尔著，赵芊里译：《黑猩猩的政治》，上海译文出版社 2009 年或 2021 年版。——译者注

在青潘猿中，这 3 个要素都是存在的。当然，它们总是各自孤立地存在着。除这些因素，科特兰德博士又补充了 2 个要素：

4. 预测事物在久远未来的可能状况的预见能力。这种能力肯定是在人类祖先从素食者变为猎人的过程中慢慢发展出来的。

5. 当狩猎成为主要谋生活动之一时，社群中出现了对合作与社会稳定的需要。

这些特性的结合最终形成了一种过去的遗产可在其中以非本能方式得到传承与延续的社会组织。

当这些条件都成熟时，智人终于登上了历史舞台！[*]

---

* 按美国科学院院士、人类学家康拉德·科塔克的看法，智人最早在非洲出现的时间在距今约 30 万年前。但智人只是人属中的一个人种。按目前较为公认的人类演化阶段学说，所有的人属动物都已经是正式的人，而不再是作为人类直接祖先的猿人。按科塔克等人的看法，最早的人属动物——巧手人（handy man）在距今约 200 万年前出现在非洲（由此，狭义的人类的历史已有 200 万年；加上此前猿人五六百万年的历史，广义的人类的历史有七八百万年）。早期人属动物的基本解剖学特征是：眉毛以下的头部、躯干和四肢部分都已与智人无异，但眉毛以上的部分仍保留着猿人或大猿的前额较低且向后倾斜的特征。智人不同于早期人属动物的主要解剖学特征是：前额较高且与脸部眉毛以下的部分基本平直（即智人是"平脸人"）。参见 Chapter 8，Early Hominins, *Anthropology: The Exploration of Human Diversity and Cultural Anthropology,* McGraw-Hill Education Companies, Inc.——译者注

参考文献

第一章 青潘猿：尚未充分演化的人

1　Adriaan Kortlandt, Some Results of a Pilot Study on Chimpanzee Ecology, Obtainable from the Zoological Laboratory, University of Amsterdam, Plantage Doklaan 44, Amsterdam C, Holland.

2　Adriaan Kortlandt, "Chimpanzees in the Wild", *Scientific American,* Vol. 206, No. 5 (1962)，pp.128-38.

3　Adriaan Kortlandt, Enkele voorlopige resultaten van de Nederlandse chimpansee-expeditie, 1963, Obtainable from the Zoological Laboratory, University of Amsterdam, See Note 1.

4　Adriaan Kortlandt, "Protohominid Behaviour in Primates"，*in Symposia,* Vol. 10 (1963), Zoological Society of London, Regent's Park, London N.W.i, pp. 61-88.

5　Adriaan Kortlandt, "Bipedal Armed Fighting in Chimpanzees", in Symposium on Behavior Adaptions to Environment in Mammals, Washington, D.C., XVI International Congress of Zoology, 1963.

6　Max Gluckman, "The Rise of a Zulu Empire", *Scientific American,* Vol. 202, No. 4 (1960), pp. 157-68.

7　Wolfgang Kohler, Intelligenzprufungen an Menschenaffen, Berlin, Springer, 1963.

8　Adriaan Kortlandt, Verslag derde chimpansee-expeditie, 1964, Obtainable from Zoological Laboratory, University of Amsterdam, See Note 1.

9　Adriaan Kortlandt, "Some Experiments with Chimpanzees in the Wild in Order to Test the Dehumanisation Hypothesis on Ape Evolution", Manuscript.

10　*How Do Male Chimpanzees Use Weapons When Fighting with Leopards?* Yearbook, American Philosophical Society, In press.

11　Gavin de Beer, *Atlas of Evolution,* London and Edinburgh, Thomas Nelson & Sons (1964), pp.174-7.

12　R.A.Dart, "The Osteodontokeric Culture of Australopithecus Prometheus", Transvaal

Museum Memorandum, No. 10 (1957).

13　L. S. B. Leakey, "Adventures in the Search of Man", *National Geographic Magazine,* Vol. 123 (1963), pp.132-52.

14　Theodosius Dobzhansky, Mankind Evolving, New York, Bantam Books (1970),p.186.

15　Adriaan Kortlandt, Personal communication to the author.

16　R. A. Butler, "Discrimination Learning by Rhesus Monkeys to Visual Exploration Motivation", *Journal of Comparative and Physiological Psychology*, Vol. 46 (1953), pp.95-8.

17　Wolfgang Kohler, "Zur Psychologie des Schimpansen", *Psychologische Forschungen,* Vol.1 (1921), p.16.

18　Irven DeVore, *Primate Behavior: Field Studies of Monkeys and Apes,* New York, Holt, Rinehart and Winston, 1965.

19　Jane Goodall, "My Life Among Wild Chimpanzees", *National Geographic Magazine,* Vol.124, No.2 (1963)， pp. 273-308.

20　Jane van Lawick-Goodall, "New Discoveries Among Africa's Chimpanzees", *National Geographic Magazine,* Vol. 128, No. 6 (1965), pp.802-31.

21　Jane Goodall, "Feeding Behaviour of Chimpanzees", in *Symposia,* Vol.10 (1963), Zoological Society of London, Regent's Park, London N.W.1, pp. 39-47.

22　Jane van Lawick-Goodall, *My Friends the Chimpanzees,* Washington, D.C., National Geographic Society, 1967.

23　Vincent M. Sarich and Allan C. Wilson, "Immunological Time Scale for Hominid Evolution", *Science,* Vol.158 (1967), pp.1200-2.

第二章　语言的演化之路

1　John C. Lilly, "Distress Call of the Bottlenose Dolphin" , *Science,* Vol. 139(1963), pp.116-18.

2　John C. Lilly, *Man and Dolphin,* Garden City, N.Y., Doubleday, 1961; London, Victor Gollancz, 1962.

3　Leo Szilard, *The Voice of the Dolphins and Other Stories,* New York, Simon and Schuster, 1961; London, Sphere Books, 1967.

4　Antony Alpers, *Dolphins, the Myth and the Mamma,* Boston, Houghton Mifflin, 1961.

5　G. Pilleri, *Intelligenz und Gehirnentwicklung bei den Walen,* Basel, Sandoz- Panorama, 1962.

6　Winthrop N. Kellogg, *Porpoises and Sonar*, Chicago, University of Chicago Press, 1961.

7　W. E. Evans and J. H. Prescott, "Observations of the Sound. Production Capabilities of the Bottlenose Porpoise", *Zoologica N.Y.*, Vol. 47 (1962), pp.121-8.

8   Peter Stubbs, "Dolphin on the 'Phone", *New Scientist*, Vol. 29, No. 478 (1966)，pp. 83-5, based on an original article in *Science*, Vol. 150, p. 1839.

9   更多详情请见：Vitus B. Dröscher's *The Mysterious Senses of Animals*, New York, E. P. Dutton & Co., 1965; London, Hodder & Stoughton (1965), p.22.

10 John C. Lilly, "Vocal Mimicry in Tursiops: Ability to Match Numbers and Durations of Human Vocal Bursts", *Science*, Vol.147 (1965)，pp.300-1.

11 R. G. Bushnel, "Information in the Human Whistled Language and Sea Mammal Whistling", in K. Norris, *Whales, Dolphins and Porpoises*, Proceedings of the First International Symposium on Cetacean Research, Washington 1964, Berkeley, University of California Press (1966), pp. 544-68.

12 Report in Christian Science Monitor, September 8, 1967.

13 Kenneth S.Norris, "Trained Porpoise Released in the Open Sea", *Science*, Vol.147, No.3661 (1965), pp.1048-50.

14 Erwin Tretzel, "Imitation und. Variation von SchaferpfifFen durch Haubenlerchen", *Zeitschrift für Tierpsychologie*, Vol. 22, No.7 (1965), pp.784-809.

15 J. Triar, "Kurze Mitteilung ber üdie Haubenlerche des Herrri Kullman", Gefliigelte Welt, Vol.62 (1933), p.358.

16 Erwin Tretzel, "Imitation und Transposition menschlicher Pfiffe durch Amseln", *Zeitschrift für Tierpsychologie*, Vol. 24, No. 2 (1967), pp.137-61.

17 Lorus Milne and Margery, *The Senses of Animals and Men*, New York, Atheneum (1962), p. 69.

18 Article: "Contrapuntal Bird. Songs", *Scientific American*, Vol. 208, No. 5 (1963), pp. 80-1.

19 Johannes Kneutgen, "Beobachtungen über die Anpassung von Verhaltensweisen an gleichformige akustische Reize", *Zeitschrift für Tierspsychologie*, Vol. 21, No. 6 (1964), pp. 763-79.

20 Konrad Lorenz, "Die angeborenen Formen moglicher Erfahrung", *Zeitschrifte für Tierspsychologie*, No.5 (1943), p.235.

21 Friedrich Kainz, *Die Sprache der Tiere*, Stuttgart, Ferdinand Enke, 1961.

22 Konrad Lorenz, *Er redete mit dem Vieh, den Vogeln und den Fischen*, Vienna, Borotha-Schoeler (1949), pp.49-106.

23 Otto Koenig, "Das Aktionssystem der Bartmeise", *Österreichische Zoologische Zeitschrift*, Vol.3 (1951), p.247.

24 Edward O. Wilson, "Pheromones", *Scientific American*, Vol. 208, No.5(1963), pp.100-14.

25 Martin Lindauer, Review of F. Kainz's book, Die Sprache der Tiere, Naturwissenschaftliche Rundschau 15, 9/10 (1962), pp. 412-13.

26 Martin Lindauer, "Die Sprache der Bienen", Lecture at the Zoological Institute of

Hamburg University,1965.

27 Martin Lindauer, "Fortschritte der Zoologie", *Allgemeine Sinnesphysiologie,* Vol.16, No.1 (1963), p.68.

28 Eberhard Gwinner and Johannes Kneutgen, "über die biologische Bedeutung der 'zweckdienliclien' Anwendung erlemter Laute bei Vogeln", *Zeitschrift für Tierpsychologie,* Vol. 19, No. 6 (1962), pp.692-6.

29 Eberhard Gwinner, "Untersuchungen über das Ausdrucks-und Sozialverhalten des Kolkraben", *Zeitschrift für Tierpsycologie,* Vol. 21, No. 6 (1964), pp. 657-748, particularly pp. 690-700.

30 Erwin Tretzel, "über das Spotten der Singvoger, Verhandlungen der Deutschen Zoologischen Gesellschaft", *Kiel* (1964), pp. 556-65.

31 W. H. Thorpe, *Learning and Instinct in Animals,* Cambridge, Harvard University Press, 1966; London, Methuen (1966), pp. 16-17.

32 Masakazu Konishi, "The Role of Auditory Feedback in the Control of Vocalisation in the White-Crowned Sparrow" , *Zeitschrift für Tierpsychologie,* Vol. 22, No. 7 (1965), pp. 770-83.

33 Report: "Untutored Birds Sing Simpler Songs", *New Scientist,* Vol. 30 (1966), P- 313.

34 Johannes Kneutgen, "über die künstliche Auslosbarkeit des Gesangs der Schamadrossel", *Zeitschrift für Tierpsycologie,* Vol. 21, No. 1 (1964), pp. 124-8.

35 Gerhard Thielcke, "Vogel-laute und -gesänge", *Umschau in Wissenchaft und Technik,* Vol. 62 (1962), pp. 365-7.

36 Remy Chauvin, *Animal Societies, from the Bee to the Gorilla,* Translated (from the French) by George Ordish, London, Gollancz, 1968, New York, Hill and Wang (1968), p. 190.

37 Report: "Deutscher Forschungsdienst", March 1964.

38 Jurgen Nicolai, "Familientradition in der Gesangsentwicklung des Gimpels", *Journal für Ornithologie,* Vol. 100 (1959), pp. 39-46.

39 Detlev Ploog, "Auf dem Weg zum denkenden Wesen", *BP-Kurier,* Vol. 2(1964), p. 37.

40 Friedrich Kainz, *Die Sprache der Tiere,* Stuttgart, Ferdinand Enke (1961), pp.141-8.(动物中的欺骗事例)

41 Erich Baeumer, "Das 'dumme 'Huhn", Kosmos-Bibliothek, Vol. 242, Stuttgart (1964), pp. 80-1.

42 同上 , p.67.

43 Adolf Remane, "Das soziale Leben der Tiere", *Rowohlts Deutsche Enzyklopädie,*Vol.97, Hamburg, Rowohlt, 1960.

44 Ivan Sanderson and Fritz Bolle, *Living Mammals of the World,* New York, Doubleday, 1961.

45 Irenaus Eibl-Eibesfeldt, *Land of a Thousand Atolls: A Study of Marine Life in the*

Maldive and Nicobar Islands, Translated by Gwynne Vevers, London, McGibbon & Kee, 1965; Cleveland, The World Publishing Company (1966), p.74.

46 Heini Hediger, *Beobachtungen zur Tierpsychologie im Zoo und im Zirkus,* Basel,Reinhardt (1961),Chapter 7.

47 Otto von Frisch, *Spaziergang mit Tobby,* Stuttgart, Franckh (1963), pp.50-1.

48 S. Zuckermann, *The Social Life of Monkeys and Apes,* London, Kegan Paul, Trench, Trubner & Co.; New York, Harcourt, Brace & Company, 1932.

第三章　爱情—忠诚—睦邻

1   J. Prevost, *Ecologie du Manchot Empereur,* Paris, Hermann, 1961.

2   Jean Rivolier, *Emperor Penguins,* translated by Peter Wiles, London, Elek Books, 1956; Toronto, Ryerson Press, 1956.

3   Remy Chauvin, *Animal Societies from the Bee to the Gorilla,* Translated (from the French) by George Ordish, London, Gollancz, 1968, New York, Hill and Wang (1968), pp. 224 ff.

4   J. F. Richdale, *A Population Study of Penguins,* Oxford, Oxford University Press, 1957.

5   Eberhard Gwinner, "Untersuchungen über das Ausdrucks- and Sozialverhalten des Kolkraben" , *Zeitschrift für Tierpsychologie,*Vol. 21, No. 6.

6   Vitus B. Dröscher, "Raben haben strenge Regeln", *Das Beste* (July 1967), pp. 54-60.

7   Eberhard Gwinner, "über den Einfluss des Hungers und anderer Faktoren auf die Versteck-Aktivitat des Kolkraben", *Die Vogelwarte,* Vol. 23, No. 1 (1965), pp.1-4.

8   Eberhard Gwinner, "Beobachtungen iiber Nestbau und Bruptpflege des Kolkraben", *Journal für Ornithologie,* Vol. 106, No. 2 (1965), pp. 145-78.

9   Helga Fischer, "Das Triumphgeschrei der Graugans", *Zeitschrift für Tier-psychologie,* Vol. 22, No. 3 (1965), pp.247-304, particularly p. 300.

10 Gustav Kramer, "Beobachtungen und Fragen zur Biologie des Kolkraben", *Journal für Ornithologie,* Vol. 80 (1932), p. 329.

11 L. Moesgaard, "Ravnen som dansk ynglefugl", *Danske Fugle,* Vol.9 (1929), p.171.

12 Eberhard Gwinner, "über einige Bewegungsspiele des Kolkraben", *Zeitschrift für Tierpsychologie,* Vol. 23, No. 1 (1966), pp. 28-36.

13 Johannes Gothe, "Zur Droh-und Beschwichtigungsgebärde des Kolkraben", *Zeitschrift für Tierpsychologie,* Vol. 19, No. 6 (1963), pp. 687-91.

14 Irven DeVore, *Primate Behavior: Field Studies of Monkeys and Apes,* New York, Holt, Rinehart and Winston, 1965.

15 Report: "Verhaltensbeobachtungen an frei lebenden Affen", *Umschau in Wissenschaft uni Technik,* Vol. 65, No. 22 (1965), p. 717.

16 M. Kawai, "Newly Acquired Pre-Cultural Behavior of the Natural Troop of Japanese Monkeys on Koshima Islet", *Primates,* Vol.6 (1965), pp.1-30.

17 John A. King, "The Social Behavior of Prairie Dogs", *Scientific American,* Vol.201,No. 4 (1959), pp.128-40.

18 Hubert and Mabel Frings, "The Language of Crows", *Scientific American,* Vol.201, No.5 (1959), pp.119-31.

19 Martin Lindauer, "ScLwarmbienen auf Wohnungssuche", *Zeitschrift für vergleichende Physiologie,* Vol. 37 (1955), pp. 263-324.

20 S. G. Chen, "Social Modification of the Activity of Ants in Nest Building", *Physiological Zoology,* Vol. 10 (1937).

21 T.C. Schneerla, "The Behavior and Biology of Certain Nearctic Doryline Ants", *Zeitschrift für Tierpsychologie,* Vol. 18, No. 1 (1961), pp. 1-32.

22 Karl Gösswald, Unsere Ameisen I, *Kosmos-Bcindchen No. 204,* Stuttgart, Franckh (1954), p. 44.

23 Rolf Lange, "Die Nahrungsverteilung unter den Arbeiterinnen des Waldameisenstaates", *Zeitschrift für Tierpsychologie,* Vol. 24, No. 5 (1967), pp. 513-45.

24 U. Maschwitz, "Parasitische Kaferlarven imitieren die Brut ihrer Wirtsameisen", *Naturwissenschaftliche Rundschau,* Vol. 21, No. 1 (1968), p. 26.

25 Hubert Markl, "Die Verstandigung durch Stridulationssignale bei Blattschneiderameisen", *Zeitschrift für vergleichende Physiologie,* Vol. 57 (1967), PP- 299-330.

26 Alexander B. and Elsie B. Klots, *Living Insects of the World,* Garden City, N.Y., Doubleday (1959), p. 230.

27 Irenaus and E.Elbl-Eibesfeldt, "Das Parasitenabwehren der Minima-Arbeiterinnen der Blattschneiderameise", *Zeitschrift für Tierpsychologie,* Vol. 24, No. 3 (1967), pp. 278-81.

28 Report: "Elephants Tried to Move Their Dead", *New Scientist,* Vol. 25, No. 428 (1965), p. 205.

29 Report: "Drama einer alten Elefantenkuh", *Naturwissenschaftliche Rundschau,* Vol. 19, No. 9 (1966), p. 382.

30 Norman Carr, *Return to the Wild,* New York, E. P. Dutton & Co., 1962; London, Collins (1962), p. 91.

31 Erna Mohr, "Das Verhalten der Pinnipedier", *Hattdbuch der Zoologie,* Vol. 8 (1956). ,

32 Fritz Dieterlen, 'Geburt und Geburtshilfe bei der Stachelmaus", *Zeitschrift für Tierpsychologie,* Vol. 19，No. 2 (1962), pp. 191-222, SOURCE NOTES 233.

33 Bernhard Grzimek, "Delphine helfen kranken Artgenossen", *Saugetierkundliche Mitteilungen,* Vol.5 (1957), p.160.

34 E. J. Slijper, "Die Geburt der Saugetiere", *Handbuch der Zoologie,* Vol. 8, No. 9 (1960), pp.1-108.

35 F. Popplexon, "Birth of an Elephant", *Oryx*, Vol. 4 (1957), p. 180.

36 W. C. Osman Hill, *Primates* III, Edinburgh, Edinburgh University Press, 1957.

37 A similar incident is reported by Fritz Walther, Mit Horn und Huf, Berlin, Paul Parey, 1966.

38 Ivan Sanderson and Fritz Bolle, *Living Mammals of the World,* New York Doubleday (1961), pp. 267-8.

39 Konrad Lorenz, *On Aggression,* New York, Harcourt, Brace and World, 1967; London, Methuen (1967)，pp. 94-5.

40 E. Gersdorf, "Beobachtungen über das Verhalten von Vogdsdrwärmen", *Zeitschrift für Tierpsychologie,* Vol. 23, No. 1 (1966), pp. 37-43.

41 Konrad Lorenz, *über tierisches und menschliches Verhalten,* Vol. 1, Munich, Piper Paperback (1965), pp. 13-114, particularly pp. 19-23.

42 Otto von Frisch, *Spaziergang mit Tobby,* Stuttgart, Franckh (1963), pp. 91-110.

43 R. and R. Menzel, "über Interferenzerscheinnngen zwischen sozialer und biologischer Rangordnung", *Zeitschrift für Tierpsychologie,* Vol. 19, No. 3 (1962), pp. 332-55.

第四章 动物社会中的物口控制策略

1 V. C. Wynne-Edwards, *Animal Dispersion in Relation to Social Behaviour,* Edinburgh, Oliver and. Boyd, 1962.

2 V. C. Wynne-Ed wards, "Population Control in Animals", *Scientific American,* Vol. 211, No. 2 (1964), pp. 68-74.

3 V. C. Wynne-Edwards, "Self-Regulating Systems in Populations of Animals", *Science,* Vol. 147 (1965), pp. 1543-8.

4 Peter H. Klopfer, *Okologie und Verhalten,* Stuttgart, Gustav Fisher Verlag (1968), p. 33.

5 "Gray Seals Choose To Be Overcrowded", *New Scientist,* Vol. 24, No. 416 (1964), p. 342.

6 Lorus and Margery Milne, *The Balance of Nature,* New York, Alfred A. Knopf, 1960; London, Andre Deutsch, 1961.

7 David Lack, "Are Bird Populations Regulated? ", *New Scientist,* Vol. 31, No. 504 (1966), pp. 98-9.

8 Report: "Drought Stops the Rabbit Breeding", *New Scientist,* Vol. 24, No. 416 (1964), p. 386.

9 John B. Calhoun, "Population Density and Social Pathology", *Scientific American,* Vol. 206, No. 2 (1962), pp. 139-48.

10 Otto Koenig, "Wohlstandsverwahrlosung in einer Kuhreiherkolonie", *Journal für Ornithologies,* Vol. 107, No. 3/4 (1966), pp. 406-7.

11 Report: "A Smell Makes Lone Mice Feel Crowded", *New Scientist*,Vol. 31, No. 510 (1966), pp. 430-1.

12 H. M. Bruce, "Time Relations in the Pregnancy-Block Induced in Mice by Strange Males", *Journal of Reproduction and Fertilisation*, Vol. 2 (1961), p. 138.

13 Detlev Ploog, "Auf dem Weg zum denkenden Wesen", *BP-Kurier*, Vol. 2 (1964), p. 37.

14 T. T. Macan, "Self-Controls on Population Size", *New Scientist*, Vol. 28, No. 474 (1965), pp. 801-3.

15 Bernhard Grzimek, *Serengeti Shall Not Die*, New York, E. P. Dutton & Co., 1962.

16 Report: "Elephant Invasion in the Serengeti", *New Scientist*, Vol. 36, No. 576 (1967), p. 704.

17 Report: "Family Planning Among Elephants", *New Scientist*, Vol. 32, No. 519 (1966), p. 215.

18 Report: "Giant Tortoises Seem Unwilling to Breed", *New Scientist*, Vol. 36, No. 573 (1967), p. 528.

19 T. G. Schultze-Westrum, "Biologische Grundlagen zur Populations- physiologie der Wirbeltiere", *Die Naturwissenschaften*, Vol. 54, No. 22 (1967), pp. 576-9.

20 Paul Leyhausen, "Gesunde Gemeinschaft–ein Dichteproblem? ", *BP-Kuriert*, Vol. 2/3 (1966), pp. 21 -7.

21 Corinne Hutt and Jane Vaisey, "Personality and Overcrowding", *Nature*, Vol. 209 (1966), p. 1371.

22 S. L. Washburn and Irven DeVore, "The Social Life of Baboons", *Scientific American*, Vol. 204, No. 6 (1961), pp. 62-71.

23 K. Poeck, "Hypochondrische Entwurzelungsdepressionen bei italienischen Arbeitem in Deutschland", *Umschau in Wissenschaft und Technik*, Vol. 63 (1963), p. 354.

24 George M. Carstairs, at the Eighth Conference of the International Society for Planned Parenthood, on November 4,1967, at Santiago, Chile.

25 Remy Chauvin, *Animal Societies, from the Bee to the Gorilla*, Translated (from the French) by George Ordish. London, Gollancz, New York, Hill and Wang (1968) , p. 150.

26 C. B. Williams, *Insect Migration*, London, Collins (1958), p. 85.

27 Report: "What Drives the Lemmings On? ", *New Scientist*, Vol. 26, No. 437 (1965), p. 10.

28 H. U. Thiele, "Neue Beobachtungen zum Ratsel der Lemmingwanderungen", *Naturwissenschaftliche Rundschau*, Vol. 18, No. 4 (1965), pp. 156-7.

29 Report: "Built-In Armour for Hot-Headed Lemmings", *New Scientist*, Vol. 27, No. 461 (1965), p. 698.

30 Erich Baeumer, "Verhaltensstudie iiber das Haushuhn", *Zeitschrift für Tierpsychologie*, Vol. 16 (1959), pp. 284-96.

31 Eric Berne, *Games People Play,* New York, Grove Press, 1964.

32 Paul Leyhausen, "Zur Naturgeschichte der Angst", *Politische Psychologie,* Vol. 6. Frankfurt (Main), Europaische Verlagsanstalt (1967), pp. 94-112.

33 Konrad Lorenz, *On Aggression,* New York, Harcourt, Brace and World, 1967; London, Methuen, 1967.

34 Irenaus Eibl-Eibesfeldt, *Grundriss der vergleichenden Verhaltensforschung,* Munich, Piper (1967), p. 284.

35 Konrad Lorenz, In Aspekte der Angst, edited by Hoimar von Ditfurth, Stuttgart, Georg Thieme (1965), p.19.

36 同上 , p. 16.

37 Sheldon and Eleanor Glueck, A Manual of Procedures for Application of the Glueck Prediction Table, New York, Youth Board Research Institute of New York.

38 See Note 35, p. 19.

39 Graham Chedd, "A Cause for Anxiety", *New Scientist,* Vol. 37, No. 581 (1968), pp. 183-4.

第五章　野生动物中的政治家才能

1   Norman Carr, *Return to the Wild,* New York, E. P. Dutton & Co., 1962; London, Collins, 1962.

2   Rudolf Schenkel, "Zum Problem der TerritorialitSt" , *Zeitschrift für Tierpsychologie,* Vol. 23，No. 5 (1966), pp. 593-626.

3   Rudolf Schenkel, "Uber das Sozialleben der Lowen in Freiheit", Vol. 12. *Basel,* Zolli (1964), p. 14.

4   Bernhard Grzimek, *Serengeti Shall Not Die,* London, Hamish Hamilton, 1960; New York, E. P. Dutton & Co. (1961), p. 81.

5   Vitus B. Dröscher, *The Mysterious Senses of Animals,* London, Hodder & Stoughton, 1965; New York, E. P. Dutton & Co., pp. 59-67.

6   Rudolf Schenkel, "Toten Lowen ihre Artgenossen?", *Umschau in Wissen-schaft und Technik,* Vol. 68, No. 6 (1968), pp. 172-4.

7   George B. Rabb, "How Wolves Become Friends", *Science Service,* August 24, 1966.

8   Hans Kruuk, "A New View of the Hyaena", *New Scientist,* Vol. 30, No. 502 (1966), pp. 849-51.

9   See Chapter 4, Note 33, pp. 241-54.

10 A. Barnett, "Rats", *Scientific American,* Vol. 216, No. 1 (1967), pp. 78-85.

11 Report: "Adult Rats Emit Ultrasounds", *New Scientist,* Vol. 35, No. 557 (1967), p.281.

12 H. Oldheld-Box, "Social Organisation of Rats in a 'Social Problem' Situation", *Nature,* Vol. 213, No. 5075 (1967), pp. 533-4.

第六章 攻击本能的基因基础和正负功能

1 Roger Ulrich, "Pain as a Cause of Aggression", Berkeley Meeting of the American Association for the Advancement of Science, 1965.

2 Ulrich, Stachnik, Brierton, and Mabry, "Fighting and Avoidance in Response to Aversive Stimulation", *Behaviour,* Vol. 26 (1966), pp. 124-9.

3 Walter Vernon and Roger Ulrich, "Classical Conditioning of Pain-Elicited Aggression", *Science,* Vol. 152 (1966), p. 668.

4 Walter C. Rothenbuhler, "Behavior Genetics of Nest Cleaning in Honeybees", *American Zoology,* Vol. 4 (1964), pp. 111-23.

5 Erich Von Holst, "Vom Wirkungsgefiige der Triebe", *Die Naturwissen-schaften,* Vol. 18 (1960), pp. 409-22.

6 "Missing Enzyme Can Cause Aggression", *New Scientist,* Vol. 34, No. 540 (1967), p. 75.

7 Oliver la Farge, *A Pictorial History of the American Indian,* New York, Crown Publishers, 1956; London, Andre Deutsch, 1958.

8 Clyde Edgar Keeler, *Land of the Moon-Children,* Chicago, University of Chicago Press, i960.

9 John P. Scott, *Aggression,* Chicago, University of Chicago Press, i960.

10 Z. Y. Kuo, "The Genesis of the Cat's Responses to the Rat", *Journal of Comparative Psychology,* Vol. 11 (1960), pp. 1-35.

11 J. Dollard, et al, *Frustration and Aggression,* New Haven, Yale University Press, 1939.

12 Eugen Gurster, "Der schwierige Umgang mit dem 'sogenannten B5sen' ", *Die Welt der Literature,* January 1, 1965, p. 15.

13 Jean-Francois Steiner, *Trehlinka,* Translated by Helen Weaver, New York, Simon & Schuster, 1967; London, Weidenfeld & Nicolson, 1967.

14 Stanley Milgram, "Behavioral Study of Obedience", *Journal of Abnormal Social Psychology,* Vol. 67 (1963), pp. 372-8.

15 Stanley Milgram, "Einige Bedingungen von Autoritatsgehorsam und seiner Verweigerung", *Zeitschrift für experimetitelle und angewandte Psychologie,* Vol. 13 (1966), pp. 433-63.

16 Irenaus Eibl-Eibesfeldt, *Grundriss der vergleichendeti Verhaltensforschung Munich,* Piper (1967), pp.437-8.

17 Report: "Taming Ferrets with Food", *New Scientist,* Vol. 22, No. 389 (1964), p. 293.

18 J. K. Kovach, "Maternal behavior in the domestic cock under the influence of alcohol, " *Science,* Vol. 156 (1967), p. 835.

19 Jens Bjerre, *Kalahari,* Translated from the Danish by Estrid Bannister, New York, Hill & Wang, 1960; London, Michael Joseph, i960.

第七章 未成年灵长目动物如何习得良适行为

1. Detlev Ploog, *The Behavior of Squirrel Monkeys,* Chicago, Chicago University Press, 1965.

2. Detlev Ploog, "Vergleichend quantitative Verhaltensstudien an zwei Totenkopfaffen-Kolonien", *Zeitschrift für morphologische Anthropologie,* Vol. 53 (1963), pp. 92-108. A personal account.

3. Peter Winter, "Verstandigung durch Laute bei Totenkopfaf Fen", *Umschau,* Vol. 66，No. 20 (1966), pp. 653-8.

4. J. Itani, et al. "The Social Construction of Natural Troops of Japanese Monkeys in Takasakiyama", *Primates,* Vol. 4 (1963), pp. 1-42.

5. M. Kawai, *Ecology of Japanese Monkeys,* Tokyo, Kawadeshoboshinsha, 1964.

6. Lorus and. Margery Milne, *The Senses of Animals and Men,* London, Andre Deutsch, 1963; New York, Atheneum (1962), p. 47.

7. R. Dean and Marcelle Geber, "The Development of the African Child", *Discovery* (1964), pp. 14-19.

8. Harry F. Harlow, "The Nature of Love", *American Psychologist,* Vol. 12, No. 13 (1958), pp. 673-85.

9. Harry F. Harlow, "Love in Infant Monkeys", *Scientific American,* Vol. 200, No. 6 (1959), pp. 68-74.

10. Harry F. Harlow, "Social Deprivation in Monkey", Scientific American, Vol. 207, No. 5 (1962), pp. 136-46.

11. Wolfgang Wickler. "'Erfindungen' und die Entstehung von Traditionen bei Affen", *Umschau in Wissenschaft und Technik,* Vol. 67, No. 22 (1967), pp. 725-30.

12. Seymour Levine, "Stimulation in Infancy", *Scientific American,* Vol. 202, No. 5 (1960), pp. 81-6.

13. Victor H. Denenberg, "Early Experience and Emotional Development", *Scientific American,* Vol. 208，No. 6 (1963), pp. 138-46.

14. C. Kaufman and L. A. Rosenblum, "The Effects of Brief Mother-Infant Separation in Monkeys", Downstate Medical Center Report, 1966.

15. Report: "Wholesome Pain", *Science Service* (1966).

16. R. A. Hinde, "The Effects of Maternal Deprivation in Monkeys", *Nature,* Vol. 210 (1966), p. 1021.

第八章 智力的三种基本类型

1. Alexander B. and Elsie B. Klots, *Living Insects of the World,* Garden City, N.Y.; Doubleday (1959), p. 230.

2　同上, p. 280.

3　Adolf Remane, *Das soziale Leben der Tiere,* Hamburg, Rowohlt (1960), p. 73.

4　Erich Huth, "'Einemsen' beim Buchfinken", *Jomhw/ für Ornithologie,* Vol. 92, No. 1 (1951), p. 62-3.

5　R. Gottschalk, "Beobachtungen iiber das Einemsen", *Gefiederte Welt,* Vol. 8 (1966), pp. 157-8. '

6　E. Thomas Ghuard, *Living Birds of the World,* London, Hamish Hamilton, 1958; Garden City, N.Y.; Doubleday (1958), p. 218.

7　Irenaus Eibl-Eibesfeldt, "über den Werkzeuggebrauch des Spechtfinken", *Zeitschrift für Tierpsychologie,*Vol. 18, No. 3 (1961), pp. 343-6.

8　E. Curio and P. Kramer, "Vom Mangrovefinken", *Zeitschrift für Tierpsychologie,* Vol. 21, No. 2 (1964), pp. 223-34.

9　Jane and Hugo van Lawick-Goodall, "Use of Tools by the Egyptian Vulture", *Nature,* Vol. 212, No. 5069 (1966), pp. 1468-9.

10　Erwin Stresemann, "Der australische Bussard zertriimmert Eier durch Steinwurf", *Journal für Ornithologie,* Vol. 96 (1955), p. 215.

11　K. R. L. Hall and. George B. Schaller, "Sea Otters' Tools for Opening Mussels", *Journal of Mammalology,* Vol. 45, No. 2 (1964), p. 287.

12　Lars Wilsson, *Biber—Leben und Verhalten*, Wiesbaden, F. A. Brockhaus, 1966.

13　Henri J. Hoffmann, "Der Biber und das Bibergeil", Dragoco Report, Vol. 11 (1964), pp. 247-55.

14　Leonard Lee Rue, III, *The World of the Beavers,* Folkestone, Bailey Brothers & Swinfen, 1965; New York, J. B. Lippincott (1964), pp. 59-60.

15　Masao Kawai, *On the red-faced macaque in Grzimeks Tierleben,* Vol. 10, Munich, Kindler Verlag (1967), pp. 431-2.

16　Alison Jolly, "Lemur Social Behavior and Primate Intelligence", *Science,* Vol. 153, pp. 501-6.

17　Desmond Morris, *The Naked Ape,* New York, Dell, 1969; London, Jonathan Cape, 1967.

18　Thorsten Kapune, "Untersuchungen zur Bildung eines 'Wertbegriffs'bei niederen Primaten", *Zeitschrift für Tierpsychologie,* Vol. 23, No. 3 (1966), pp. 324-63.

19　M. E. Bitterman, "The Evolution of Intdligence", *Scientific American,* Vol. 212, No. 1 (1965), pp. 92-100.

20　Albert Bandura, "Behavioral Psychotherapy", *Scientific American,* Vol. 216, No. 3 (1967), pp. 78-86.

第九章　人类的曙光

1　N. Bolwig, "Facial Expression in Primates", *Behaviour,* Vol. 22 (1964), pp. 167-92.

2   Desmond Morris, *Von Wolfen und Hunden,* Sandoz-Panorama, 1963.

3   Richard J. Andrew, "Die Evolution von Gesichtsausdriicken",*Umschau in Wissenschaft und Technik,* Vol. 68, No. 3 (1968), pp. 75-8.

4   Richard J. Andrew, "The Origin and Evolution of the Calls and Facial Expressions of the Primates", *Behaviour,* Vol. 20 (1963), pp. 1-109.

5   Friedrich Kainz, *Die Sprache der Tiere,* Stuttgart, Ferdinand Enke (1961), p. 140.

6   Adriaan Kortlandt, "On the Essential Morphological Basis for Human Culture", *Current Anthropology,* Vol. 6 (1965), pp. 320-26.

7   C. Hayes, *The Ape in Our House,* London, Victor Gollancz, 1952.

8   See Note 5, p. 162.

9   R. A. and B. T. Gardner, *Acquisition of Sign Language in the Chimpanzee,* Reno, University of Nevada Progress Report, 1967.

10 Otto Jespersen, *Language, Its Nature, Development and Origin,* New York, Henry Holt & Co., 1922.

11 M. Miyadi, "Social Life of Japanese Monkeys", *Science*, Vol. 143, No. 3608 (1964), pp. 783-6.

12 Richard J. Andrew, "Trends Apparent in the Evolution of Vocalisation in the Old World Monkeys and Apes", *Primates,* 1962: Symposia, Vol. 10 (1963), Zoological Society of London, Regent's Park, London N.W.1, pp. 89-102.

13 R. W. Sperry, "Cerebral Organisation and Behavior", *Science,* Vol. 133, No. 3466 (1961), pp. 1749-57.

14 Bogen Fisher and Vogel, "Cerebral Commissurotomy", *Journal of the American Medical Association,* Vol. 194，No. 12 (1965), pp. 1328-9.

15 Michael S. Gazzaniga, "The Split Brain in Man", *Scientific American,* Vol. 217, No. 2 (1967), pp. 24-9.

16 Vitus B. Dröscher, *The Magic of the Senses,* New York, E. P. Dutton & Co., 1969; London, W. H. Allen & Co. Ltd. (1969), p. 11.

17 Konrad Lorenz, *Man Meets Dog,* New York, Penguin, 1965.

18 Desmond Morris, *The Biology of Art*, New York, Alfred A. Knopf, 1962; London, Methuen, 1962.

图片来源说明

素描图来源：

书中素描由赫穆特·斯卡如普（Helmut Skarupp）依下述来源中的原图绘制：

图 1：Science 158（1967）and Theodore Dobzhansky, Die Entwicklung zum Menschen（Hamburg: Paul Parey Verlag, 1958）。

图 2：Jane van Lawick-Goodall, My Friends the Chimpanzees（Washington, D.C.: The National Geographic Society, 1967）。

图 3、4：Science 150（1965）。

图 5、6：Jean Rivolier, Gast bei den Penguinen（Stuttgart, Hans E. Gunther Verlag, 1963）。

图 7、8、9：Zeitschrift für Tierpsychologie 21（1964）。

图 10：Scientific American 201（1959）。

图 11：Naturwissenschaftliche Rundschau 21（1968）。

图 12：Zeitschrift für Tierpsychologie 24（1967）。

图 13：Scientific American 211（1964）。

图 14：（无来源说明）

图 15：Charles Darwin, The Expression of Emotions in Man and Animals（London, 1872）。

图 16：Detley Ploog, The Behavior of Squirrel Monkeys（Chicago: University of Chicago Press, 1965）。

图 17：Bernhard Grzimek, ed. , Grzimeks Tierlebeti（Munich: Kindler Verlag, 1967）。

图 18：Scientific American 100（1959）。

图 19、20、21、22：Bernhard Grzimek, ed. , Grzimeks Tierlebeti（Munich: Kindler Verlag, 1967）。

图 23：Scientific American 209（1963）。

照片来源：

照片 1：J. C. J. van Zon；

照片 2、14、19、31：Bavaria-Verlag；

照片 3：Dr. Adriaan Kortlandt；

照片 4、5、12：dpa；

照片 6：United Press International Photo；

照片 7：Herbert Grenzemann；

照片 8、10、25、34：Greta Robok；

照片 9、17：Walter Wissenbach；

照片 11、21、24、33：Süddeutscher Verlag；

照片 13：Fritz Siedel；

照片 15、16：Anthony-Verlag；

照片 18、20：Tierbilder Okapia；

照片 22、24：Lies Wiegman；

照片 23：Central Press Photos Ltd. Central Press Photos Ltd. ；

照片 26、27：Toni Angermayer；

照片 28：Sigrid Hopf, aus D. Ploog, "Verhaltensforschung als Grundlagen -wissenschaft für die Psychiatrie"；

照 片 29：Des Bartlett, Bruce Coleman Ltd.Des Bartlett, Bruce Coleman Ltd.；

照片 30：P.-A. Reuters Photos Ltd.；

照片 32：Heinz Sielmann, aus d. Film "Galapagos"；

照片 35：Jürgen Schmidt。

致　谢

　　本书德文原稿曾蒙迈克尔·艾比斯博士、奥托·冯·弗里西博士、西格里德·霍普夫先生、艾德里安·科特兰德博士、休伯特·马考博士、龚特·瑙萨姆教授、德特勒夫·普卢格教授、浦克教授、托马斯·舒尔茨-韦斯特罗姆博士、欧文·施特雷泽曼教授给予仔细阅读和鼓励并提出了修改建议，在此，作者和出版商谨向他们表示诚挚的谢意！

从动物性向人性的演化

——《友善的野兽：富于人性的动物社会》导读 *

赵芊里

（浙江大学　社会学系　人类学研究所，浙江杭州 310058）

这本书是作者费陀斯·德浩谢尔最负盛名的动物行为学著作之一。作者是富于哲学家气质的德国动物行为学家，也是全球最受欢迎的动物行为科普作家之一。作者考察与研究动物行为，在很大程度上是想以非人动物行为为镜子来反观人类行为、反思人类本性、评估人类行为的合理性并指出解决问题的办法。在本书中，作者讨论的总问题是**智人起源**问题；为此，书中各章又讨论了某种或某些**人性在动物界的起源**问题；最后一章则是对智人起源这一总问题的总结。全书主要内容可分十几个方面。

一、只有人类才使用工具吗?

使用工具曾被看作人类的特性。但近几十年来，科学界在多种哺乳动物及鸟类与昆虫中也发现了工具使用现象。科特兰德的青潘猿考察表明，青潘猿也会以**直立**姿势用**棍棒**等**武器**与敌作战，由此

---

*　本文为浙江大学文科教师科研发展专项项目（126000-541903/016）成果。

推断：**直立行走**与**使用工具**的行为应该在现代青潘猿与人类的共祖那里就已演化出来了；因而，这两种性状**并非人类独有的**。鉴于稀树草原上的青潘猿比丛林中的青潘猿能更熟练地使用棍棒的事实，作者赞同科特兰德关于**丛林青潘猿**的"**反向演化**"说：在从稀树大草原进入丛林后，由于丛林环境对工具使用有很大的阻碍作用，因而，在工具使用上，青潘猿出现了退化：丛林生活阻碍了青潘猿的工具性智力发展，青潘猿这方面的智力在退化；青潘猿是一种向着人类方向演化的倾向受到了抑制的动物。[1]p9 作者认为：从工具使用的角度看，从猿到人的关键步骤肯定是从大棒到矛的转变，即从手持着使用的近距离武器到可在一定安全距离外、在开阔原野上使用（投刺等）的远距离武器的转变。[1]p8 由此看来，丛林青潘猿未演化为人类的主要原因是**丛林环境阻碍了远距离武器的发明与使用**。除武器外，青潘猿还会用大叶子当餐巾来擦手，在便后用叶子当卫生纸，等等。[1]p191

接下来，让我们来看看其他哺乳动物及鸟类与昆虫中的工具使用现象。

例1：**海獭用石砧砸开牡蛎**：海獭会选择光滑的石头，使石头在它胸部保持平衡；将牡蛎猛地撞向石砧，打开牡蛎，而后吃掉壳中肉。[1]p187

例2：**河狸用木材泥石筑坝造屋**。河狸会用牙齿砍伐大树并切割成段，而后沿着河流乃至自凿的运河或隧道将木材运到坝址，最后用巨石、木材、泥沙、杂草交叠法筑起高几米、宽几十米到几百米甚至上千米的水坝。[1]p188 河狸还会造房子，它们会选择一个根扎在水底泥中但枝叶突出于水面上的灌木丛，用泥土筑成一个直径约5

米的高出水面20~30厘米的圆盘，再在圆盘上建造起一个半球形圆顶。屋里通常有几个房间。有些河狸的房子是两层楼的。[1]p189

例3：**造亭鸟用草木造亭并制刷油漆**。为了求偶，造亭鸟会造出由数千根枝条和草叶编织而成的具有高度艺术性的凉亭，还会用颜料油漆亭子。[1]p185

例4：**秃鹫砸蛋取食**。秃鹫以喙衔石，投石于蛋。蛋破了，美餐开始了。[1]p186

例5：**黄蜂挖洞储食并以石夯土**。雌黄蜂将毛毛虫拖进事先挖好的地洞，用泥土封死入口，用放在下颚之间的卵石用力击打泥土。[1]pp184-185

在智商较高的动物中，制作与使用工具的现象比比皆是。现在，关于工具制作与使用能力是否为人类独有的问题，结论已很明确：人只是最顶尖的工具制造者。人与动物的差异只是程度上的，至少在发明、制造和使用工具上是这样。[1]p184

二、只有人类才有语言吗？

广义的语言与符号等义，即指代他物的事物。广义的语言的媒介可以是任何能起指代作用的物质、能量、非自然构造物，包括动作、姿态、表情、声音、图像、文字等。狭义的语言是以声音为媒介的符号。语言能力曾被看作人与其他动物的一个区别特征。但动物行为学研究却发现，许多非人动物中也存在着语言现象。

例1：**海豚以口哨声交流信息**。海豚间存在着谈话式交替发声现象；只是，海豚发出的是比人类语速快得多的（类似）口哨声。**海豚的口哨声有不同功能**：表明身份、询问身份、表示问候、表达情感、描述境况等。由此已可初步判定：海豚间的交替发声很可能是一种语言。[1]p27 在将人类语音用电子设备口哨化并放给海豚听且经一定训练后，海豚就能根据口哨化的人类言语做出指令所要求的行为（如跳过圈圈、复述"圆圈"这个词等）。[1]p33 这表明：海豚是理解口哨化人类言语的含义的。由此可见：**海豚肯定具备语言能力**。海豚群会围猎鱼群，此过程伴随着与动作相对应的交替发声现象，由此也可判定：海豚的集体捕猎是在个体间**对复杂信息的语言交流**基础上开展的。[1]p34

例2：**青潘猿用手势、表情和声音等交流信息**。在人类近亲青潘猿中，我们可看到更明显、更多样的语言现象：野生青潘猿间的交流主要是借助面部表情和手势的交谈。举起手来表示"停止！"，青潘猿也用与人类惊人一致的手势来表示"过来"或"快从我身边过去"的意思。手向外伸出表示问候、请求。伸出手臂并用食指指向某处是警告：那里有某种危险的东西。一起吃饭时，青潘猿会像聋哑人一样用表情和手势进行交流。[1]pp208-209 有些青潘猿会表演哑剧：会吃不存在的餐食，会使用想象中的盘子和其他餐具。这意味着青潘猿已创造出语言本质的东西：将事物概念化与符号化。[1]p209 在加德纳的实验中，在经过 20 个月手语教学后，雌青潘猿娃秀已能将两三个已学会的符号组合成自己造的有意义的句子，如：请-给我-抓挠（请帮我挠一下痒）；请-打开-快（请快打开）。[1]p212 由此可见，在青潘猿中显然是存在有序结构化的**手势**和**表情**等**身体语言**的。青潘猿还会用 oh、u、eh 等声音分别表示快乐、悲伤、警告，用 Gho、kuoh、Gak 分别表示问候、我饿、我找到了食物，等等。[1]p210 经训练，青潘猿还能学会遵从几十个人类口语命令。[1]p210 因此，在青潘猿中肯定存在着至少**初级**的**声媒语言**。

例 3：**猕猴用手势、声音、有伴声的动作交流信息**。猕猴在手势语方面的表现相当出色。除用来表示报警、离开、逗留、威胁、恐惧和邀请交配等立即能理解的声音信号外，还存在一些更微妙的个体间低声对话，如雄猴靠近雌猴，噘起嘴唇，咂巴双唇。于是，那两个猴子配成了一对。[1]p214 由此可见，在猕猴中，不仅有手势语，而且已在一定程度上存在着初级声媒语言。

例 4：**山雀用有序的声音组合交流信息**。孤身雄有须山雀会叫："嗪–叽嗑–嘁儿唉"；有配偶的雄有须山雀只会叫"叽嗑–嘁儿"。[1]p42 经反复研究，科尼格教授已搞清楚："嗪 [chin]"意味着"注意！"；"叽嗑 [Jick]"指交配欲；"嘁儿 [chr]"是对雌性的召唤，"唉 [ay]"是悲伤时的乞怜哭喊。因此，"嗪–叽嗑–嘁儿唉"意为"注意啦，我现在'性趣'很高。雌鸟，快过来！我好寂寞啊"！"叽嗑–嘁儿"意为"我现在'性趣'很高，老伴，你快过来啊"！[1]p42 由此可见，鸟叫声有时是表达着彼此关联的一系列含义的**合乎实情也合乎逻辑的结构化声音组合**，即**有语法结构**的**真正声媒语言**。

例 5：**蚂蚁用气味组合交流信息**。它们约有 6 个气味腺体，每一腺体产生一种表示某种"基本概念"的气味。蚂蚁还能将几种气味混合成混合气味，也能以不同速度发射气味以产生不同强度的气味。由此，**气味语言中**可能**存在某种形式的句子结构**。[1]pp42-43

总之，在许多动物中也存在着以手势、表情、动作、声音为媒介的语言；而且，在某些动物中，手势语与声媒语都是结构化的有语法的"真正语言"。由此可见，以是否有语言或结构化的"真正语言"来区分人与动物的观点已无法再维持下去了。[1]p212

三、只有人类才有理性吗？

有无理性思考能力也曾被看作人与动物的一条区别界线。但事实如何呢？

例1：河狸报假警吓跑同伴享独食。有只河狸幼崽总是第一个出现在喂食现场。有一天，在喂食时间，它迟到了。它潜入河中，用宽大的尾巴猛拍了三次水。这是意指极度危险的报警信号。顷刻间，所有其他河狸都闪电般地从水面上消失了，而那个小河狸则独自出现在了食槽边。[1]p49 对该案例，作者分析道：在未真正受到捕食者惊吓情况下发出警报之举肯定不是本能性的，而是在将自己的行为与某个意图联系起来后通过理性思考得出的判断引导下完成的。[1]p49

例2：猕猴用香蕉诱使驼鹿载它渡河逃跑。一只猕猴几次从动物园逃跑。跟踪发现，天刚亮时，猴子从一个隐蔽处取出一根香蕉。它跑到驼鹿区与猴区的界河边，挥舞着那根香蕉。一只大驼鹿游到猴子旁边。猴子将香蕉塞进驼鹿嘴里，一跃而骑到驼鹿背上，到了麋鹿区中。到那里，一只猴子想逃走就无需费劲了。[1]p54 对这种推断多个行为之间的连锁性因果关系，及行为与一连串阶段性目的和总目的之间合乎与否关系的思考能力，除了称它为"理性"，我们还能称它为什么呢？

事实证明，"理性人类独有"的论调不过是因虚荣和无知而产生的一种主观愿望。

友善的野兽：富于人性的动物社会

四、只有人类才有文化吗？

近一百多年来，经某些人倡扬，人们相信得最坚定的人与动物的界线论就是文化论了。何为文化？日本动物行为学家、生物哲学家今西锦司认为，文化与本能相对，"本能是……遗传的行为，文化……是后天习得的行为"[2]p158。在将文化理解为一切后天获得的行为及其能力和方式的基础上，作者论述了非人动物中的多种文化现象。

例1：鸟儿改编歌曲。鸟唱的歌有些是种内遗传的，有些是后天获得的。前者如：白喉林莺与黑顶林莺能唱关于本种鸟的幼鸟、领地、交配、秋天和冬天的全部曲目。它们是按照遗传的内置曲目和先天规定唱出音符的。[1]p46 后者如：夜莺、乌鸫、苍头燕雀、鹊鸲、白冠麻雀、红衣凤头雀等歌鸟从父母那里继承下来的只是一个基本主题、一个主旋律，它们有足够自我发挥余地来将遗传所得的音乐材料改编成具有自己个性特色的歌曲。[1]p46 由此可见，林莺唱歌几乎纯粹是本能的，而夜莺等鸟唱歌则既有一定的本能性，也有一定的习得性或文化性。

例2：海豚学会辨别并避开鱼叉船。在波罗的海，海豚会因损坏渔网而被渔民用鱼叉船攻击。在被攻击一次后，海豚就能将鱼叉船与渔船区分出来，尽管这两种船是同一类型的船。海豚有很强的从实践中获得经验教训的学习能力。而且，海豚间还能互相传递自己所习得的东西，这种传递很可能是通过口哨式语言来进行的。[1]p35 仅仅受到一次攻击，海豚就能分辨出造型相同但设备与功能不同的船只，并及时避免可能受到的伤害，这表明，海豚的智商和学习能力有多么高！而且，海豚间还能借助哨声语传播从经验中习得的知识！可见海豚的知识传播行为的文化性有多强！

例3：**河狸凭习得技能造坝建房**。河狸能砍树并切割木材，能开凿运河或隧道，能建造大坝和土坯房。河狸制作和使用多种工具并建造多种大型建筑的事实及它们异常发达的大脑皮质表明：河狸的惊人成就不是本能的产物，而是通过艰苦实验获得的行为能力的产物；这种习得的能力和行为方式既可传给后代也可传给邻居。[1]pp189-190

例4：**日本猕猴发明与传承水洗红薯和水选麦粒技术**。1953年秋，一只叫伊末的日本雌红脸猕猴发现了一块粘着沙子的红薯并将它浸入了水中。结果，沙子被冲洗掉了。洗过的红薯吃起来要比脏的味道好。[1]p191 后来，经其母亲及其他猴子的模仿和传承，整个岛上的猴子都形成了将红薯洗了再吃的习惯。由此，伊末创建了一种更高级的猴类文化。[1]p191 同样是这只叫伊末的雌猴后来又发明了用水的浮力来选出沙土中的麦粒的方法：把混有麦粒的沙土一把把扔到水里。沙土沉到了水底，比重轻的麦粒浮在了水面上。[1]p192 经模仿和传承，这一方法同样成了那个猴群中的一种新的猴类文化。

例5：**青潘猿发明与使用钓竿和海绵**。青潘猿会将枝条改制成钓竿。它们将棍子伸进蚁巢，拉出枝条，舔食枝条上的白蚁。[1]p190 青潘猿还会用棍子捅入蜂巢，舔食粘在棍子上的蜂蜜；会将叶子搓揉成海绵状，用这种"海绵"来吸取窄缝中的水。[1]pp190-191 这些技术只是在某些青潘猿群中才有，而非所有青潘猿群中都有。这表明，这些技术并非先天的本能，而是某些青潘猿在特定生存环境中的后天发明；从其只是在某些特定群体中出现并得到传承的情况看，这些技术可谓地方性与族群性的青潘猿文化。

在知道上述事实后，还有谁会坚持认为文化是人类独有的呢？至于文化在动物界存在范围有多广，我们可参考德国动物行为学家卡普内的观点：所有拥有神经系统的动物都具有学习行为。[1]p197 由此可见，作为后天习得的行为及其能力和方式，**文化存在于所有有神经系统的动物中**。

五、只有人类才有教育吗？

经某些人长期宣扬，许多人相信：非人动物只是按先天本能行事、不会思考和学习的肉身机器，它们没有文化，更不可能有通过符号传习知识或技能等的教育这种狭义的文化。但事实如何呢？

例1：**母狮教幼狮打猎等**。当幼狮五个月大时，母亲开始训练它们打猎。起初，母亲会教它们如何用爪子剥皮。一岁半时，少年狮子就可在实猎中接受高级训练了。这时，母亲会加入子女组成的狩猎队，担任猎物侦察工作。当母亲开始潜行时，少年狮子们会模仿它的每个动作。它们很快学会了先各自散开而后形成小规模战线的技巧。当少狮因不慎举动而使猎物逃窜时，母亲会起身抚平它们的失望之情，而后又怀着无限耐心开始寻找新的猎物。[1]pp129-130 对此，作者评论道：这是相当先进的**教学**活动。通过**训练**变得有耐心和韧性对肉食动物的生存是至关重要的。[1]p130

例2：**猴中的行为规范教育**。四周大的幼松鼠猴沃斯特尔骑在母亲背上路遇首领时，他伸手去摸了一下猴群首领。这种行为是不礼貌的。那个尊严受到了冒犯的首领并没将责怪的目光对着那幼猴，而是对着其母亲。从生命的第五周起，母亲就开始教育它了。八周大时，它就开始被看作独立个体了。此后，若再出现这种对首领无礼的事，首领就会发出威胁。最严厉的教训是不流血的轻咬。三个月大时，它被送进了"幼儿园"，受"女幼教"管教。在两三年内，**松鼠猴得学会什么可做、什么不可做**，还得搞清楚自己在群中的地位，并搞清楚为能过和平生活它**该怎样对待其他同类**。[1]pp163-165

例3：**猿中的育儿教育**。与人类一样，少年雌青潘猿也通过扮演游戏来学习怎样育儿。当婴儿长得稍大一点时，作为姐姐的较大的孩子会被允许不时地抱抱它。但母亲就待在附近，一旦宝宝哭泣就立即抱回来。当猿宝宝开始能爬来爬去时，姐姐会看着它，模仿母亲与宝宝玩的一些游戏，也会试着像母亲一样嘴对嘴地给婴儿喂事先已咀嚼过的食物。由此，年轻的雌青潘猿通过观摩、模仿和**扮演游戏**学会了怎样做一个母亲。如果没有这种**示范性教学**，它就不可能学会育儿技术。[1]p177

例4：**鸟中的音乐教育**。幼鹊鸲是在真正意义上**上学**的。清晨时分，5只幼鸟飞出巢，飞到一棵树上，停留在父亲两侧；鸟爸就开始**教**孩子们**唱歌**。每当鸟爸在唱什么时，鸟宝宝们就前倾着头认真听着。稍过一会儿，鸟宝宝们就开始与鸟爸一起唱起来。就像一个训练有素的教师，鸟爸反复向孩子们教唱某个旋律，直到所有孩子都能准时准确地发出每个音符。[1]p46

非人动物们不仅教授谋生和育儿等技能，也教授社会行为规范和本物种语言。在了解这些事实后，我们还能妄称教育和学习是"人类独有"的吗？

　　　　　　　　　　友善的野兽：富于人性的动物社会

六、只有人类才是政治动物、才有民主机制吗？

政治的核心是**权格**（即行事**资格**，简称权，包括**管理权**与**非管理权**），**政治**即**涉权现象**。

作者在本书中描述了首领管理群体、个体间争夺领导地位及管理权、罢免不称职首领等动物中的政治现象。[1]pp70-75 德瓦尔认为：政治存在于一切存在着性与食物竞争的社会中；在资源有限的条件下，**所有群居动物中都存在着性与食物及权位竞争**，都是**政治动物**。[3]p16

关于政治，作者在本书中着重论述的是动物社会中的民主机制及其原因。

例1：**民主选举**。日本鹿岛上有一群红脸猕猴。一天，首领遭到了一只孤身流浪的年轻雄猴的攻击。在首领被打败后，**雌猴们仍然忠于被打得流血和瘸腿的老首领**，而对那个自封的新首领，它们干脆拒绝承认。那些雌猴举行了一次"总罢工"。在整个猴群冷淡与不合作形式的抵抗下，那个年轻的独裁者试图将雌猴们打顺服的努力归于失败。最后，他别无选择，只好自己退出了猴群；**老首领**又不战而胜地**重回领导岗位**。在此，我们看到的是发生在动物社会中的一场真正的"**全民公决**"！[1]p75

例2：**竞选拉票**。草原土拨鼠会搞竞选。首领候选者会谨慎地靠近碰巧独处的雌鼠，尝试与它们一起玩，并做些爱抚举动。这就是选举时的支持承诺。只有在与群体中大多数个体成为朋友并获得较普遍支持时，他才能与首领冒险一战。[1]pp75-76

例3：**投票公决**。每个飞行鸟群中都会发生接连不断的投票现象。乌鸦总是通过呱呱叫声就鸦群应继续飞还是降落不断做出决定。

这种空中进行的不断投票有时会持续几小时，直到发出低沉叫声的赞成着陆者达到形成公决所必需的3/4多数。[1]p77

例4：**议会辩论**。在蜜蜂、蚂蚁和白蚁中，存在着各种**民主决策程序**，存在着**理想型社会共识**。在蜂群中，关于新巢址的选择，会发生实质性的议会辩论。当一只侦察蜂找到一个它认为合适之地时，它会回到蜂团，通过跳舞告知新巢址的方向和距离。刚开始时，40多只侦察蜂意见并不一致。意见的不同导致了**党派**的形成。有时，这种辩论会持续数天；其间，蜜蜂们会反复核查备选巢址。经过长时间辩论，直到40多只侦察蜂达成**完全一致意见**，整个蜂群才会奔向既定巢址，开始建设新家的伟大事业。[1]p78 在蜜蜂群中，必须经反复讨论和说服并最终达成一致共识后才会形成公共决策。可见蜜蜂社会中的公共决策的民主性与合法性程度有多高！

关于民主机制的存在范围，有人可能会设想，民主决策只存在于少数高智商动物中。事实恰恰相反。[1]p77 如果让肌肉发达的白痴发布会导致社群灭亡的命令，那会怎样呢？为能生存下去，**许多动物社会要比许多人类社会更民主**。[1]p75 由此可见，**民主机制在根本上是动物群体基于生存需要而演化出来的**，因而，在动物界、尤其是物口不过剩的小型亲熟社会中，民主机制其实**是普遍存在的**。

七、只有人类才有道德吗？

本书论及的道德现象主要是利他行为。本书描述过多种动物中的利他行为，如**青潘猿救助伤员**[1]p12、**大象助老**[1]p85、**狒狒救幼**[1]p86、**海豚救治同伴**[1]p86、**多刺鼠助产**[1]p88、**渡鸦救友**[1]p92、**母狮收养孤儿**[1]p129

等。为节省篇幅，在此仅引述第一例：当一个青潘猿被猎人打伤并倒在地上时，同群其他成员都跑过来围着它，扶它起来，并发出温和的声音催促它迈步行走。一个身强体壮的青潘猿插身在猎人和伤者及帮护者之间，直到听到已安然进入密林中的同伴的多次呼叫后，它才撤退到安全之地。[1]p12 实际上，青潘猿不仅会冒着生命危险救援同群成员，还会解救处于困境中的非同种动物（如被绑的幼猴、小鸡等）。[1]p12

事实证明，在许多非人动物中都存在着道德现象。至于道德现象在动物界的存在范围有多广，目前尚无定论。不过，美国演化生物学家贝科夫（Marc Bekoff）所作的相关综述可让我们了解目前科学界对这一问题的研究进展情况。他说，科学界已做过较充分研究，并有令人信服的证据可确认为有道德的动物有："灵长目动物（尤其是大猿及至少某些猴种），社会性食肉动物（狼、土狼、鬣狗），鲸类（海豚和鲸），象和某些啮齿动物（至少包括野鼠和家鼠）。……许多有蹄类和猫科动物……可能也已演化出道德行为。"[5]p9

讨论至此，关于道德是否为人类独有的问题，答案已经清楚了。

八、只有人类才有音乐及其他艺术吗？

是否有艺术也曾被看作人类与非人动物的一条区别界线。笔者认为：艺术性是能力的可审美性，艺术是具有能力美的事物。[6]p22 在面对动物的行为或其产物时，人也会从能力评价角度产生美感，从而认可其为艺术。例如：在鸟类的鸣唱中，当夜莺唱出远远超出满足单纯的沟通需求、具有演唱技能的可审美性的富于装饰性的高难度花腔高音时，当凤头云雀将牧人的粗鄙口哨声提炼成音乐化的优美口哨声时，当美洲绿霸鹟唱出一首与贝多芬的小提琴协奏曲中的第一主旋律相似的歌时，这些歌唱可否被看作某种初级艺术呢？[1]p39 作者认可这些鸟的歌唱是音乐艺术。实际上，有些鸟歌在曲式复杂性和发音难度上不仅不下于，甚至超过人的音乐。因此，作者认为，现在到了人类该将自己从"对音乐的形式美感是人类独有的"这一武断观念中解放出来的时候了。在这方面，为何不该是鸟的能力比人的更强呢？在音乐才能方面，这些长着羽毛的歌手要比人类杰出得多！[1]p41 由此可见，音乐乃至其他艺术论的人与动物的界线论也是不成立的。

九、动物中的物口控制方式

人类社会会通过限制或鼓励生育调控人口。动物中情况如何呢？让我们来看事实。

例1：**塘鹅以禁欲来控制鹅口**。在圣玛丽海角，塘鹅们只在中心峭壁上交配和养育后代。在中心峭壁旁边的峭壁上也有数百只塘鹅栖息于其中，但那里盛行的是严格的性禁忌。塘鹅们自愿控制鹅口，这样，所有塘鹅就都能在周围海域中找到足够的鱼。一旦中心峭壁上有巢址空出来，其他悬崖上的塘鹅就可作为替补队员搬到那里。[1]pp95-96

例2：**海豹以自相残杀来控制豹口**。在英格兰名望群岛，海豹们以难以想象的密度聚集在一起。整个地表似乎已完全被海豹身体所覆盖。许多新生小海豹被成年海豹粗心地碾压着，还有许多小海豹被饿死。为防止周围渔场被消耗殆尽，灰海豹似乎有意造成了伤

亡现象。在食物尚未稀缺到体弱者要挨饿时，灰海豹就已开始控制豹口。[1]pp96-97

例3：**兔子以流产和禁欲来控制兔口。**24只兔子在6年内变成了2 200万只！这种动物现已遍布澳大利亚。但现在，兔子已不再大量繁殖。在极端干旱期，雄兔不会接近雌兔，即实行禁欲，因为后代无法生存。如果经历过极端炎热干燥的日子，怀孕的雌兔就会因压力而流产。但在第一次降雨后，这些兔子的生殖力就完全恢复了。[1]p99

例4：**象以延期交配来控制象口。**在象口过多时，雌象会延长产后到再次交配的间隔时间。在正常情况下，该间隔期是2年零3天。现在，雌象则将其延长到了6年10个月。我们还不知道是什么使得象拥有如此明智的节育措施。[1]p104

例5：**家鼠以气态避孕药来控制鼠口。**雌家鼠会产生并散发一种避孕气体！这种气味在足够浓度下会抑制雌鼠性腺发育。雌鼠越多，不孕的比例就越高。[1]p101

例6：**蛙和鱼以液态厌食药来控制物口。**在养有小蝌蚪的水族槽中，放入同种蛙的较大蝌蚪或倒入大蝌蚪在其中游过的水，小蝌蚪就会停食并死去。水里有某种化学液体在起作用。早出生者排出的厌食药引发了一种生态平衡：在一个池塘中能长大的蛙就是能在其中找到足够食物从而能活下来的蛙。在蛙中是根本不可能出现蛙口爆炸的。[1]p102 在动物中，有这种神奇物口控制技术的不只是蛙类，在每一个湖中，淡水鱼都会以与蛙类似的方式来调节鱼口。[1]p102

基于众多事实，英国生态学家温-爱德华兹认为：**动物自己会根据环境条件调节物口。**[1]p98 他还认为：在动物界，**生育调控是普遍存在的。**[1]p106 至于物口控制的具体措施，作者总结道，几乎所有动物都有防止物口过剩的本能措施。**物口控制措施**范围广阔：从单纯的**禁欲**到使用**避孕药**，甚至**同类相食**。[1]p96

十、动物中的爱情与亲和本能

作者生动地描绘了企鹅配偶间令人感叹的深厚爱情：在零下 60 摄氏度的气温下，在风速达 140 千米 / 小时的暴风雪中，在南极圈无边的黑夜中，企鹅是最忠诚的动物。几乎所有企鹅都实行一夫一妻制。初到繁育基地，视力差的企鹅根据声音来辨别前一年的配偶。相逢时，它们胸对胸靠在一起，就这样一动不动地站上一段时间，似乎忘了周围的一切。在雌企鹅下了蛋后，离别的时刻就到来了（雄企鹅负责孵蛋，雌企鹅则要去未冰封的水域捕鱼）。两只企鹅开始唱新歌。雌企鹅围绕着她丈夫走鸭步。慢慢地，她会从他身边离开，在走出一段路后又返回，唱出令人心碎的离歌，而后又以僵硬而沉重的步态在雄企鹅附近走动着。这一情节会重复上几次，但每重复一次，雌企鹅都会走得比前一次更远一些。最后，她终于消失在了极夜的黑暗中，将那只孵蛋的雄企鹅留在了冰天雪地中。在分别两个月后，雌企鹅终于回来了。已吃得肚子滚圆的她还在自己食管中装了 3 000 多克鱼，用来作为送给丈夫的礼物。团圆时，它们放声高歌，彼此依偎，并用翅膀互相拥抱对方。企鹅夫妻间的忠诚类似于甚至超出了人类！[1]pp55-61

企鹅发情期每年不过一两个月，但在约 10 年的寿命中，自约 3 岁性成熟后，企鹅大多是过终身一夫一妻生活的。雌雄企鹅结对生活的时间大大长于彼此有性生活的时间。这表明：使得企鹅夫妻能长相厮守的原因主要不是性本能，而是一种社会性本能。

美国动物学家比且发现：促使两性结合的除性本能外还有与性无关的**社会性结对本能**。它以彼此间的**亲和与喜爱感**为基础，使两性建立起一种超乎性伴侣关系的对子关系。[7]ppxvii-xviii "社会性结对本能"发动的心理标志是亲和与喜爱感，因而，它也被称为"**亲和性结对本能**"或简称"**亲和本能**"。[7]pxix 准确地说："**亲和本能是攻击性较强但不过强也不过弱的社会动物个体**基于彼此身心特质的互补性与亲和喜爱感**结成稳定伴侣关系的自然倾向**。"[8]p103 "结对本能可在性驱力之外独立存在，并光凭自身就强大到足以使两个动物建立起伴侣关系。"[7]p301 亲和本能使彼此互补的个体能亲和地长相厮守，这表明，基于**亲和本能**的**爱情**及**婚姻**都是可以长久的。

爱情和婚姻的稳定性与亲和本能的强度正相关。某些动物的爱情与婚姻比人类的更和谐、更持久、更美满。渡鸦、鹦鹉、天鹅、企鹅、雁、鹤等都是常被人羡慕的"爱情鸟"。[1]p64

十一、攻击本能的正负效应

动物行为学主要创始人洛伦茨认为：动物攻击（包括破坏）事物的欲望和行为是一种演化出来的受特定激素控制的周期性、本能性的欲望和行为。这就是攻击本能。[9]p3

攻击本能会导致伤害——同类相残[1]p131、伤及无辜[1]p144、自我伤害[1]p176 等。但（由白化病等引起的）攻击本能缺失也会带来问题。白化的库纳人表现出了温和安乐、崇尚和平的特性。但他们从不大笑，微笑也很罕见。他们不参与节日和恶作剧，也不分享沮丧或焦虑之情。对性爱，除转瞬即逝的微弱火花外，他们似乎感受不到更多东西。白化的妇女很少有孩子。[1]pp150-151 由此可见，攻击本能缺失在带来温和性情与和平景象的同时，也会带来情感淡薄、丧失性冲动等负面效应。作者认为：**攻击本能是进取心、热情、创造性冲动及爱情不可或缺的组成部分。**[1]p151 可见，**攻击本能也具有正面效应！**由于攻击性具有正负两面效应，**攻击性不足会导致生命力丧失**，攻击性过度又意味着肆无忌惮的破坏，因而，攻击性问题不能通过消除攻击本能的方式来解决。我们得保持做事所需的适度攻击性。[1]p151

基于上述认识，作者认为，动物们基于生存需要演化出来的**攻击本能本身并非邪恶的**。[1]p151 刀会产生好坏两种效果，攻击本能也一样。脱离了具体效果，刀本身无所谓善恶；同样，**攻击本能**或作为一种**动物性**或**人性**的攻击性本身**也无所谓善恶**。人性善恶的问题，其提出方式本身就是错误的。[1]p154

十二、地位差异的决定因素与等级制的合理性

动物分独居与群居两大类。独居动物成年后单独觅食，除发情期外均孤身独处；既然独居，也就无所谓在彼此相处时才有的地位高低关系。群居动物过集体生活，这使得地位差异成为可能；但这种可能性的实现还需要现实条件。地位差异的决定或影响因素有哪些呢？

1. 打斗胜负。在鸡、狼、岩羚羊等许多动物中，个体地位是由战斗胜负决定的。[1]p169 在环尾狐猴之间会通过打斗建立一种台阶式线性等级秩序。[1]p198

2. **竞技输赢**。渡鸦喜欢做杂技般的运动技能训练。通过竞技，渡鸦个体可提高自己在群体内的地位。[1]p69

3. **威胁成败**。青潘猿之间的地位等级主要是靠力量和技能炫示建立起来的。迈克原属中下阶层。一天，它偶然发现一堆空汽油罐。它将罐猛地摔到地上，并抓着几个罐在地上拖行，造成了巨大喧嚣。这给其他青潘猿留下了深刻印象。此后，没有再费周折，它们就承认了迈克是"一把手"。[1]pp21-22 这种力量炫示是一种旨在威胁同伴的心理战：若不服从将受严惩。若受威胁者表示顺服，那么，威胁就会起到确定双方相对地位高低的作用。

4. **继承制度**。日本猴继承父母的社会地位，就像人类中的贵族头衔世袭。[1]p169

5. **依附效应**。在某些动物中，雌性在婚姻中自动获得丈夫的地位。猴群首领之妻地位高于副首领。在渡鸦、穴鸟、鹅等动物中也有同样的现象。[1]p169 在红脸猕猴等动物中，孩子中的老小地位最高。[1]p170 这种现象可解释为：老小通常受父母宠爱、保护最多，因而，其在同胞中的最高地位其实来自其对父母的最强依附。

6. **联合效应**。在某些猴中，雌猴们会为两性平等而战，并的确赢得了这种平等权。在日本鹿岛，雌猴的女儿们在成年后仍与母亲生活在一起。在这种母权制母系社会中，雌性亲属联盟的力量足以阻止乃至清除丈夫或女婿的任何不尊雌性的行为。[1]pp171-172 由此可见：通过结盟，雌性完全可获得与雄性平等乃至高出雄性的地位。

7. **选举制度**。如前所述，某些动物中存在民主选举现象。经选举而获得群众认可的地位是个体改变自身地位的一种合法途径。

除地位差异的决定因素外，本书中还讨论过等级制的合理性问题。

　　动物集群而居的基本原因是每一个体都不能长期有效地独立解决谋生问题，因而必须借助集体的力量来解决。关于群居动物中为什么会出现等级制，作者说，社会动物的头领通常是群体中最强壮最聪明的个体。一群社会动物通常会发现，跟随头领是对自己有利的。[1]p160 换言之，动物个体间存在着体力、智力、经验等方面的差异，一个群体或其中个体若想尽可能提高活动效率，最好有能力特别强者做头领。**由能力强者做头领有利于提高群体及其中个体的活动效率**从而增强生活保障，这就是群居动物中会出现拥有一定群体管理权、地位高出其他成员的头领的基本原因，也是群体其他成员愿意跟随并服从头领的基本原因。由此看来，**在动物群体中出现管理者与被管理者身份与地位分化是有一定合理性的**。不过，高地位既可用来利群或利他，也可用来损人利己。例如，在猴群中，只有几个地位很高的雄性才有进入雌性所在中心区域的特权。等级对每只猴子的命运都有至关重要的意义，它决定着雄猴被允许做的事和被允许享有或被剥夺的快乐。[1]p169 由此可见，群居动物个体谋求高地位的动机并不只是甚至主要不是利群利他，而还有甚至可能主要是想凭高地位来利己。因此，看待等级制的合理性需要兼顾正负两面，而不能只看其中一面。根据笔者的相关知识，等级制有强弱两种类型。强等级制会导致位高者强迫与残害位低者的专制暴政，弱等级制则不会：在弱等级制中，位高者不能强迫位低者服从自己，而位低者通常都是基于对位高者能力和品德等的信服而自觉自愿地听从之。因此，亲子、师生等之间的弱等级制通常值得肯定，君臣、主奴等之间的强等级制通常应该否定。

　　　　　　　　　　　　　　　　　友善的野兽：富于人性的动物社会

十三、智人是怎样演化出来的?

关于智人是怎样演化出来的,本书主要介绍了科特兰德的"素食猿**素肉杂食化说**"。

根据当时的研究成果,科特兰德认为:在高等灵长目动物中,人类是唯一例外的肉食动物,而所有的猴和猿都是以素食为主的动物。[1]p221 基于此,科特兰德认为:正是素食的灵长目动物的典型特征与肉食动物的某些典型特征的结合塑造了人类这种素肉杂食的动物。[1]p221 素食动物到处采集植物性食物,因而做事缺乏韧性,肉食动物则要有足够的耐心才能捕捉到猎物;因而,作为演化的结果,非人灵长目动物在一件事上保持注意力集中的时长通常不会超过15分钟,而肉食动物在等待猎物时却能躺上几个小时甚至几天。[1]p223 在找出素食动物与肉食动物的上述典型特征后,科特兰德认为,由于人类所有的文化性技能和产品的获得都需要向着遥远目标做持之以恒的努力,我们可由此得出结论:人类特有的文化类型的演进需要素食与肉食动物各自特性的结合,即食用果实的**素食动物的动作灵巧性与肉食动物的远见和韧性的结合**! [1]p223 此外,科特兰德认为,自觉遵守社会规范的特性只能在漫长的集体狩猎(而非自由散漫的采集)活动中演化出来,因而也是社会性食肉动物才有的。[1]p224 作为人类祖先的灵长目动物基本上是素食的,而人类具有明显的食肉性,且具有较自觉遵守社会规范的特性,这表明:在从猿到人的演变过程中,**人类祖先经历过从素食动物到素肉杂食动物的转变**。

科特兰德认为,人类的独特性是他已将超我机制(自觉遵守社会规范的自我监督机制)与知识和技能的代际**传承**机制整合在了一起，由此创造出了某种前所未有的与众不同的东西。[1]p225 在此基础上，他认为，人类生活的基础结构——习俗、礼仪、法规、道德和技术等得以产生的能力条件有五个：1. **技术**能力；2. 对美的事物的兴趣（或者说审美能力）；3. 制造（与使用）**符号**的能力；4. **预见**能力；5. **合作**能力。[1]p226 当人类祖先具备了这些能力之后，科特兰德认为，在这些能力的结合中最终形成了一种过去的遗产可在其中以非本能即文化的方式得到传承与延续的社会组织。当这些条件都成熟时，智人终于登上了历史舞台！[1]p226

上述观点是科特兰德关于智人起源的"素食猿**素肉杂食**化说"之要义。根据笔者现在掌握的或许比科特兰德约半世纪前掌握的稍多一点的相关知识，关于人属及智人的起源，笔者认为，**火和石器**的使用以及从**素食**转变为**素肉杂食**很可能是猿人向人属、早期人属即巧手人（*Homo habilis*）与采猎人（*Homo erectus*）向智人（*Homo sapiens*）转化（主要表现为大脑皮质快速增长、头部平脸化及身高显著增长）的最大促进因素：肉食提供了脑和身体组织发育所需的易吸收利用的动物蛋白质及多种其他营养素，从而使脑容量尤其是大脑皮质及身高快速增长，因而使智力和体力大大提高；火的使用使食物尤其是肉食容易消化，从而减轻咀嚼器官的负担，因而增进人类的平脸化特征；石器的使用大大增强了人类获得与加工食物等能力，从而大大增强了人类的生活保障。笔者主张的这种可称为"**素肉火石四因说**"的人属与智人起源论只是现有理论（包括"素肉杂食化"理论）的一种综合，而非自己的创造；但与本书中介绍的科特兰德的智人起源说相比，这一"四因说"或许因为考虑了更多的因素而具有更强的合理性，所以，笔者在此抛砖引玉，希望能得到批评指正。

除上述十三个方面外，书中实际上还有其他也很有意义的内容，如**物口过剩的危害及其原因**、**动物社会形态的演化**等，笔者未在本文中概述这些内容，主要是因为这些问题需要相当长的篇幅才能得到较充分的展开，而本文已不便再加长了。但在这篇导读即将结束时，基于"**物口过剩是最大的根本性社会问题**"这一认识，笔者还是想用书中介绍过的莱豪生等人关于**物口过剩的危害**的**研究结论**来作为结束语：**物口过剩导致同类相残、专制暴政、道德败坏、物种退化、盲从冒行、人情冷漠！**

参考文献

[1] Vitus B.Dröscher.The Friendly Beast.New York: Dutton,1971.

[2] 弗兰斯·德·威尔.类人猿和寿司大师，上海：上海科学技术出版社，2005。

[3] 赵芊里.论动物的权力意志和政治的根源，自然辩证法通讯，2013 年第 5 期。

[4] 赵芊里.道德是人类独有的吗，科学技术哲学研究，2017 年第 4 期。

[5] Marc Bekoff. *Wild Justice: The Moral Lives of Animals* [M]. Chicago: University of Chicago Press, 2009.

[6] 赵芊里.艺术性的评价论和语用学阐释：文艺理论研究，2003 年第 3 期。

[7] Vitus B.Dröscher. They Love and Kill.New York: E. P. Dutton & Co., Inc.,1976.

[8] 赵芊里.德吕舍尔论攻击与亲和本能对两性关系的影响，自然辩证法研究，2015 年第 1 期。

[9] Konrad Lorenz.Das sogenannte *Böse*.München: Deutscher Taschenbuch Verlag,1966.

[10] Frans de Waal.Chimpanzee Politics. Baltimore: John Hopkins University Press, 2007.